JN271807

Aクラスブックス

不等式
不等式の解法と証明

筑波大学附属駒場中・高校教諭
町田 多加志 著

昇龍堂出版

まえがき

　中学校，高等学校で扱う数学の問題では，問題を解く際に方程式や不等式をよく用います。この2つの式の違いは，大小関係を等号で表すか不等号で表すかの違いだけで，あまり変わらないように思われがちですが，実際に不等式を解いてみると，記号の違いだけではない難しさがあります。そのため，不等式に苦手意識をもってしまう生徒が数多くいます。

　本書は，その点を考慮し，不等式の基礎から発展までの内容を，くわしく，ていねいに解説したものです。この本を読み，問題練習を重ねることで不等式の理解が深まり，不等式に対して自信をもって取り組めるようになります。

　本書は5章で構成されています。

　1章**不等式の準備**では，不等式で用いられる用語や記号，考え方などをていねいに説明してあります。この章は不等式の理論の基礎となる部分です。本来ならば，じっくり読んでもらいたいところですが，「まず，不等式の解法を学びたい！」といった場合には，2章から読み始めてもかまいません。2章**不等式を解く**では，1次不等式や2次不等式，連立不等式の基本的な解き方を練習します。3章**特殊な不等式**では，絶対値記号を含む不等式や係数が文字である不等式，高次不等式など，工夫が必要な不等式の解き方を練習します。4章**不等式の証明**では，不等式の基本的な証明を練習します。また，名前のついた不等式も学びます。5章**不等式の表す領域**では，条件が不等式で表されたものを座標平面に図示する練習を行います。

　不等号は小学校から使い始めますが，不等式を解くことは，高校の数学Ⅰで初めて学習します。そのため，本書では，中学生から不等式を学べるように内容を精選し，三角関数や指数・対数関数に関するもの，微分積分を利用する不等式の問題は扱わないようにしました。ただし，本書で学習した不等式については，実力がついたことを確認するために，演習問題や総合問題に大学入試レベルの問題も含んでいます。少し難しいかもしれませんが，ぜひ挑戦してください。なお，難しい問題や，発展的な内容の問題には★がついています。みなさんの目標に合わせてこの本を活用してください。

　本書をていねいに学習することにより，不等式の感覚がきっと身につきます。他の分野の数学に取り組む際にも，学習の効果をみなさんが存分に発揮できることを願っております。

著　者

本書の使い方

本書を使用するときは，次の6つのポイントをふまえて学習してください。

1. **定理や性質の内容や意味を正しく理解しましょう。**

    不等式を学習するにあたり，重要な 定理 や 性質 は，枠囲みなどで目立つようにしました。これらの定理や性質は，それ以降の不等式の問題でよく利用されます。 証明 や 例 をよく読み，定理や性質の内容や意味を正しく理解しましょう。とくに，定理や性質を利用するための条件がある場合は，条件も含めて理解することが重要です。

2. **例題は解答を吟味し，問は例題を参考にしながら解いてみましょう。**

    例題 は，典型的な問題を精選してあります。[解説]で解法の要点を説明し，[解答]で模範的な解答をていねいに示してあります。模範解答を検討することで，解法についての理解がさらに深まります。読むだけでなく，書いて確認することをお奨めします。また， 問 は，例題の類題や確認問題です。例題の解き方を参考にして，解法の手順を確実に身につけましょう。

3. **演習問題・総合問題を解くことで実力をつけましょう。**

    演習問題 は，とくに重要な項目の復習問題です。また， 総合問題 は，章の内容をふまえた総まとめの問題です。やや難しい問題もありますが，じっくり時間をかけて取り組むことにより，実力をつけることができます。

4. **研究にもチャレンジしてみましょう。**

    研究 は，不等式に関連した発展問題です。大学入試で問われるような深い理解を求める内容となっています。ぜひ，チャレンジしてみてください。

5. **解答編を上手に利用しましょう。**

    解答編 は，別冊にしました。まず，解答を示し，続いて[解説]で考え方や略解を示しました。解き方がわからないときや，数値が合わないときは，[解説]を参考にして，もう一度解いてみてください。なお，証明問題はなるべく省略せずに示し，図示問題は必要最小限の目盛りを示してあります。

6. **別解を通して解法への理解をさらに深めましょう。**

    別解 は，解答とは異なる解き方を示してあります。さまざまな解き方を知ることで，問題への理解が深まり，不等式について，より柔軟な考え方を養うことができます。とくに，2章の2次不等式の解法では，左右ページで異なる解法を示しました。両方の解法を理解するように努めてください。

目次

1章　不等式の準備
はじめに ……………………………………………………… 1
- 集合 ………………………………………………………… 1
- 命題 ………………………………………………………… 1

1　不等式で用いる記号 ……………………………………… 2
2　不等式と数直線 …………………………………………… 4
3　大小関係の公理と不等式の基本性質 …………………… 5
- 大小関係の公理 …………………………………………… 5
- 不等式の基本性質 ………………………………………… 6

2章　不等式を解く
1　1次不等式 ………………………………………………… 11
2　連立不等式 ………………………………………………… 14
3　1次不等式の応用 ………………………………………… 17
4　2次不等式 ………………………………………………… 20

総合問題 ……………………………………………………… 32

3章　特殊な不等式
1　絶対値記号のついた不等式 ……………………………… 34
2　文字係数の不等式 ………………………………………… 39
3　高次不等式 ………………………………………………… 43
- 因数定理 …………………………………………………… 44

4　分数不等式 ………………………………………………… 48

[研究]　無理不等式 ………………………………………… 50
[研究]　「すべての実数x」と「ある実数x」の表す範囲 ……… 51
総合問題 ……………………………………………………… 53

4章　不等式の証明 ……………………………54
- 1　不等式の基本的な証明 ………………………54
- 2　条件のついた不等式の証明 …………………58
- 3　相加平均と相乗平均 …………………………64
- 4　名前のついた不等式 …………………………74
  - ● コーシー・シュワルツの不等式 ……………74
  - ● チェビシェフの不等式 ………………………77
  - ● 三角不等式 ……………………………………78
- 総合問題 ……………………………………………80

5章　不等式の表す領域 ……………………………82
- 1　不等式の表す領域の図示 ……………………82
  - ● 円の方程式と領域 ……………………………84
  - ● 正領域と負領域 ………………………………86
- 2　いろいろな不等式の表す領域 ………………87
- 3　領域の応用 ……………………………………91
- 総合問題 ……………………………………………96

[コラム] 不等号の起源 ………………………………3
　　　　英語表現① ……………………………………4
　　　　英語表現② …………………………………42
　　　　縁の長さの等しい長方形の窓と円形の窓 …69
　　　　英語表現③ …………………………………69
　　　　相加平均と相乗平均の関係のいろいろな証明 …73
　　　　不等式の表すおもしろ領域 ………………95

索引 ……………………………………………………97

別冊　解答編

1章 不等式の準備

この章には，これから学ぶ不等式の準備として，不等式を学ぶために用いられる数学用語や記号，大小関係の概念についてまとめてある。すでにわかっていることも，1つ1つ確認しておくことはとても大切である。

はじめに

● 集合

属するものがはっきりとわかる数やものの集まりを**集合**という。また，集合をつくっている1つ1つの数やものをその**要素**という。

集合の表し方には，すべての要素を { } の中に書き並べる方法と，集合の要素が満たす条件を明示する方法がある。たとえば，4の正の約数の集まりは，1，2，4の3個の数を要素とする集合であり，この集合を A と表すと，$A=\{1,\ 2,\ 4\}$ または $A=\{x|x$ は4の正の約数$\}$ となる。

注意 集合は，A，B，C などの大文字を使って表し，要素は，a，b，c などの小文字を使って表す。また，a が集合 A の要素であることを $a \in A$ または $A \ni a$ と表す。この $a \in A$ の関係は，右の図のように表すこともできる。

2つの集合 $A=\{1,\ 2,\ 4\}$，$B=\{1,\ 2,\ 3,\ 4\}$ のように，A のすべての要素が B の要素になっているとき，A は B の**部分集合**であるといい，$A \subset B$ または $B \supset A$ と表す。

● 命題

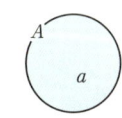

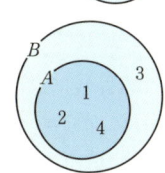

正しいか正しくないかが判断できることがらを**命題**という。
　命題が正しいとき，その命題は**真である**といい，
　命題が正しくないとき，その命題は**偽である**という。
一般に，命題は「p ならば q である」の形で表されることが多く，これを「$p \Longrightarrow q$」と表す。

また，p を満たすものの集合を P，q を満たすものの集合を Q とするとき，命題「$p \Longrightarrow q$」が真であることは，右の図のように，$P \subset Q$ が成り立つことと同じである。

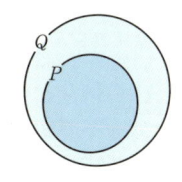

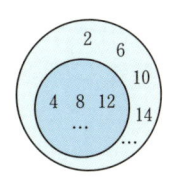

例　「n は4の倍数 $\Longrightarrow$ n は偶数」は，真の命題
　　　「n は偶数 $\Longrightarrow$ n は4の倍数」は，偽の命題

1 不等式で用いる記号

　数量の大小関係を表す記号には，どちらかが大きいことを表す**不等号**（＞，＜）と，同じ大きさであることを表す**等号**（＝）がある。

　たとえば，2つの数 a, b について，a が b より大きいことを，不等号＞を用いて $a>b$ と表す。この関係は，b が a より小さいことと同じであるから，不等号＜を用いて $b<a$ と表すこともできる。

注意　$a>b$ は「a は b より大きい」または「a 大なり b」と読み，$b<a$ は「b は a より小さい」，「b は a 未満」または「b 小なり a」と読む。

例
(1)　「10 は 4 より大きい」は，$10>4$ または $4<10$ と表す。
(2)　「-3 は -2 より小さい」は，$-3<-2$ または $-2>-3$ と表す。
(3)　3つの数 5, 0, 2 の大小関係は，$5>2>0$ または $0<2<5$ と表す。

> ●気をつけよう！
> (3)のように，3つ以上の数の大小関係を不等号を用いて表すときは，隣どうしの数の大小関係だけでなく，すべての数を大きい順，または小さい順に一列に並べ直してから，同じ形の不等号を用いて表す。
> $5>0<2$ とは表さない。

問1　次の各組の数の大小関係を，不等号を用いて表せ。
(1)　7, 4, 11
(2)　-2, 3, -5
(3)　0.3, -1.9, 1.2, -2.4

　不等号には，≧や≦のように，不等号と等号が1つになった記号がある。たとえば，$a≧b$ は，$a>b$ または $a=b$，すなわち，$a>b$, $a=b$ のどちらか一方が成り立つことを表す。したがって，$5≧3$ や $5≧5$ と表しても誤りではない。

注意　$a≧b$ は，a が b 以上であることを意味し，「a は b 以上」または「a 大なりイコール b」と読み，$a≦b$ は，a が b 以下であることを意味し，「a は b 以下」または「a 小なりイコール b」と読む。

　上の例などのように，不等号を用いて数量の大小関係を表した式を**不等式**という。

　不等式で，不等号の左側の部分を**左辺**，右側の部分を**右辺**，左辺と右辺を合わせて**両辺**という。

> 不等式
> ●＜■
> 左辺　右辺
> 両辺

問2　次の不等式が成り立つような整数 a, b, c をすべて求めよ。
(1)　$3<a≦8$
(2)　$-2.9≦b<2$
(3)　$-\dfrac{27}{4}≦c<-\dfrac{5}{3}$

おおよその数のことを概数(がいすう)という。概数にする方法の1つに四捨五入がある。四捨五入した概数ともとの数の関係を，不等号を用いて表してみよう。

> **例題1　四捨五入**
> 十の位を四捨五入した概数が3200となる数をaとする。aの値の範囲を求めよ。

解説　十の位を四捨五入した概数であるから，百の位の2に着目して，十の位が5以上のときは切り上げ，十の位が4以下のときは切り捨てる。

解答　十の位を四捨五入するから，aの値の範囲は，3150以上3250未満である。
ゆえに，不等式で表すと，$3150 \leqq a < 3250$

問3　次の問いに答えよ。
(1) 百の位を四捨五入して，概数が617000となる数aの値の範囲を求めよ。
(2) 十の位を四捨五入して，概数が42000となる数bの値の範囲を求めよ。
(3) 小数第2位を四捨五入して，概数が8.5となる数cの値の範囲を求めよ。
(4) 小数第4位を四捨五入して，概数が0.590となる数dの値の範囲を求めよ。

コラム　不等号の起源

不等号はどちらが大きいかを示す記号であるため，混乱を起こすようなわかりづらく使いづらい記号では，記号を用いる意味がなく，ましてや，数学そのものの発展にも影響してしまいます。そこで，だれもが間違えずに使いやすい記号と言葉を定義し，用いることにしました。

かつては右のような記号が多く使われていました。これは，とてもわかりにくく，混乱の起きやすいものでした。すると，1631年に現在使われている不等号＞，＜が，イギリスで出版された本に登場し，使いやすいものになりました。

＞を表す記号	＜を表す記号
5 ⊏ 3	3 ⊐ 5
オートレッドの記号	

また，不等号と等号が1つになった記号≧，≦は，1734年にフランスで登場しました。なんと1つになるまで約100年かかっています。この記号も，最近は≥や≤の形が多く使われるようになり，今も使いやすい形に変化しています。

2 不等式と数直線

不等号を用いて大小を比べる数は実数である。実数とは，有理数と無理数を合わせた数であり，大小関係が成り立ち，下のように，数直線上の1点として表すことができる。本書で扱われる文字や文字式はすべて実数を表すものとし，これからは，とくに実数とことわらないで用いる。

$$\text{実数} \begin{cases} \text{有理数} \\ \left(0.6,\ \dfrac{7}{3},\ -3\ \text{など}\right) \\ \text{無理数} \\ (\sqrt{2},\ -\sqrt{3},\ \pi\ \text{など}) \end{cases}$$

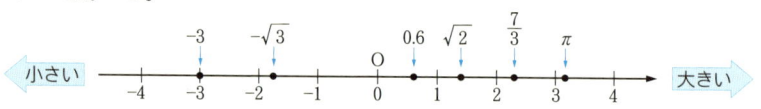

数直線上では，右にあるほど大きい数であり，左にあるほど小さい数である。そのため，不等式は，数直線を利用すると視覚的に表せ，考えやすい。

例 次の不等式を満たす a の値の範囲を，数直線上に表してみよう。

(1) $a > 5$ (2) $a \geqq 5$

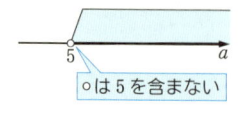

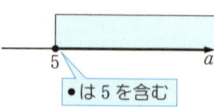

○は5を含まない　●は5を含む

(3) $2 \leqq a < 4$ (4) $-1 < a \leqq 1$

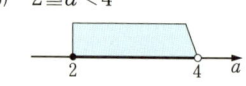

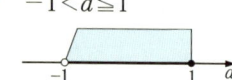

問4 次の不等式を満たす a の値の範囲を，数直線上に表せ。
(1) $a \leqq -2$ (2) $-7 < a < -4$ (3) $0 \leqq a \leqq 6$

コラム　英語表現①

$a > b$ を「a 大なり b」と読むのか，「a 小なり b」と読むのかを，混乱する人がいます。このようなときは，英語表現をイメージしてみましょう。$a > b$ を英訳すると，a is greater than b. となります。つまり，英語表現と同じく，主語（a）の状態「a は（b より）大きい」を記号が表しています。すると，$a < b$ は，a is less than b. と英訳されるのと同じく「a は（b より）小さい」となります。

$a \geqq b$　a is greater than or equal to b. （a is not less than b.）
$a \leqq b$　a is less than or equal to b. （a is not greater than b.）

3 大小関係の公理と不等式の基本性質

● 大小関係の公理

実数には大小関係が成り立ち，実数の大小関係を考える根拠となることがらには，次の4つの公理がある。

大小関係の公理
1. 任意の実数 a, b の間には，$a>b$, $a=b$, $a<b$ のうちの1つだけが成り立つ。
2. $a<b$, $b<c$ ならば $a<c$
3. $a<b$ ならば，任意の実数 c について $a+c<b+c$
4. $a<b$, $c>0$ ならば $ac<bc$

注意 証明なしに，はじめから正しいとすることがらを**公理**といい，公理などから正しいことが証明されたことがらのうち，よく使う重要なものを**定理**という。

公理から数の大小関係に関する定理を導いてみよう。

定理（大小関係と差の符号）
1. $a>b \iff a-b>0$
2. $a=b \iff a-b=0$
3. $a<b \iff a-b<0$

証明 1. $a>b$ ならば，公理3より，$a+(-b)>b+(-b)$　　ゆえに，$a-b>0$
　　逆に，
　　$a-b>0$ ならば，公理3より，$(a-b)+b>0+b$　　ゆえに，$a>b$　終

2. $a=b$ ならば，$a-b=b-b$　　　　　　　　　　ゆえに，$a-b=0$
　　逆に，
　　$a-b=0$ ならば，$(a-b)+b=0+b$　　ゆえに，$a=b$　終

3. $a<b$ ならば，公理3より，$a+(-b)<b+(-b)$　　ゆえに，$a-b<0$
　　逆に，
　　$a-b<0$ ならば，公理3より，$(a-b)+b<0+b$　　ゆえに，$a<b$　終

注意 $p \iff q$ は，$p \implies q$ も，逆の $p \impliedby q$ も成り立つことを示す。
$p \iff q$ のとき，p と q は**同値**であるという。

定理1～3より，大小関係と差の符号に同値関係が成り立つことがわかる。よって，大小関係を考えるとき，差の形にして，その差の符号を調べることがある。

不等式の基本性質

数の大小関係と同じように，不等式の性質や符号の規則を導いてみよう。

> **定理（不等式の性質）**
> 4. $a<b$ ならば $a+m<b+m$, $a-m<b-m$
> 5. $a<b$, $m>0$ ならば $am<bm$, $\dfrac{a}{m}<\dfrac{b}{m}$
> 6. $a<b$, $m<0$ ならば $am>bm$, $\dfrac{a}{m}>\dfrac{b}{m}$

証明 4. $a<b$ と公理3より，c が m のとき，$a+m<b+m$
c が $-m$ のとき，$a+(-m)<b+(-m)$　　ゆえに，$a-m<b-m$ ■

5. $a<b$, $m>0$ と公理4より，c が m のとき，$am<bm$

また，$\dfrac{a}{m}$, $\dfrac{b}{m}$ において，公理1より，$\dfrac{a}{m}>\dfrac{b}{m}$, $\dfrac{a}{m}=\dfrac{b}{m}$, $\dfrac{a}{m}<\dfrac{b}{m}$ のうちの 1 つだけが必ず成り立つが，

$\dfrac{a}{m}=\dfrac{b}{m}$ とすると，$\dfrac{a}{m}\cdot m=\dfrac{b}{m}\cdot m$　　よって，$a=b$

$\dfrac{a}{m}>\dfrac{b}{m}$ とすると，$m>0$ であるから，

公理4より，　　$\dfrac{a}{m}\cdot m>\dfrac{b}{m}\cdot m$　　よって，$a>b$

いずれも仮定の $a<b$ に反する。　　ゆえに，$\dfrac{a}{m}<\dfrac{b}{m}$ ■

6. $m<0$ ならば，$0>m$　　定理4より，$0+(-m)>m+(-m)$
よって，　　$-m>0$ ………①
$a<b$, $-m>0$ であるから，定理5より，$a\cdot(-m)<b\cdot(-m)$
よって，　　$-am<-bm$
定理4より，$-am+(am+bm)<-bm+(am+bm)$
ゆえに，　　$bm<am$ すなわち，$am>bm$

また，①より $-m>0$ であるから，定理5より，$\dfrac{a}{-m}<\dfrac{b}{-m}$

よって，　　$-\dfrac{a}{m}<-\dfrac{b}{m}$

定理4より，$-\dfrac{a}{m}+\left(\dfrac{a}{m}+\dfrac{b}{m}\right)<-\dfrac{b}{m}+\left(\dfrac{a}{m}+\dfrac{b}{m}\right)$

ゆえに，　　$\dfrac{b}{m}<\dfrac{a}{m}$ すなわち，$\dfrac{a}{m}>\dfrac{b}{m}$ ■

■ポイント
定理 4, 5, 6 は，それぞれ次のことを示しており，とても重要な性質である。
4. 不等式の両辺に同じ数を加えても（引いても），不等号の向きは変わらない。
5. 不等式の両辺に同じ正の数を掛けても（で割っても），不等号の向きは変わらない。
6. 不等式の両辺に同じ負の数を掛けると（で割ると），不等号の向きは変わる。

問5 $a<b$ のとき，次の□にあてはまる不等号を入れよ。
(1) $a-4 \square b-4$ 　　　(2) $a \div (-8) \square b \div (-8)$
(3) $3a-2 \square 3b-2$ 　　(4) $3-2a \square 3-2b$

例題2 正誤問題

次のことがらはつねに正しいか。正しくないものについては，正しくない例を1つあげよ。
(1) $a<b$ ならば $ac<bc$
(2) $a<b, c<d$ ならば $a+c<b+d$

[解説] 正誤問題では，正しい場合は正しいことを証明し，正しくない場合は正しくない例を1つあげればよい。この正しくない例のことを**反例**という。

[解答] (1) 正しくない。
　　　（反例）$a=3, b=5, c=0$
(2) 正しい。
定理4より，$a<b$ のとき，$a+c<b+c$
また，$c<d$ のとき，$b+c<b+d$
ゆえに，これらと公理②より，$a+c<b+d$

例題2の(2)より，
　　　$a<b, c<d$ のとき，$a+c<b+d$
が成り立つことが示された。
このように，不等式の左辺どうし，右辺どうしを加える操作を「辺々加える」という。

問6 次のことがらはつねに正しいか。正しくないものについては，正しくない例を1つあげよ。
(1) $a>b, c>d$ ならば $ac>bd$
(2) $a>b, c>d$ ならば $a-d>b-c$

> **定理（符号の規則）**
> 7. $a>0, b>0$ ならば $a+b>0$
> $a<0, b<0$ ならば $a+b<0$
> 8. a, b が同符号 $\iff ab>0$
> a, b が異符号 $\iff ab<0$
> 8′. a, b が同符号 $\iff \dfrac{a}{b}>0$
> a, b が異符号 $\iff \dfrac{a}{b}<0$

[証明] 7. $a>0$ より, $a+b>0+b$ よって, $a+b>b$
   $b>0$ であるから, 公理②より, $a+b>0$ ▨

   $a<0$ より, $a+b<0+b$ よって, $a+b<b$
   $b<0$ であるから, 公理②より, $a+b<0$ ▨

 8. a, b が同符号であるとき,
   (i) $a>0, b>0$ または (ii) $a<0, b<0$ である。
   (i)のとき, 定理5より, $a \cdot b > 0 \cdot b$ ゆえに, $ab>0$
   (ii)のとき, 定理6より, $a \cdot b > 0 \cdot b$ ゆえに, $ab>0$
   逆に, $ab>0$ であるとき,

    $b>0$ のとき, 定理5より, $\dfrac{ab}{b} > \dfrac{0}{b}$ よって, $a>0$

    $b<0$ のとき, 定理6より, $\dfrac{ab}{b} < \dfrac{0}{b}$ よって, $a<0$

   ゆえに, a, b は同符号である。 ▨

   a, b が異符号であるとき,
   (iii) $a>0, b<0$ または (iv) $a<0, b>0$ である。
   (iii)のとき, 定理6より, $a \cdot b < 0 \cdot b$ ゆえに, $ab<0$
   (iv)のとき, 定理5より, $a \cdot b < 0 \cdot b$ ゆえに, $ab<0$
   逆に, $ab<0$ であるとき,

    $b>0$ のとき, 定理5より, $\dfrac{ab}{b} < \dfrac{0}{b}$ よって, $a<0$

    $b<0$ のとき, 定理6より, $\dfrac{ab}{b} > \dfrac{0}{b}$ よって, $a>0$

   ゆえに, a, b は異符号である。 ▨

[注意] 定理8′については, 演習問題2で証明する。

定理 8 および 8' より，2 つの実数が，同符号ならば積と商が正，異符号ならば積と商が負であることがわかる。また，その逆も成り立つので，2 つの実数の積や商の正負で，それらが同符号か異符号かを判断できる。

問 7 次の数の符号を不等号を使って表せ。
(1) $ab>0$ のとき，a, b の符号
(2) $ab<0$, $a>b$ のとき，a, b の符号

問 8 次のことを証明せよ。
(1) $a>0$, $b>0 \iff a+b>0$, $ab>0$
(2) $a<0$, $b<0 \iff a+b<0$, $ab>0$

次の性質が成り立つ。

―●平方についての性質と大小関係―
平方についての性質
　実数 a, b について，
$$a^2 \geqq 0 \quad (\text{等号が成り立つのは，}a=0 \text{ のとき})$$
$$a^2+b^2 \geqq 0 \quad (\text{等号が成り立つのは，}a=b=0 \text{ のとき})$$
正の数の大小と平方の大小
　$a>0$, $b>0$ のとき，
$$a<b \iff a^2<b^2$$
$$a \leqq b \iff a^2 \leqq b^2$$
　　　　（このことは，$a \geqq 0$, $b \geqq 0$ のときにも成り立つ。）

平方についての性質を証明してみよう。

[証明] a が実数であるから，
　$a=0$ のとき，$a^2=0$
　$a>0$ または $a<0$ のとき，a と a は同符号であるから，$a \cdot a > 0$
　よって，　$a^2>0$
　ゆえに，　a が実数のとき，$a^2 \geqq 0$
　等号が成り立つのは，$a=0$ のときである。
　また，2 つの実数 a, b について，
　$a^2 \geqq 0$, $b^2 \geqq 0$ であるから，$a^2+b^2 \geqq 0$
　等号が成り立つのは，$a^2=0$ かつ $b^2=0$
　すなわち，$a=b=0$ のときである。　■

問 9 $a>0$, $b>0$ のとき，$a<b$ ならば，$a^2<b^2$ であることを証明せよ。

演習問題

1 2つの数 a, b の小数第3位を四捨五入した概数が，それぞれ 5.74，2.12 となった。このとき，次の □ の中に最も適する小数第3位までの数を求めよ。

(1) $\square \leqq a+b < \square$ 　　(2) $\square < a-b < \square$

2 次のことを証明せよ。

(1) a, b が同符号 $\iff \dfrac{a}{b} > 0$

(2) a, b が異符号 $\iff \dfrac{a}{b} < 0$

3 次のことがらはつねに正しいか。正しくないものについては，正しくない例を1つあげよ。

(1) $a^2 < b^2$ ならば $a < b$

(2) $a < b, c < d$ ならば $a-c < b-d$

(3) $a < b$ ならば $\dfrac{1}{a} > \dfrac{1}{b}$

(4) $\dfrac{a}{b} < \dfrac{c}{d}$ ならば $ad < bc$

(5) $0 < a < b$ ならば $a + \dfrac{1}{b} < b + \dfrac{1}{a}$

4 $a < b, c < d$ のとき，次の □ の中にあてはまる等号または不等号を入れよ。

(1) a, b, c, d がすべて正のとき，$ac \square bd$

(2) a, b, c, d がすべて負のとき，$ac \square bd$

(3) $c=0, b<0$ のとき，$ac \square bd$

(4) $d=0, a<0$ のとき，$ac \square bd$

(5) $a=c=0$ のとき，$ac \square bd$

5 $0 < a < b, 0 < c < d$ ならば，不等式 $\dfrac{a}{d} < \dfrac{b}{c}$ が成り立つことを証明せよ。

6 $0 < a < b < 1$ のとき，次の数をそれぞれ小さいものから順に並べよ。

(1) $a, \ \dfrac{1}{a}, \ -a, \ -\dfrac{1}{a}, \ a^2, \ \dfrac{1}{a^2}$

(2) $\dfrac{1}{a}, \ b, \ \dfrac{1}{b}, \ a^2, \ b^2, \ ab, \ \dfrac{1}{ab}$

2章 不等式を解く

1　1次不等式

　不等式のすべての項を左辺に移項して整理したとき，左辺が1つの文字 x についての1次式からできている不等式

$$ax+b>0, \quad ax+b<0, \quad ax+b\geqq 0, \quad ax+b\leqq 0 \quad (a, b \text{ は定数}, a\neq 0)$$

を，x についての**1次不等式**という。不等式を満たす x の値を，その**不等式の解**といい，不等式のすべての解を求めることを，**不等式を解く**という。

例　$3x+5>0$ は，x についての1次不等式である。
　　　$2x+5-2(1+x)>0$ は，整理すると $3>0$ となり，x についての1次不等式ではない。

● 1次不等式の解法の手順
① 係数に小数や分数があるときは，次のようにして，係数を整数にする。
　　　係数に小数があるときは，両辺に 10，100，… を掛ける。
　　　係数に分数があるときは，両辺に分母の最小公倍数を掛ける。
　　また，かっこがあるときは，かっこをはずす。
② 文字 x を含む項を左辺に，数だけの項（定数項）を右辺に，それぞれ移項する。
③ 両辺をそれぞれ整理して，次のいずれかの形にする。
　　$ax>b, \quad ax<b, \quad ax\geqq b, \quad ax\leqq b \quad (\text{ただし}, a\neq 0)$
④ 両辺を x の係数 a で割って，x の値の範囲（不等式の解）を得る。このとき，a の符号に注意して，不等号の向きを決める。
　　　$a>0$ のとき，不等号の向きは変わらない。
　　　$a<0$ のとき，不等号の向きは**反対になる**。

例　1次不等式 $3x+2>8$ を解くには，
　定数項を右辺に移項して，　$3x>8-2$
　整理して，　　　　　　　　$3x>6$
　両辺を3で割って，　　　　 $x>2$

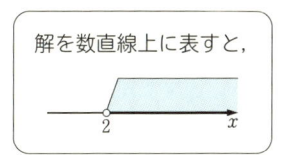

解を数直線上に表すと，

注意　不等式 $x>a$ を満たす x の値は，a より大きいすべての実数であるから，無数にある。よって，不等式の解は，1つ1つ示さずに，値の範囲で表すことが多い。

例題1　1次不等式①

次の不等式を解け。
(1) $5x+1>7x+6$
(2) $3(x-1)+1\geqq 7x-2(3x-4)$

[解説]　(1) x を含む項を左辺に，定数項を右辺に，それぞれ移項する。両辺を負の数で割ると，不等号の向きが変わる。
(2) かっこがあるときは，まずかっこをはずす。整理すると，(1)の形になる。

[解答]　(1) $5x+1>7x+6$
移項して，
$5x-7x>6-1$
整理して，
$-2x>5$
両辺を -2 で割って，
$x<-\dfrac{5}{2}$　←不等号の向きが変わる

(2) $3(x-1)+1\geqq 7x-2(3x-4)$
かっこをはずして，
$3x-3+1\geqq 7x-6x+8$
整理して，
$3x-2\geqq x+8$　←ここから(1)と同じ解法手順
$3x-x\geqq 8+2$
$2x\geqq 10$
$x\geqq 5$

問1　次の不等式を解け。
(1) $2x-6>0$
(2) $-2x-1<2$
(3) $-x+5\geqq -2$
(4) $4x-3\leqq 3$
(5) $7x-9>4x+3$
(6) $2x+5\leqq 6x-11$
(7) $2x-29<-3x-4$
(8) $4x-13\geqq 11x+8$
(9) $-7x+10>5x+4$
(10) $-x+8\leqq -3x-4$

問2　次の不等式を解け。
(1) $3(2x-3)>2x+5$
(2) $5x+3\leqq 8(x-3)$
(3) $10x+30<20(x-1)$
(4) $10x-(x-7)\geqq 4x-3$
(5) $4(3x-8)<3(5-2x)-11$
(6) $-5(2x-1)+3(x-1)\leqq -5$
(7) $11-3(2-x)>3(3x+2)$
(8) $3(2x+4)>6(1-x)+9$

問3　次の不等式を解け。
(1) $5x-2(x-2)<-8-3(2x-1)$
(2) $5(2x-3)+3(4-x)>7(1-2x)$
(3) $3(x+4)\geqq 4(5-x)+6(3x-5)$
(4) $2(4x+3)-5(x-2)\leqq 3(2-x)+2(9x-7)$
(5) $5x-\{8x-3(1-x)\}\geqq 4x-3$
(6) $2(x+2)-3\{8-(3-2x)\}>13-4(2x+1)$
(7) $2x-3\{4(x+2)-(3-2x)\}\leqq 1-2\{4+3(x-3)\}$

例題2　1次不等式②

次の不等式を解け。

(1) $0.4x - 1 < 3x + 1.6$

(2) $\dfrac{2x+1}{3} \leqq \dfrac{3x-4}{2} + x$

[解説]　係数を整数にする。そのため，係数に小数があるときは，両辺に 10，100，… を掛け，係数に分数があるときは，両辺に分母の最小公倍数を掛ける。係数が整数になると，例題1の形になる。

[解答]　(1)　$0.4x - 1 < 3x + 1.6$

両辺に 10 を掛けて，

$4x - 10 < 30x + 16$ ←ここから例題1の(1)と同じ解法手順

$4x - 30x < 16 + 10$

$-26x < 26$

$x > -1$

(2)　$\dfrac{2x+1}{3} \leqq \dfrac{3x-4}{2} + x$

両辺に 6 を掛けて，

$2(2x+1) \leqq 3(3x-4) + 6x$ ←ここから例題1の(2)と同じ解法手順

$4x + 2 \leqq 9x - 12 + 6x$

$4x - 15x \leqq -12 - 2$

$-11x \leqq -14$

$x \geqq \dfrac{14}{11}$

問4　次の不等式を解け。

(1) $0.4x - 0.1 < 0.2x$

(2) $0.1 - 0.3x \geqq 0.4x - 2$

(3) $0.5(1-x) > 2.9 + 0.1x$

(4) $0.35x + 1.2 \leqq 0.1x - 0.05$

(5) $2(0.3x - 0.1) \geqq 0.4x + 1.4$

(6) $0.2(x - 0.3) < 0.5x + 0.3$

問5　次の不等式を解け。

(1) $\dfrac{3}{2}x + \dfrac{5}{3} \leqq \dfrac{x}{3} + \dfrac{1}{2}$

(2) $\dfrac{x+1}{3} > 7 - x$

(3) $\dfrac{x-1}{8} + 1 < \dfrac{x}{4}$

(4) $\dfrac{2x+3}{5} \geqq \dfrac{3x-1}{2}$

(5) $\dfrac{2x-1}{3} - \dfrac{x-2}{4} < 2$

(6) $\dfrac{2-5x}{6} \leqq x + 2 - \dfrac{3x-4}{5}$

問6　次の不等式を解け。

(1) $0.14(x+3) - 0.03(4x-5) \geqq 0.1$

(2) $0.31 - 0.4(0.2x - 0.5) \leqq 0.3(0.5x - 0.6)$

(3) $\dfrac{x-5}{3} - \dfrac{2(3x+1)}{5} > \dfrac{3(2-x)}{2}$

(4) $\dfrac{x}{3} - \dfrac{2x-3}{6} < \dfrac{4x+5}{2} + \dfrac{3x+1}{3}$

(5) $\dfrac{3x+1}{5} \geqq 0.4(1-3x) - x$

(6) $\dfrac{x}{20} - 0.3\left(\dfrac{x}{5} - 1.25\right) > 0.455$

2 連立不等式

2つ以上の不等式を組み合わせたものを，**連立不等式**という。連立されている不等式を同時に成り立たせる文字の値を，その**連立不等式の解**といい，解を求めることを，**連立不等式を解く**という。

──●連立不等式の解法の手順──
① 連立されているすべての不等式を，それぞれ解く。
② それぞれの不等式の解を，違いがわかるように同じ数直線上に表す。
③ それぞれの不等式の解の共通部分（重なった部分）が，連立不等式の解である。

例題3　連立不等式①

連立不等式 $\begin{cases} 3x-2 \leq 4 \\ 5x+2 > 3x-5 \end{cases}$ を解け。

|解説| 連立されている不等式をそれぞれ解き，それらの解の共通部分が連立不等式の解である。

|解答| $\begin{cases} 3x-2 \leq 4 & \cdots\cdots\cdots ① \\ 5x+2 > 3x-5 & \cdots\cdots\cdots ② \end{cases}$

①より，　　$3x \leq 6$　　　$x \leq 2$　　$\cdots\cdots\cdots ③$

②より，　　$2x > -7$　　$x > -\dfrac{7}{2}$　$\cdots\cdots\cdots ④$

③，④より，$-\dfrac{7}{2} < x \leq 2$

解の共通部分を求めるときは，数直線を利用するとよい。このとき，連立された不等式ごとの解の違いがわかるように，範囲を示す線の高さを変えるなどの工夫をすると，共通部分を判断しやすくなる。
また，それぞれの不等式の解について，不等号の向きをそろえるような工夫をしても，共通部分を判断しやすい。
たとえば，例題3の④は，$-\dfrac{7}{2} < x$ と表す。　←数直線と同じく右方向を大きくする

問7　次の連立不等式を解け。

(1) $\begin{cases} 2x+1 \leq 3x+2 \\ 6x-5 \leq 2x+3 \end{cases}$ 　　(2) $\begin{cases} 1-3x > 2x+11 \\ 4x+3 \geq 2x-3 \end{cases}$ 　　(3) $\begin{cases} 6x+13 > 3x+1 \\ x-12 < -2x+9 \end{cases}$

例題4　連立不等式②

次の連立不等式を解け。

(1) $\begin{cases} x-1 > \dfrac{1}{2}x+2 \\ 2x+5 < 3x+2 \end{cases}$ 　　(2) $\begin{cases} \dfrac{x-2}{2} \geqq \dfrac{x+1}{5} \\ 1-2x \leqq 9-4x \end{cases}$

(3) $\begin{cases} 1.4x+1 \leqq x-0.6 \\ 2(x-5) < 3(3x+1)+1 \end{cases}$

[解説]　連立不等式の解を数直線上に表したとき，共通部分がただ1つの数 a であったり，共通部分がないときもある。このとき，解はそれぞれ $x=a$ や解なしとなる。

[解答]　(1) $\begin{cases} x-1 > \dfrac{1}{2}x+2 & \cdots\cdots① \\ 2x+5 < 3x+2 & \cdots\cdots② \end{cases}$

①の両辺に2を掛けて，
$$2x-2 > x+4$$
$$x > 6 \quad \cdots\cdots③$$
②より，$\quad -x < -3$
$$x > 3 \quad \cdots\cdots④$$
③，④より，$\quad x > 6$

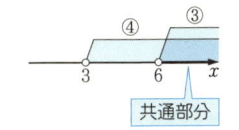

(2) $\begin{cases} \dfrac{x-2}{2} \geqq \dfrac{x+1}{5} & \cdots\cdots① \\ 1-2x \leqq 9-4x & \cdots\cdots② \end{cases}$

①の両辺に10を掛けて，
$$5(x-2) \geqq 2(x+1)$$
$$5x-10 \geqq 2x+2$$
$$3x \geqq 12 \qquad x \geqq 4 \quad \cdots\cdots③$$
②より，$\quad 2x \leqq 8 \qquad x \leqq 4 \quad \cdots\cdots④$
③，④より，$\quad x=4$

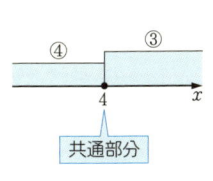

(3) $\begin{cases} 1.4x+1 \leqq x-0.6 & \cdots\cdots① \\ 2(x-5) < 3(3x+1)+1 & \cdots\cdots② \end{cases}$

①の両辺に10を掛けて，
$$14x+10 \leqq 10x-6$$
$$4x \leqq -16 \qquad x \leqq -4 \quad \cdots\cdots③$$
②より，$2x-10 < 9x+3+1$
$$-7x < 14 \qquad x > -2 \quad \cdots\cdots④$$
③，④より，解なし

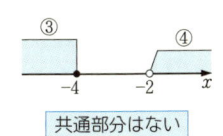

問8 次の連立不等式を解け。

(1) $\begin{cases} 5x-2 \leq 2x \\ 7-3x > x+4 \end{cases}$
(2) $\begin{cases} 9x-7 < x+9 \\ 10x-43 > -3(x-3) \end{cases}$

(3) $\begin{cases} \dfrac{3}{2}(2x+1) \geq \dfrac{1}{2}x-1 \\ 4x+11 \geq 7(x+2) \end{cases}$
(4) $\begin{cases} \dfrac{2x+1}{2} < \dfrac{5-2x}{4} \\ 1.1x-1 \geq 0.9(x-1) \end{cases}$

連立不等式 $\begin{cases} A<B \\ B<C \end{cases}$ を考えると,これは $A<B$ かつ $B<C$,すなわち $A<B<C$ となるので,A,B,C の大小関係は1通りに決まる。しかし,連立不等式 $\begin{cases} A<C \\ B<C \end{cases}$ を考えると,これでは A と B の大小関係が決まらないため,$A=B<C$ と $A<B<C$,$B<A<C$ の3通りのどれかわからない。

したがって,不等式 $A<B<C$ を2つの不等式に分けて表すときは,連立不等式 $\begin{cases} A<B \\ B<C \end{cases}$ としなければならない。

$A<B<C \iff \begin{cases} A<B \\ B<C \end{cases}$ 同じ

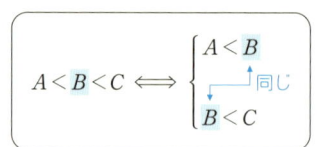

例題5　連立不等式③

連立不等式 $3x-1 < 2x+5 < 4x+3$ を解け。

|解説| 2つの不等式に分けて表し,それぞれの不等式を解く。

|解答| $3x-1 < 2x+5 < 4x+3$ より,

$\begin{cases} 3x-1 < 2x+5 & \cdots\cdots① \\ 2x+5 < 4x+3 & \cdots\cdots② \end{cases}$

①より,　　$x < 6$　　$\cdots\cdots③$
②より,　$-2x < -2$
　　　　　　$x > 1$　　$\cdots\cdots④$

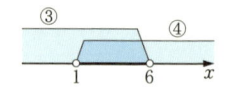

③,④より,$1 < x < 6$

問9 次の連立不等式を解け。

(1) $-1 < 2x-3 < 5$
(2) $3x-1 < 8 \leq 4x+6$
(3) $5x-21 < -2(x-7) < 4(5-x)$
(4) $0.9x+1.7 > 1.2x-1 \geq 0.8x-3$
(5) $\dfrac{2x+5}{3} \leq x+5 \leq \dfrac{1}{2}x+4$

3　1次不等式の応用

不等式を利用したいろいろな問題を解いてみよう。

> **例題6**　1次不等式の応用①
>
> 次の問いに答えよ。
> (1) x についての不等式 $x-15>7x-3a$ を満たす最大の整数 x の値が 6 であるとき，a の値の範囲を求めよ。
> (2) 連立不等式 $\begin{cases} 6(x+7) \geqq 5(x+3)+30 \\ x-2a<2-x \end{cases}$ を満たす整数 x がちょうど 2 個存在するような定数 a の値の範囲を求めよ。

|解説|　不等式の解が条件を満たすように，a についての不等式をつくる。

|解答|　(1) $x-15>7x-3a$ を解いて，

$$x<\frac{a-5}{2}$$

これを満たす最大の整数 x の値が 6 であるためには，

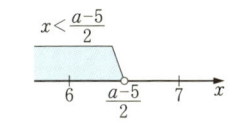

$$6<\frac{a-5}{2}\leqq 7$$

であればよい。
各辺に 2 を掛けて，$12<a-5\leqq 14$
各辺に 5 を加えて，$17<a\leqq 19$

> $x<6$ を満たす最大の整数 x は 5
> $x<7$ を満たす最大の整数 x は 6

(2) $\begin{cases} 6(x+7) \geqq 5(x+3)+30 & \cdots\cdots\cdots ① \\ x-2a<2-x & \cdots\cdots\cdots ② \end{cases}$

①より，　$x\geqq 3$　………③
②より，　$2x<2a+2$　　$x<a+1$　………④
整数 x が存在するので，③，④より，

$$3\leqq x<a+1$$

これを満たす整数 x がちょうど 2 個存在するので，

$$x=3,\ 4$$

よって，$a+1$ について，$4<a+1\leqq 5$ であればよい。
各辺から 1 を引いて，

$$3<a\leqq 4$$

問10　連立不等式 $\begin{cases} x+5\leqq 6x+5 \\ 2x+11>3x+a \end{cases}$ を満たす整数 x がちょうど 3 個存在するような定数 a の値の範囲を求めよ。

例題7 1次不等式の応用②

次の問いに答えよ。
(1) あるゲームで，成功すると1回につき +4 点，失敗すると1回につき −2 点とする。このゲームを 30 回行ったとき，得点の合計が 50 点以上になるには，何回以上成功すればよいか。
(2) りんごは，5 個で 1 kg，800 円であり，みかんは，15 個で 1 kg，660 円である。りんごとみかんを詰め合わせて，重さを 4.5 kg 以下，値段を 3000 円以上にしたい。みかんを 20 個詰めるとき，りんごは何個詰めることができるか。考えられる個数をすべて答えよ。

解説 (1) 成功回数を x 回として，合計得点についての不等式をつくる。
(2) りんごを x 個として，詰め合わせの重さと値段についての不等式をつくる。

解答 (1) x 回成功するとき，$(30-x)$ 回失敗するから，
得点の合計は，$4x+(30-x)\cdot(-2)$ 点となる。
よって，合計 50 点以上になるには，$4x-2(30-x) \geqq 50$ となればよい。
整理して，$x \geqq \dfrac{55}{3} = 18\dfrac{1}{3}$

x は整数であるから，$x = 19, 20, 21, \cdots, 30$
ゆえに，19 回以上成功すればよい。

(2) 条件より，りんご 1 個について，重さは $\dfrac{1}{5}$ kg，値段は 160 円

みかん 1 個について，重さは $\dfrac{1}{15}$ kg，値段は 44 円

りんごを x 個詰めるとすると，詰め合わせの重さが 4.5 kg 以下で，値段が 3000 円以上であるから，

$$\begin{cases} \dfrac{1}{5}x + \dfrac{1}{15}\cdot 20 \leqq 4.5 & \cdots\cdots\cdots ① \\ 160x + 44\cdot 20 \geqq 3000 & \cdots\cdots\cdots ② \end{cases}$$

①より，$x \leqq \dfrac{95}{6} = 15\dfrac{5}{6}$ ②より，$x \geqq \dfrac{53}{4} = 13\dfrac{1}{4}$

よって，$13\dfrac{1}{4} \leqq x \leqq 15\dfrac{5}{6}$

x は整数であるから，$x = 14, 15$
ゆえに，りんごの詰めることができる個数は，14，15 個である。

問11 A 地点から 3 km 離れた B 地点まで移動するのに，はじめは時速 4 km で歩き，途中から時速 10 km で走ることにする。移動時間を 27 分以内にするためには，走る距離を最低何 km にすればよいか。

演習問題

1 次の不等式を解け。
(1) $4(2x-7)+9(x+2)>5(x+1)$
(2) $6(x-1)-\{2x-3(2x-1)\}\leqq 11$
(3) $0.01x+1.6\leqq 0.04x+0.7$
(4) $0.3(x-0.4)<0.1x+0.2$
(5) $\dfrac{5x+4}{9}-\dfrac{3x-5}{6}<\dfrac{x+1}{2}-1$
(6) $\dfrac{3x-1}{8}+\dfrac{2x+1}{4}>\dfrac{x}{3}-\dfrac{x-4}{2}$

2 次の連立不等式を解け。
(1) $\begin{cases} 2x-7\geqq 4x-1 \\ 3x+7>5x-1 \end{cases}$
(2) $\begin{cases} 9(x+1)\leqq 4(2x+3) \\ 4x+15>2x+7 \end{cases}$
(3) $\begin{cases} 3(2x+9)<7(2-x) \\ x+5\leqq 3(x+7) \end{cases}$
(4) $\begin{cases} x+3\leqq 3(5-x) \\ 5(x-1)+2\geqq 2(x+3) \end{cases}$
(5) $\begin{cases} 0.3(2x-1)<0.4(x+2) \\ 2.1x-2>1.7x+0.8 \end{cases}$
(6) $\begin{cases} -0.5x+1.3>0.3(x-1) \\ x+1>2(3-2x) \end{cases}$
(7) $\begin{cases} \dfrac{2x-3}{2}>\dfrac{x-2}{3} \\ x-2\geqq \dfrac{2}{3}x-6 \end{cases}$
(8) $\begin{cases} \dfrac{7x-1}{2}-\dfrac{8x+3}{4}\leqq 1 \\ 1+\dfrac{2(x-1)}{3}\leqq \dfrac{5x+6}{4} \end{cases}$
(9) $2<3x-1\leqq 14$
(10) $\dfrac{1}{2}x-7<-1\leqq 7-\dfrac{2}{3}x$
(11) $17-4x<3x-18\leqq 5x-22$
(12) $\dfrac{3(x-2)}{2}\leqq 3-x\leqq \dfrac{2x-1}{3}$

3 次の問いに答えよ。
(1) 不等式 $5(3x-2)-7>4(2x+3)$ の解のうち, 最小の整数を求めよ。
(2) 2つの不等式 $2x+3<7$, $3x+8\geqq -1$ をともに満たす整数 x は何個あるか。
(3) x についての連立不等式 $2x+7\leqq 5x-2\leqq 3x+a$ の解が存在しないとき, a の値の範囲を求めよ。
(4) x についての不等式 $4x+1<x+a$ を満たす最大の整数 x の値が4であるとき, a の値の範囲を求めよ。

4 42枚のカードには, 3または4の数字が書かれている。3の書かれたカードの枚数は, 4の書かれたカードの枚数の2倍より少ない。また, カードに書かれた数字の合計は150以下である。このとき, 3の書かれたカードの枚数の範囲を求めよ。

4　2次不等式

不等式のすべての項を左辺に移項して整理したとき，左辺が1つの文字 x についての2次式からできている不等式

$$ax^2+bx+c>0,\quad ax^2+bx+c<0,\quad ax^2+bx+c\geqq0,\quad ax^2+bx+c\leqq0$$

（a，b，c は定数，$a\neq0$）を，x についての**2次不等式**という。

2次不等式は，**2次関数のグラフの利用による解法**，または，**式変形による解法**によって，解を求めることができる。

はじめに，2次関数のグラフの利用による解法で必要となる2次関数のグラフと，2次方程式の解の公式について確認しておこう。

●**2次関数 $y=ax^2+bx+c$（$a>0$）のグラフ**

$y=ax^2+bx+c=a(x-p)^2+q$ の形に変形することを，**平方完成**という。

$y=a(x-p)^2+q$（$a>0$）のグラフは，右の図のように，頂点の座標 (p, q)，下に凸の放物線である。

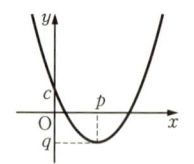

●**2次方程式 $ax^2+bx+c=0$ の解の公式**

2次方程式 $ax^2+bx+c=0$ の解は，$x=\dfrac{-b\pm\sqrt{b^2-4ac}}{2a}$ である。

この解の公式において，根号の中の式 b^2-4ac を**判別式**といい，D で表す。

●**2次関数 $y=ax^2+bx+c$（$a>0$）のグラフと x 軸との関係**

グラフと x 軸（$y=0$）との共有点の x 座標は，2次方程式 $ax^2+bx+c=0$ の解として求められる。

判別式 D と2次方程式の実数解の個数と，グラフと x 軸との共有点の個数には，次のような関係がある。

$D>0$ のとき，実数解は2個，共有点（交点）は2個
$D=0$ のとき，実数解は1個（重解），共有点（接点）は1個
$D<0$ のとき，実数解は0個，共有点はない。

$D>0$　　　$D=0$　　　$D<0$

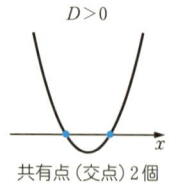

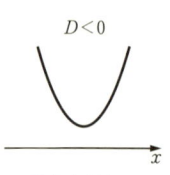

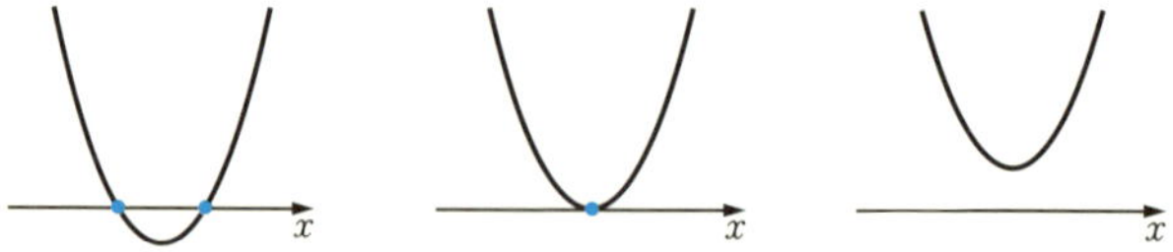

共有点（交点）2個　　共有点（接点）1個　　共有点はない

● 2次関数 $y=ax^2+bx+c$ を $y=a(x-p)^2+q$ の形に変形する手順（平方完成）

① x^2 の係数でくくる　　　　　　$y=a\left(x^2+\dfrac{b}{a}x\right)+c$

② $(x$ の係数の半分$)^2$ を加えて引く　$=a\left\{x^2+2\cdot\dfrac{b}{2a}x+\left(\dfrac{b}{2a}\right)^2-\left(\dfrac{b}{2a}\right)^2\right\}+c$

③ $(x+\bullet)^2$ をつくる　　　　　　$=a\left\{\left(x+\dfrac{b}{2a}\right)^2-\dfrac{b^2}{4a^2}\right\}+c$

④ $\{\ \}$ をはずし，定数項をまとめる　$=a\left(x+\dfrac{b}{2a}\right)^2-\dfrac{b^2-4ac}{4a}$

例題8　2次関数のグラフ

　2次関数 $y=x^2+x-1$ のグラフの頂点の座標を求め，グラフをかけ。また，グラフと x 軸との共有点の x 座標を求めよ。

[解説]　頂点の座標を求めるため，$y=a(x-p)^2+q$ の形に変形する。
　　　　また，x 軸との共有点を求めるため，$x^2+x-1=0$ において，解の公式を用いる。

[解答]　$y=x^2+x-1$

$\quad=x^2+2\cdot\dfrac{1}{2}x+\left(\dfrac{1}{2}\right)^2-\left(\dfrac{1}{2}\right)^2-1$

$\quad=\left(x+\dfrac{1}{2}\right)^2-\dfrac{1}{4}-1$

$\quad=\left(x+\dfrac{1}{2}\right)^2-\dfrac{5}{4}$

よって，頂点の座標は，$\left(-\dfrac{1}{2},\ -\dfrac{5}{4}\right)$

また，共有点の x 座標は，$x^2+x-1=0$ より，

$\quad x=\dfrac{-1\pm\sqrt{1^2-4\cdot1\cdot(-1)}}{2}$

$\quad\ \ =\dfrac{-1\pm\sqrt{5}}{2}$

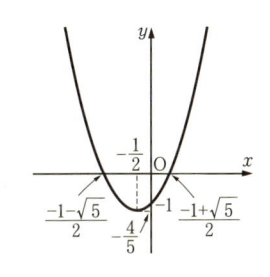

問12　次の2次関数のグラフをかけ。また，グラフと x 軸との共有点の x 座標を求めよ。

(1) $y=x^2-2x-1$　　(2) $y=x^2+3x+3$　　(3) $y=2x^2+4x+2$

次ページからの4ページは，2次不等式の同じ問題について，2次関数のグラフの利用による解法（左ページ）と，式変形による解法（右ページ）を，左右ページに並べて書いてある。それぞれの解法の特徴を見比べて理解しよう。

┌─ ●2次関数のグラフの利用による2次不等式の解法の手順 ─┐
2次不等式の左辺を ax^2+bx+c $(a>0)$ とする。
① 2次関数 $y=ax^2+bx+c$ のグラフを，座標平面上にかく。
② グラフと x 軸に共有点が存在するときは，共有点の x 座標を求める。
③ グラフと x 軸との位置関係により，2次不等式の解を求める。

$ax^2+bx+c>0$ の解　　　　　　$ax^2+bx+c<0$ の解
（グラフが x 軸の上側）　　　　（グラフが x 軸の下側）

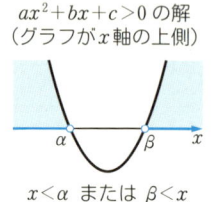

$x<\alpha$ または $\beta<x$　　　　　　$\alpha<x<\beta$
└─────────────────────────────┘

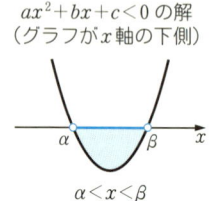

例　2次不等式 $x^2-4x+3>0$ を，グラフの利用による解法で解いてみよう。

2次関数 $y=x^2-4x+3$ のグラフは，
$y=(x-2)^2-1$ より，
　　頂点 $(2, -1)$，下に凸の放物線である。
x 軸との共有点の x 座標を求めると，
$x^2-4x+3=0$ より，$x=1, 3$
図より，グラフが x 軸より上側にあるのは，
$x<1, 3<x$ の範囲である。
ゆえに，2次不等式 $x^2-4x+3>0$ の解は，
　　　$x<1, 3<x$

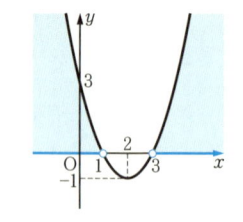

┌─ ●b が偶数のときの解の公式と判別式を覚えよう！ ─┐
$b=2m$ とおいて，解の公式に代入すると，
$$x=\frac{-2m\pm\sqrt{(2m)^2-4ac}}{2a}=\frac{-2m\pm\sqrt{4(m^2-ac)}}{2a}=\frac{-m\pm\sqrt{m^2-ac}}{a}$$ より，

2次方程式 $ax^2+2mx+c=0$ の解は，$x=\dfrac{-m\pm\sqrt{m^2-ac}}{a}$ で求められる。

上の例の $x^2-4x+3=0$ の解は，$a=1, m=-2, c=3$ であるから，
$$x=\frac{-(-2)\pm\sqrt{(-2)^2-1\cdot3}}{1}=2\pm1=3, 1$$

また，このときの判別式は，$D=4(m^2-ac)$ より，$\dfrac{D}{4}=m^2-ac$ となる。
└─────────────────────────────┘

●式変形による2次不等式の解法の手順

2次不等式の左辺を ax^2+bx+c ($a>0$) とする。

(i) 左辺を因数分解によって変形するとき
因数分解して，各因数の符号の表をつくり，左辺の符号を調べ，2次不等式の解を求める。

(ii) 左辺を2次方程式の解の公式を利用して変形するとき
2次方程式 $ax^2+bx+c=0$ の実数解を調べ，
① 2つの実数解 α, β をもつとき，左辺を $a(x-\alpha)(x-\beta)$ と変形し，(i)と同様に，表をつくって2次不等式の解を求める。
② 実数解がないとき，左辺を $a(x-p)^2+q$ と変形する。変形した式の符号を調べ，2次不等式の解を求める。

例 2次不等式 $x^2-4x+3>0$ を，式変形による解法で解いてみよう。
左辺を因数分解して，$(x-1)(x-3)>0$
因数 $x-1$, $x-3$ と，積 $(x-1)(x-3)$ の符号の表をつくると，

x	$x<1$	$x=1$	$1<x<3$	$x=3$	$3<x$
$x-1$	−	0	+	+	+
$x-3$	−	−	−	0	+
$(x-1)(x-3)$	+	0	−	0	+

ゆえに，2次不等式 $x^2-4x+3>0$ の解は，$x<1$, $3<x$

注意 解は，数直線に合わせて $x<1$, $3<x$ と書く。（$x<1$, $x>3$ とは書かないことが多い。）

参考 $\alpha<\beta$ のとき，x の数直線上に因数 $x-\alpha$, $x-\beta$ の符号を表すと，

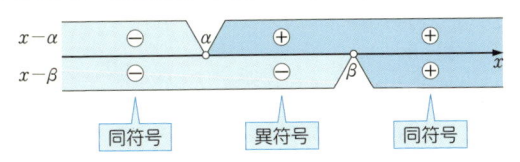

2次不等式 $(x-\alpha)(x-\beta)>0$ の解は，
因数が同符号のとき，因数の積は正となるので，$x<\alpha$, $\beta<x$
2次不等式 $(x-\alpha)(x-\beta)<0$ の解は，
因数が異符号のとき，因数の積は負となるので，$\alpha<x<\beta$

例 2次不等式 $x^2-4x+4 \geqq 0$ を，グラフの利用による解法で解いてみよう。
2次関数 $y=x^2-4x+4$ のグラフは，
$y=(x-2)^2$ より，
　　　頂点 (2, 0)，下に凸の放物線
であり，x 軸に接している。 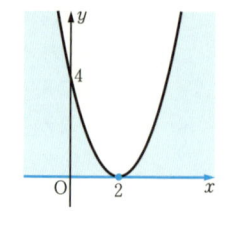
図より，グラフが x 軸を含めて上側にあるのは，すべての範囲である。
ゆえに，2次不等式 $x^2-4x+4 \geqq 0$ の解は，
　　　すべての実数

例 2次不等式 $x^2-3<0$ を，グラフの利用による解法で解いてみよう。
2次関数 $y=x^2-3$ のグラフは，
　　　頂点 (0, −3)，下に凸の放物線
であり，x 軸と共有点をもつ。 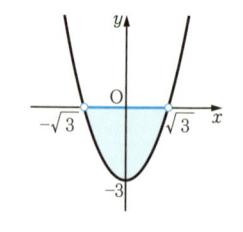
x 軸との共有点の x 座標を求めると，
$x^2-3=0$ より，$x=\pm\sqrt{3}$
図より，グラフが x 軸より下側にあるのは，
$-\sqrt{3}<x<\sqrt{3}$ の範囲である。
ゆえに，2次不等式 $x^2-3<0$ の解は，
　　　$-\sqrt{3}<x<\sqrt{3}$

例 2次不等式 $x^2-6x+10 \leqq 0$ を，グラフの利用による解法で解いてみよう。
2次関数 $y=x^2-6x+10$ のグラフは，
$y=(x-3)^2+1$ より，
　　　頂点 (3, 1)，下に凸の放物線
であり，x 軸と共有点をもたない。 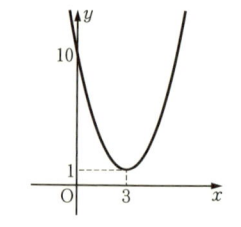
図より，グラフは，すべての範囲で x 軸より上側にある。
ゆえに，2次不等式 $x^2-6x+10 \leqq 0$ は，
　　　解なし

例 2次不等式 $x^2-4x+4≧0$ を，式変形による解法で解いてみよう。
左辺を因数分解して，$(x-2)^2≧0$
左辺は平方であるから，つねに0以上であり，不等式は成り立つ。
ゆえに，2次不等式 $x^2-4x+4≧0$ の解は，すべての実数

> ■ポイント
> 左辺が $(x-a)^2$ の形になるときの解は，次のように分類される。
> $(x-a)^2>0$ の解は，$x<a$，$a<x$
> $(x-a)^2<0$ の解は，ない
> $(x-a)^2≧0$ の解は，すべての実数
> $(x-a)^2≦0$ の解は，$x=a$

例 2次不等式 $x^2-3<0$ を，式変形による解法で解いてみよう。
2次方程式 $x^2-3=0$ を解くと，$x=±\sqrt{3}$ の実数解となる。
そこで，左辺を $x^2-3=(x+\sqrt{3})(x-\sqrt{3})$ と変形し，
因数 $x+\sqrt{3}$，$x-\sqrt{3}$ と，積 x^2-3 の符号の表をつくると，

x	$x<-\sqrt{3}$	$x=-\sqrt{3}$	$-\sqrt{3}<x<\sqrt{3}$	$x=\sqrt{3}$	$\sqrt{3}<x$
$x+\sqrt{3}$	−	0	+	+	+
$x-\sqrt{3}$	−	−	−	0	+
x^2-3	+	0	−	0	+

ゆえに，2次不等式 $x^2-3<0$ の解は，$-\sqrt{3}<x<\sqrt{3}$

例 2次不等式 $x^2-6x+10≦0$ を，式変形による解法で解いてみよう。
2次方程式 $x^2-6x+10=0$ を解くと，実数解がない。
そこで，
左辺を $x^2-6x+10=(x-3)^2+1$ と変形
すると，（平方）＋（正の数）であるから，
つねに正であることがわかる。
よって，この不等式を満たす x は存在しない。
ゆえに，2次不等式 $x^2-6x+10≦0$ は，解なし

$$x^2-6x+10$$
$$=(x^2-2·3x+3^2)-3^2+10$$
$$=(x-3)^2-9+10$$
$$=(x-3)^2+1$$

$a>0$ のとき，2次関数 $y=ax^2+bx+c$ のグラフと x 軸との関係や，2次方程式 $ax^2+bx+c=0$ の解によって，2次不等式 $ax^2+bx+c>0$ などの解を，次のようにまとめることができる。

2次不等式と2次関数のグラフ・2次方程式との関係（$a>0$）

	D の符号	$D>0$	$D=0$	$D<0$
関数のグラフ	$y=ax^2+bx+c$ のグラフと x 軸との共有点	共有点2個	共有点1個	共有点なし
方程式	$ax^2+bx+c=0$ の解	異なる2つの実数解 $x=\alpha, \beta$ $(\alpha<\beta)$	重解 $x=\alpha$	実数解なし
不等式	$ax^2+bx+c>0$ の解	$x<\alpha, \beta<x$	$x<\alpha, \alpha<x$	すべての実数
	$ax^2+bx+c<0$ の解	$\alpha<x<\beta$	解なし	解なし
	$ax^2+bx+c\geqq 0$ の解	$x\leqq\alpha, \beta\leqq x$	すべての実数	すべての実数
	$ax^2+bx+c\leqq 0$ の解	$\alpha\leqq x\leqq\beta$	$x=\alpha$	解なし

注意　「$x<\alpha, \alpha<x$」は「$x=\alpha$ を除くすべての実数」，「$x\neq\alpha$」としてもよい。

$a<0$ のときは，**両辺に -1 を掛けて**，x^2 の係数を正にして考える。

例題9　2次不等式①

次の2次不等式を解け。
(1) $x^2-6x-4\leqq 0$
(2) $-x^2+8x-16<0$

解説　2次方程式の解と2次関数のグラフを利用して，解を求める。

(2) x^2 の係数が負であるから，両辺に -1 を掛け，x^2 の係数を正にしてから考える。そのとき，不等号の向きが変わることに注意する。

解答　(1) 2次方程式 $x^2-6x-4=0$ を解くと，
$$x=3\pm\sqrt{13}$$
ゆえに，$x^2-6x-4\leqq 0$ の解は，
$$3-\sqrt{13}\leqq x\leqq 3+\sqrt{13}$$

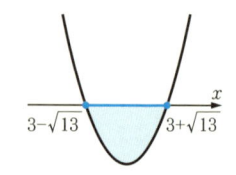

(2) 両辺に -1 を掛けると，
$$x^2-8x+16>0$$
左辺を因数分解して，
$$(x-4)^2>0$$
ゆえに，$-x^2+8x-16<0$ の解は，
$$x<4,\ 4<x$$

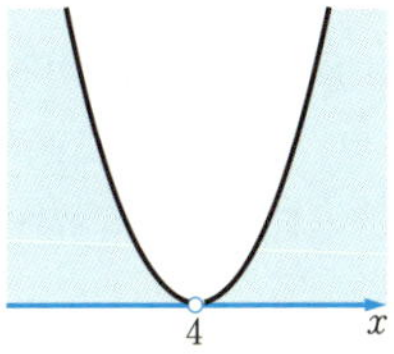

←不等式の向きが変わる

注意 (2)の解は，「$x=4$ を除くすべての実数」，「$x\neq 4$」としてもよい．

問13 次の2次不等式を解け．
(1) $3x^2-2x-1>0$ (2) $-x^2+2x\geqq 0$
(3) $x^2-4x+1<0$ (4) $x^2-10x+25\leqq 0$
(5) $4x^2+4x+1>0$ (6) $-x^2+3x-5>0$
(7) $2x^2-3x-1\geqq 0$ (8) $-4x^2+12x-9\leqq 0$
(9) $6x^2+x-1<0$ (10) $x^2+4x+7>0$

例題10★ 2次不等式②

x についての2次不等式 $x^2-(a+1)x+a<0$ を解け．ただし，a は定数とする．

解説 左辺を因数分解すると，$x^2-(a+1)x+a=(x-a)(x-1)$ となるので，a と 1 の大小関係によって場合分けを行う．

解答 $x^2-(a+1)x+a<0$ は，$(x-a)(x-1)<0$ となる．
よって，a と 1 の大小関係で場合分けすると，
(i) $a<1$ のとき，$a<x<1$
(ii) $a=1$ のとき，$(x-1)^2<0$ となる．
よって，これを満たす x は存在しない．
(iii) $a>1$ のとき，$1<x<a$
(i), (ii), (iii)より，
$a<1$ のとき $a<x<1$，
$a=1$ のとき 解なし，
$a>1$ のとき $1<x<a$

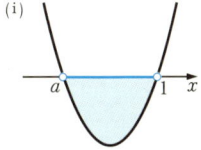

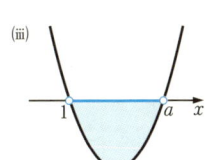

問14★ 次の x についての不等式を解け．ただし，a は定数とする．
(1) $x^2-(a+2)x+2a>0$
(2) $x^2+(a+4)x+4a\geqq 0$
(3) $x^2-(a+3)x+2a+2\leqq 0$

例題11　2次不等式の解

次の条件に適するように，定数 m, n の値をそれぞれ求めよ。

(1) 2次不等式 $2x^2+mx+n>0$ の解が，$x<-2, 4<x$ である。

(2) 2次不等式 $mx^2+3x+n>0$ の解が，$\dfrac{1}{4}<x<\dfrac{1}{2}$ である。

[解説]　$a>0$ のとき，

$x<\alpha, \beta<x$ を解とする2次不等式は，

　　　　$a(x-\alpha)(x-\beta)>0$ であり，

$\alpha<x<\beta$ を解とする2次不等式は，

　　　　$a(x-\alpha)(x-\beta)<0$ である。

解の範囲の表し方に注意して2次不等式を求め，問題の2次不等式と同じ次数の項の係数や定数項を比較して，定数の値を求める。

> $a>0, \alpha<\beta$ のとき，
> $a(x-\alpha)(x-\beta)>0$ の解は，
> 　　$x<\alpha, \beta<x$
> $a(x-\alpha)(x-\beta)<0$ の解は，
> 　　$\alpha<x<\beta$

(2) 問題の2次不等式と不等号の向きをそろえるために，両辺に負の値を掛ける。

[解答]　(1) 解が $x<-2, 4<x$ である条件を満たす

2次不等式の1つは，$2(x+2)(x-4)>0$

すなわち，$2x^2-4x-16>0$

これが　　$2x^2+mx+n>0$ と一致するから，

係数や定数項を比較すると，$m=-4, n=-16$

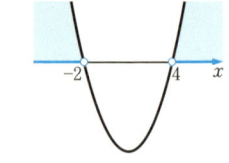

(2) 解が $\dfrac{1}{4}<x<\dfrac{1}{2}$ である条件を満たす2次不等式の1つは，

　　　　$(4x-1)(2x-1)<0$

すなわち，$8x^2-6x+1<0$ ………①

$mx^2+3x+n>0$ の x の係数と不等号の向きをそろえる

ために，①の両辺に $-\dfrac{1}{2}$ を掛けて，

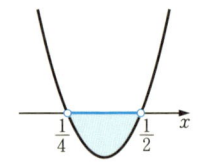

　　　　$-4x^2+3x-\dfrac{1}{2}>0$

これが　　$mx^2+3x+n>0$ と一致するから，

係数や定数項を比較すると，$m=-4, n=-\dfrac{1}{2}$

問15　次の条件に適するように，定数 m, n の値をそれぞれ求めよ。

(1) 2次不等式 $2x^2+mx+n<0$ の解が，$-\dfrac{5}{2}<x<2$ である。

(2) 2次不等式 $mx^2+nx+6<0$ の解が，$x<-4, 3<x$ である。

不等式に含まれている文字が，どのような実数値をとっても成り立つ不等式を**絶対不等式**という。たとえば，$x^2+1>0$ や $(x-1)^2 \geqq 0$ は絶対不等式である。

例題12　絶対不等式

x についての2次不等式 $x^2+4ax+2a^2+a+6>0$ ……① の解がすべての実数となるような定数 a の値の範囲を求めよ。

[解説] 2次関数 $y=x^2+4ax+2a^2+a+6$ のグラフで考えると，x^2 の係数が正であるから，下に凸の放物線である。また，不等式①の解がすべての実数となるので，グラフにおいて，求める条件は，右の図のように x 軸と共有点をもたず，x 軸より上側にある場合である。

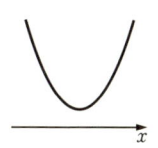

[解答] 2次方程式 $x^2+4ax+2a^2+a+6=0$ の判別式を D とすると，不等式①の解がすべての実数となるためには，$D<0$

$$\frac{D}{4}=(2a)^2-1\cdot(2a^2+a+6)=2a^2-a-6=(2a+3)(a-2)$$

よって，$(2a+3)(a-2)<0$

ゆえに，$-\dfrac{3}{2}<a<2$

> x についての不等式が絶対不等式になるための条件は，$D=b^2-4ac$ とすると，
> $$ax^2+bx+c>0 \iff a>0 \text{ かつ } D<0$$
> $$ax^2+bx+c<0 \iff a<0 \text{ かつ } D<0$$

[参考] x がどのような実数値をとっても，左辺が正である条件を求めると考えると，左辺を x について平方完成して，（平方）＋（正の数）の形になる条件を求めてもよい。この場合の解答は次のようになる。

$x^2+4ax+2a^2+a+6=(x+2a)^2-2a^2+a+6>0$ と変形すると，

$(x+2a)^2 \geqq 0$ であるから，不等式の解がすべての実数となるには，

$-2a^2+a+6>0$ であればよい。

よって，$2a^2-a-6<0$　　$(2a+3)(a-2)<0$

ゆえに，$-\dfrac{3}{2}<a<2$

問16 次の x についての2次不等式の解がすべての実数となるような定数 a の値の範囲を求めよ。

(1) $x^2+ax+a>0$

(2) $x^2-(2a+2)x+2a^2+4a-2 \geqq 0$

例題13　連立不等式

次の連立不等式を解け。

(1) $\begin{cases} x^2-2x-3 \leq 0 \\ 2x^2-11x+9 > 0 \end{cases}$

(2) $x+3 < x^2+1 < 2x+5$

解説　連立されている不等式をそれぞれ解く。それらの解の共通部分が連立不等式の解である。数直線を利用すると，解の共通部分を求めやすい。

(2) 2つの不等式に分けて表し，それぞれの不等式を解く。

解答　(1) $\begin{cases} x^2-2x-3 \leq 0 & \cdots\cdots① \\ 2x^2-11x+9 > 0 & \cdots\cdots② \end{cases}$

①より，$(x+1)(x-3) \leq 0$

よって，①の解は，$-1 \leq x \leq 3$　………③

②より，$(2x-9)(x-1) > 0$

よって，②の解は，$x < 1$，$\dfrac{9}{2} < x$　………④

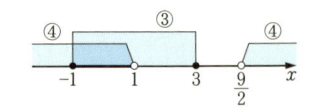

解の共通部分が連立不等式の解であるから，

③，④より，$-1 \leq x < 1$

(2) $x+3 < x^2+1 < 2x+5$ より，$\begin{cases} x+3 < x^2+1 & \cdots\cdots① \\ x^2+1 < 2x+5 & \cdots\cdots② \end{cases}$

①を整理して，$x^2-x-2 > 0$　　$(x+1)(x-2) > 0$

よって，①の解は，$x < -1$，$2 < x$　………③

②を整理して，$x^2-2x-4 < 0$

2次方程式 $x^2-2x-4 = 0$ を解くと，

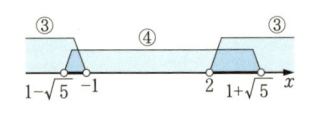

$$x = 1 \pm \sqrt{5}$$

よって，②の解は，

$1-\sqrt{5} < x < 1+\sqrt{5}$　………④

③，④より，$1-\sqrt{5} < x < -1$，$2 < x < 1+\sqrt{5}$

問17　次の連立不等式を解け。

(1) $\begin{cases} x^2-6x+5 < 0 \\ x^2-2x-3 \leq 0 \end{cases}$

(2) $\begin{cases} x^2-5x < 0 \\ 2x^2-11x+12 \geq 0 \end{cases}$

(3) $\begin{cases} x^2-3x-4 > 0 \\ x^2+2x-1 > 0 \end{cases}$

(4) $\begin{cases} x^2-x-1 \geq 0 \\ 4x^2-8x-5 \leq 0 \end{cases}$

(5) $7x-12 < x^2 < 6x-7$

(6) $\dfrac{5}{2}x \leq x^2+1 \leq \dfrac{9}{2}x-1$

演習問題

5 次の不等式を解け。
(1) $x^2-4x-21>0$
(2) $x^2+1\leqq 4x$
(3) $25x^2-40x+16>0$
(4) $2x^2-x<0$
(5) $-3x^2+4x-5<0$
(6) $6x^2-7x-3\geqq 0$
(7) $3x^2-2x+\dfrac{1}{3}\leqq 0$
(8) $5x^2-4x+1<0$
(9) $4x^2-2x-1\geqq 0$
(10) $-2x^2+\sqrt{8}\,x-1\leqq 0$

6 次の不等式を解け。
(1) $x^2-3x+9>6x-9$
(2) $5x^2-2x-2<3x^2-4x-1$
(3) $x^2-7x-5\leqq (2x-1)(x+2)$
(4) $(2x-1)x+33\geqq (x+1)(3x-2)$
(5) $(2x+3)(3x-1)>(2x+1)^2$
(6) $(2x+1)(x-3)<(2x-1)(2-x)$
(7) $\dfrac{1}{6}x^2+\dfrac{4}{3}x+2\geqq 0$
(8) $\dfrac{1}{8}x^2+\dfrac{1}{2}x-4<0$
(9) $3x^2-2\sqrt{3}\,x+1\leqq 0$
(10) $\sqrt{6}\,x^2+2x+\dfrac{1}{\sqrt{6}}>0$

7 x についての2次不等式 $x^2-2ax-3a^2\geqq 0$ を解け。ただし，a は定数とする。

8 x についての2次不等式 $ax^2+bx+3<0$ の解が次の(1)，(2)のとき，定数 a,b の値をそれぞれ求めよ。
(1) $2<x<3$
(2) $x<-\dfrac{1}{3},\ \dfrac{1}{2}<x$

9 x についての2次不等式 $ax^2+(a-1)x+a-1>0$ の解がすべての実数となるような定数 a の値の範囲を求めよ。

10 次の連立不等式を解け。
(1) $\begin{cases} x^2-9<0 \\ x^2-3x-10<0 \end{cases}$
(2) $\begin{cases} x^2-6x+5\leqq 0 \\ x^2-7x+12\geqq 0 \end{cases}$
(3) $\begin{cases} x^2-3x-4\leqq 0 \\ x^2-2x-1>0 \end{cases}$
(4) $-8\leqq x^2-6x<16$
(5) $3x^2<x^2+4\leqq 4x+1$
(6) $x+2<x^2<2x+4$

総合問題

1 不等式 $\dfrac{x+a}{2} - \dfrac{x+1}{3} \leq a$ を満たす自然数 x の個数が，5 個以下であるとき，定数 a の値の範囲を求めよ。

2 連立不等式 $\begin{cases} 5x-8 < 2x+1 \\ 2x+3 < 4x-2a \end{cases}$ を満たす整数 x の個数が，5 個になるように，整数 a の値を定めよ。

3 ある学年で英語と数学のテストを行い，その結果，2 科目とも合格の人は全体の $\dfrac{5}{9}$ で，各科目の不合格者は，英語が 16 人，数学が全体の $\dfrac{5}{18}$ であった。また，2 科目とも不合格の人は，数学が不合格の人の 2 割より少なかった。全体の人数を x 人とおき，次の問いに答えよ。
(1) 2 科目とも不合格の人数を x を用いて表せ。
(2) x の値を求めよ。

4 1 個 7200 円の商品 A と，1 個 5400 円の商品 B がある。B はあまり人気がないので，A を買った人には B を 1 個 3600 円で売ったところ，B は A より 4 個多く売れ，総売上額は 180000 円になった。1 人が A，B それぞれ 2 個以上買うことはないものとして，次の問いに答えよ。
(1) A を買った人数を x 人とするとき，A，B 両方を買った人数，B だけ買った人数をそれぞれ x を用いて表せ。
(2) B だけ買った人数が A を買った人数より少なかった。このとき，A を買った人数と B だけ買った人数を求めよ。

5 単価がそれぞれ 20 円，40 円，60 円の菓子 A, B, C を合わせて 51 個買ったところ，代金は 1360 円以内であった。B の個数が C の個数の 3 倍よりも 1 個多く，A の個数が B の個数の 4 倍よりは少ないとき，A の個数を求めよ。

6 ある 43 人のクラスで，A と B の 2 問からなる 20 点満点の試験を行った。「A を 15 点，B を 5 点として採点すると，平均点は小数第 2 位で四捨五入して 15.1」「A を 12 点，B を 8 点として採点すると，平均点は小数第 2 位で四捨五入して 14.4」となる。ただし，採点は正解以外すべて 0 点とする。
(1) A，B が正解だった人数はそれぞれ何人か。
(2) 2 問とも正解だった人数は何人以上何人以下と考えられるか。

7 次の連立不等式を解け。

(1) $\begin{cases} 3(x-1) > 7x+5 \\ 0.6x-3 \leq x+1.4 \\ \dfrac{x-3}{2} < \dfrac{x}{3} - 2 \end{cases}$
(2) $\begin{cases} 6x^2+x-2 > 0 \\ 2x^2-7x-4 \leq 0 \\ 9x^2-12x+4 > 0 \end{cases}$

8 2次不等式 $x^2-(a-3)x-3a<0$ を満たす整数 x の個数が，ちょうど2個になるように，定数 a の値の範囲を定めよ。

9 2次不等式 $ax^2+3x-b>0$ の解が $-a<x<b$ である。定数 a, b の値を求めよ。

10 ★ $1 \leq x \leq 2$ を満たすすべての実数 x について，
不等式 $a^2+(2-5x)a \leq 23-19x$ が成り立つような定数 a の値の範囲を求めよ。

11 ★ $0<x<1$ を満たすすべての実数 x について，
不等式 $2x^2-(a-4)x-a(a-2)<0$ が成り立つような定数 a の値の範囲を求めよ。

12 2つの2次不等式 $2x^2-3x-5>0$, $x^2+(a-3)x-2a+2<0$ を同時に満たす整数 x がただ1つであるように，定数 a の条件を定めよ。

13 2つの2次不等式 $x^2-10x-24>0$, $(x+1)(x-a^2+a)<0$ を同時に満たす実数 x が存在しないとき，定数 a の値の範囲を求めよ。

14 連立不等式 $\begin{cases} x^2-2>0 & \cdots\cdots ① \\ x^2-2ax+a^2-1<0 & \cdots\cdots ② \end{cases}$ について，次の問いに答えよ。

(1) 不等式②を解け。
(2) 2つの不等式①，②を同時に満たす実数 x が存在するような定数 a の値の範囲を求めよ。

3章 特殊な不等式

1 絶対値記号のついた不等式

数直線上において，原点 O から実数 a に対応する点までの距離を，実数 a の**絶対値**といい，$|a|$ と表す。このとき，$|\ |$ を**絶対値記号**という。

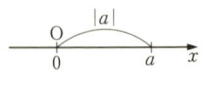

● 絶対値の性質
(1) $|a| \geqq 0$
(2) $a \geqq 0$ のとき，$|a| = a$
$\quad a < 0$ のとき，$|a| = -a$
(3) $a > 0$ とするとき，
$\quad\quad |x| = a \iff x = \pm a$
$\quad\quad$（原点からの距離が a に等しい）
$\quad\quad |x| < a \iff -a < x < a$
$\quad\quad$（原点からの距離が a より近い）
$\quad\quad |x| > a \iff x < -a,\ a < x$
$\quad\quad$（原点からの距離が a より遠い）
(4) $|a|^2 = a^2$

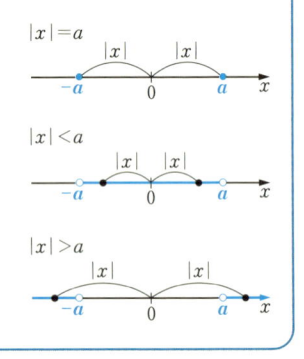

絶対値記号をはずすときは，絶対値記号内の数や式の値の符号によって，場合分けすればよい。数や式の値の符号が正または 0 であるとき，そのまま絶対値記号をはずし，負であるとき，絶対値記号をはずしたもの全体に $-$ をつける。

例 (1) $|x-1|$ の絶対値記号をはずすとき，次のように場合分けする。
　　(i) $x-1 \geqq 0$ すなわち $x \geqq 1$ のとき，$|x-1| = x-1$
　　(ii) $x-1 < 0$ すなわち $x < 1$ のとき，$|x-1| = -(x-1) = -x+1$
(2) $|x^2-1|$ の絶対値記号をはずすとき，次のように場合分けする。
　　(i) $x^2-1 \geqq 0$ すなわち $x \leqq -1,\ 1 \leqq x$ のとき，$|x^2-1| = x^2-1$
　　(ii) $x^2-1 < 0$ すなわち $-1 < x < 1$ のとき，$|x^2-1| = -x^2+1$

問1 次の式の絶対値記号をはずせ。
(1) $|x+3|$ 　　　　　　　　(2) $|2x-3|$
(3) $|2x^2-x-3|$ 　　　　　(4) $|-x^2+5x-6|$

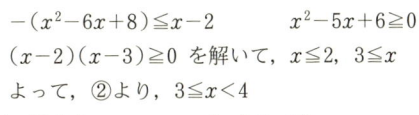

- **絶対値記号のついた不等式の解法の手順**
① 絶対値の性質を利用して，絶対値記号内の式の値の符号による場合分けを行い，絶対値記号をはずした不等式をつくる。
② ①の不等式の解と，場合分けの条件との共通部分が，求める解である。

例題1　絶対値記号のついた不等式①
次の不等式を解け。
(1) $|x+4|<5$　　(2) $|x-1|>2x$　　(3) $|x^2-6x+8|\leqq x-2$

|解説| 絶対値の性質を利用して場合分けを行い，絶対値記号をはずした不等式を解く。また，得られた解が場合分けの条件に適することを確認しなければならない。

|解答| (1) (i) $x+4\geqq 0$ すなわち $x\geqq -4$ ……① のとき，
　　　　　$x+4<5$ を解いて，$x<1$
　　　　　よって，①より，$-4\leqq x<1$
　　　(ii) $x+4<0$ すなわち $x<-4$ ……② のとき，
　　　　　$-(x+4)<5$ を解いて，$x>-9$
　　　　　よって，②より，$-9<x<-4$
　　　(i), (ii)より，　　　$-9<x<1$

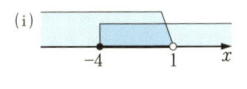

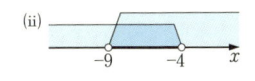

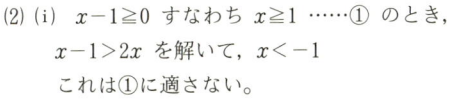

(2) (i) $x-1\geqq 0$ すなわち $x\geqq 1$ ……① のとき，
　　　　$x-1>2x$ を解いて，$x<-1$
　　　　これは①に適さない。 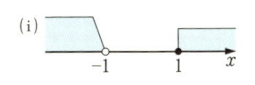
　　(ii) $x-1<0$ すなわち $x<1$ ……② のとき，
　　　　$-(x-1)>2x$ を解いて，$x<\dfrac{1}{3}$
　　　　これは②に適する。 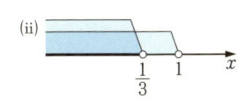
　　(i), (ii)より，　　　$x<\dfrac{1}{3}$

(3) (i) $x^2-6x+8\geqq 0$ すなわち $x\leqq 2$, $4\leqq x$ ……① のとき，
　　　　$x^2-6x+8\leqq x-2$　　$x^2-7x+10\leqq 0$
　　　　$(x-2)(x-5)\leqq 0$ を解いて，$2\leqq x\leqq 5$
　　　　よって，①より，$x=2$, $4\leqq x\leqq 5$ 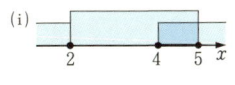
　　(ii) $x^2-6x+8<0$ すなわち $2<x<4$ ……② のとき，
　　　　$-(x^2-6x+8)\leqq x-2$　　$x^2-5x+6\geqq 0$
　　　　$(x-2)(x-3)\geqq 0$ を解いて，$x\leqq 2$, $3\leqq x$
　　　　よって，②より，$3\leqq x<4$
　　(i), (ii)より，　　　$x=2$, $3\leqq x\leqq 5$

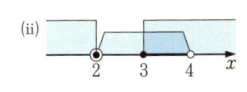

絶対値記号のついた不等式は，絶対値が原点からの距離を表すことを利用して解くこともできる。

　例題1の不等式を，絶対値の性質(3)（→p.34）を利用して解いてみよう。

参考 (1) $|x+4|<5$ より，$-5<x+4<5$ と表せる。
　　　　　ゆえに，　　　$-9<x<1$

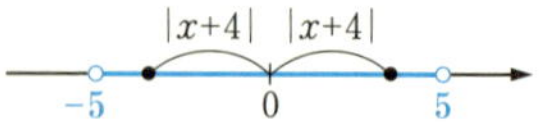

(2) (i) $|x-1|\geqq 0$ であるから，
　　　　$2x<0$ すなわち $x<0$ のとき，不等式は成り立つ。
(ii) $2x\geqq 0$ すなわち $x\geqq 0$ ……① のとき， 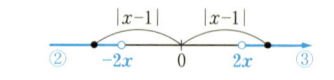
　　　問題の不等式は，
　　　　　　$x-1<-2x$ ………②
　　　または　　$2x<x-1$ ………③
　　　と表せる。

　　　②を解いて，$x<\dfrac{1}{3}$　　　よって，①より，$0\leqq x<\dfrac{1}{3}$

　　　③を解いて，$x<-1$　　　これは①に適さない。

　　　ゆえに，　　$0\leqq x<\dfrac{1}{3}$

(i), (ii)より，　$x<\dfrac{1}{3}$

(3) $0\leqq |x^2-6x+8|\leqq x-2$ であるから， 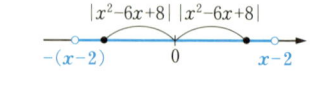
　　$x-2\geqq 0$ すなわち $x\geqq 2$ 　　………①
　　また，問題の不等式は，
　　　　$-(x-2)\leqq x^2-6x+8\leqq x-2$
　　と表せる。

　　よって，$\begin{cases} -(x-2)\leqq x^2-6x+8 & \cdots\cdots ② \\ x^2-6x+8\leqq x-2 & \cdots\cdots ③ \end{cases}$ を解く。

　　②を整理して，$x^2-5x+6\geqq 0$
　　$(x-2)(x-3)\geqq 0$ を解いて，
　　　　　　$x\leqq 2,\ 3\leqq x$　　　………④
　　③を整理して，$x^2-7x+10\leqq 0$ 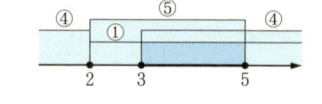
　　$(x-2)(x-5)\leqq 0$ を解いて，
　　　　　　$2\leqq x\leqq 5$　　　………⑤
　　①，④，⑤の共通部分より，$x=2,\ 3\leqq x\leqq 5$

問2　次の不等式を解け。

(1) $|x-1|\geqq 3$　　　　　　　　(2) $|x^2-4|<x$

(3) $|x^2-2x-3|>x+1$　　　(4) $|2x^2+4x-5|\leqq 2x+5$

絶対値の性質の $|a|≧0$ と $|a|^2=a^2$ であることから，絶対値記号のついた不等式を，不等式の性質「$a≧0$，$b≧0$ のとき，$a≦b \iff a^2≦b^2$」($\to$ p.9) を利用して解いてみよう。

例題2　絶対値記号のついた不等式②

次の不等式を解け。
(1) $|2x+1|<3x$　　　　(2) $|2x-4|>x$

[解説]　(1) 左辺は 0 以上であるから，右辺が負，つまり $x<0$ のところに解はない。
$x≧0$ のとき，両辺はともに 0 以上となるから，不等式の性質を用いて，両辺を 2 乗した不等式を解く。

(2) $|2x-4|≧0$ であるが，右辺の x の符号は定まらない。よって，右辺の x が負のときと 0 以上のときで場合分けして考える。

[解答]　(1) (i) $x<0$ のとき，$|2x+1|≧0$，$3x<0$ であるから，
　　　　　　　$|2x+1|<3x$ を満たす x は存在しない。
　　(ii) $x≧0$ のとき，両辺はともに 0 以上であるから，
　　　　　両辺を 2 乗して，$|2x+1|^2<(3x)^2$
　　　　　　　　　　　$(2x+1)^2<(3x)^2$　　　　　←絶対値の性質 $|a|^2=a^2$
　　　　　　　　　　　$\{(2x+1)+3x\}\{(2x+1)-3x\}<0$

　　　　　整理して，　$(5x+1)(x-1)>0$　　$x<-\dfrac{1}{5}$，$1<x$

　　　　　$x≧0$ より，　$x>1$
　　(i)，(ii)より，　$x>1$

(2) (i) $x<0$ のとき，$|2x-4|≧0$ であるから，
　　　　　不等式 $|2x-4|>x$ はつねに成り立つ。
　　(ii) $x≧0$ のとき，両辺はともに 0 以上であるから，
　　　　　両辺を 2 乗して，$|2x-4|^2>x^2$
　　　　　　　　　　　$(2x-4)^2>x^2$
　　　　　　　　　　　$\{(2x-4)+x\}\{(2x-4)-x\}>0$

　　　　　整理して，　$(3x-4)(x-4)>0$　　$x<\dfrac{4}{3}$，$4<x$

　　　　　$x≧0$ より，　$0≦x<\dfrac{4}{3}$，$4<x$

　　(i)，(ii)より，　$x<\dfrac{4}{3}$，$4<x$

問3　次の不等式を解け。
(1) $|x-1|<3$　　　(2) $|2x-3|≦x$　　　(3) $|x-4|>4x-1$

例題3　絶対値記号のついた不等式③

不等式 $|x-2|+|x-5| \leqq 5$ を解け。

[解説] 絶対値記号内の式が0となるxの値で区切ると，$x-2$ と $x-5$ の符号は，次のように，3通りの場合分けになる。

$x<2$ のとき，$\quad x-2<0,\ x-5<0$
$2 \leqq x<5$ のとき，$x-2 \geqq 0,\ x-5<0$
$5 \leqq x$ のとき，$\quad x-2>0,\ x-5 \geqq 0$

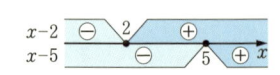

[解答] (i) $x<2$ ……① のとき，
$-(x-2)-(x-5) \leqq 5$ を解いて，$x \geqq 1$
よって，①より，$1 \leqq x<2$

(ii) $2 \leqq x<5$ ……② のとき，
$(x-2)-(x-5) \leqq 5 \quad$ 整理して，$3 \leqq 5$
これはxの値に関係なくつねに成り立つ。
よって，②より，$2 \leqq x<5$

(iii) $5 \leqq x$ ……③ のとき，
$(x-2)+(x-5) \leqq 5$ を解いて，$x \leqq 6$
よって，③より，$5 \leqq x \leqq 6$
(i), (ii), (iii)より，$\quad 1 \leqq x \leqq 6$

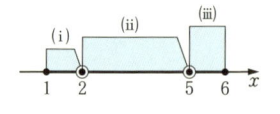

問4　次の不等式を解け。

(1) $|x-1|+|x+3| \leqq 5$
(2) $\dfrac{2}{3}|x| \geqq |x-5|-1$
(3) $|2x-1|+|x+2|>3$
(4) $|3x+1|-|3-x|<6$

演習問題

1　次の不等式を解け。

(1) $|4x+2|<11$
(2) $|2x-1|>x+2$
(3) $x^2-|x|-6<0$
(4) $(x+3)|x-4|+2x+6 \geqq 0$
(5) $x^2-7>3|x-1|$
(6) $|x^2-4x|<3$
(7) $|x^2-2x-3| \leqq 3-x$
(8) $|x^2+3x-4|>x+4$
(9) $|x-2|+3|x+2|<10$
(10) $3-2|x|>|x-1|$
(11) $|2x^2+x-6|-|3x^2-x-14| \geqq 0$
(12) $2|x+1|-3|x-2|+|4-x| \geqq x$

2 文字係数の不等式

係数に文字を含む不等式を解くには，その文字の符号に注意して場合分けする。

例題4★　文字係数の不等式①
　次の x についての不等式を解け。ただし，a, b は定数とする。
　(1)　$ax+1>0$　　　　　　　(2)　$ax+b>0$

[解説]　(1)　問題文に「1次不等式」ではなく「不等式」とあるので，x の係数 a の符号について，$a>0$, $a=0$, $a<0$ の場合分けを行う。
(2)　$a=0$ のときは，b の符号についても，$b>0$, $b\leqq 0$ の場合分けを行う。

[解答]　(1)　$ax+1>0$ より，$ax>-1$ ………①

(i)　$a>0$ のとき，①の両辺を a で割って，$x>-\dfrac{1}{a}$

(ii)　$a=0$ のとき，①は，$0\cdot x>-1$ すなわち $0>-1$
　　となり，不等式はつねに成り立つ。
　　よって，x はすべての実数。　　　　　　　　　　　　　　　←0で割ることはできないので，a に0を代入する

(iii)　$a<0$ のとき，①の両辺を a で割って，$x<-\dfrac{1}{a}$　　←不等号の向きが①と逆になる

(i), (ii), (iii)より，$a>0$ のとき $x>-\dfrac{1}{a}$,
　　　　　　　　　$a=0$ のとき すべての実数,
　　　　　　　　　$a<0$ のとき $x<-\dfrac{1}{a}$

(2)　$ax+b>0$ より，$ax>-b$ ………①

(i)　$a>0$ のとき，①の両辺を a で割って，$x>-\dfrac{b}{a}$

(ii)　$a=0$ のとき，①は，$0\cdot x>-b$ すなわち $0>-b$ となる。
　　よって，$b>0$ のとき，不等式はつねに成り立つので，x はすべての実数。
　　　　　　$b\leqq 0$ のとき，不等式を満たす x は存在しない。

(iii)　$a<0$ のとき，①の両辺を a で割って，$x<-\dfrac{b}{a}$

(i), (ii), (iii)より，$a>0$ のとき $x>-\dfrac{b}{a}$,
　　　　　　　　　$a=0$, $b>0$ のとき すべての実数,
　　　　　　　　　$a=0$, $b\leqq 0$ のとき 解なし,
　　　　　　　　　$a<0$ のとき $x<-\dfrac{b}{a}$

例題5★　文字係数の不等式②
次の x についての不等式を解け。ただし，a は定数とする。
(1) $ax^2 > a$　　　　(2) $ax^2 - a^2x - 2a^3 \geqq 0$

解説　問題文に「2次不等式」ではなく「不等式」とあるので，x^2 の係数 a について，$a=0$ の場合も含めて，場合分けする。
(2)　左辺を因数分解すると，$a(x-2a)(x+a) \geqq 0$ となる。そのため，x^2 の係数 a の符号とともに $2a$ と $-a$ の大小関係も考えて，不等式の解を求める。

解答　(1) (i)　$a=0$ のとき，$0 \cdot x^2 > 0$ となるから，これを満たす x は存在しない。
よって，解はない。
(ii)　$a \neq 0$ のとき，$a(x^2-1) > 0$ と変形すると，
$$a(x+1)(x-1) > 0 \quad \cdots\cdots ①$$
(ア)　$a>0$ のとき，①の両辺を a で割って，
$$(x+1)(x-1) > 0$$
よって，$x<-1$，$1<x$
(イ)　$a<0$ のとき，①の両辺を a で割って，
$$(x+1)(x-1) < 0$$　　　　←不等号の向きが①と逆になる
よって，$-1<x<1$
(i), (ii)より，　$a>0$ のとき $x<-1$，$1<x$，
　　　　　　　$a=0$ のとき 解なし，
　　　　　　　$a<0$ のとき $-1<x<1$

(2) (i)　$a=0$ のとき，$0 \cdot x^2 - 0 \cdot x - 0 \geqq 0$ となるから，すべての実数で成り立つ。
(ii)　$a \neq 0$ のとき，$a(x-2a)(x+a) \geqq 0$ ……① と変形する。
(ア)　$a>0$ のとき，①の両辺を a で割って，
$$(x-2a)(x+a) \geqq 0$$
また，$-a<0$，$2a>0$ より，$-a<2a$ であるから，$x \leqq -a$，$2a \leqq x$
(イ)　$a<0$ のとき，①の両辺を a で割って，
$$(x-2a)(x+a) \leqq 0$$　　　　←不等号の向きが①と逆になる
また，$-a>0$，$2a<0$ より，$2a<-a$ であるから，$2a \leqq x \leqq -a$
(i), (ii)より，　$a>0$ のとき $x \leqq -a$，$2a \leqq x$，
　　　　　　　$a=0$ のとき すべての実数，
　　　　　　　$a<0$ のとき $2a \leqq x \leqq -a$

問5★　次の x についての不等式を解け。ただし，a は定数とする。
(1) $ax > a+1$　　　　(2) $(a-2)x \geqq a^2-4$
(3) $ax^2 \leqq a$　　　　(4) $ax^2 - (a^2+a)x + a^2 > 0$

例題6★ 文字係数の不等式の解
次の問いに答えよ。
(1) 不等式 $ax+5<2x+3$ の解が $x<-1$ となるように，定数 a の値を定めよ。
(2) 不等式 $ax^2+(a-1)x+a-2>0$ の解がすべての実数となるような定数 a の値の範囲を求めよ。

[解説] (1) $ax+5<2x+3$ を整理すると，$(a-2)x<-2$ となる。解を求めるためには，x の係数 $a-2$ で両辺を割るので，$a-2$ の符号に注意する。
(2) 解がすべての実数であるから，問題の不等式が絶対不等式となる a の範囲を求める。2次不等式 $ax^2+bx+c>0$ が絶対不等式となる条件は，$a>0$ かつ $D<0$ である。

[解答] (1) $ax+5<2x+3$ より，$(a-2)x<-2$
　　　解が $x<-1$ となるためには，不等号の向きを考えると，
　　　　　$a-2>0$ すなわち $a>2$ ……① である。
　　　このとき，$x<\dfrac{-2}{a-2}$ となる。
　　　よって，$\dfrac{-2}{a-2}=-1$ であるから，
　　　$-(a-2)=-2$ を解いて，$a=4$　　これは①に適する。
　　　ゆえに，$a=4$

(2) (i) $a=0$ のとき，1次不等式 $-x-2>0$ となる。
　　　よって，解は $x<-2$ であるから，条件に適さない。
(ii) $a \ne 0$ のとき，2次不等式 $ax^2+(a-1)x+a-2>0$ となる。
　　この解がすべての実数となるためには，左辺の値がつねに正となればよい。
　　よって，2次方程式 $ax^2+(a-1)x+a-2=0$ の判別式を D とすると，
　　$a>0$ ……① かつ $D=(a-1)^2-4\cdot a\cdot(a-2)<0$ ……② となればよい。
　　②を整理して，$3a^2-6a-1>0$ より，$a<\dfrac{3-2\sqrt{3}}{3}$，$\dfrac{3+2\sqrt{3}}{3}<a$
　　ゆえに，①より，$a>\dfrac{3+2\sqrt{3}}{3}$

(i), (ii)より，$a>\dfrac{3+2\sqrt{3}}{3}$

問6★ 不等式 $ax-1<x+1$ の解が次のようになるとき，定数 a の値を求めよ。
(1) $x<1$　　　　　　　　　　(2) $x>-3$

問7★ 不等式 $ax^2+4x+a-3<0$ の解がすべての実数となるような定数 a の値の範囲を求めよ。

演習問題

2＊ 次の x についての不等式を解け。ただし，a は定数とする。
(1) $ax+3>2x$
(2) $a(x-1)>x-a^2$
(3) $a(x^2+1)\leqq x(a^2+1)$
(4) $x^2-x+a(1-a)<0$
(5) $x(x-3)\leqq a(3x-2a-6)$
(6) $x^2-(a^2+a-2)x+a^3-2a<0$

3＊ $x\geqq -6$ の範囲のすべての実数 x に対して，不等式 $2ax\leqq 6x+1$ が成り立つための定数 a の値の範囲を求めよ。

4＊ 不等式 $ax^2+(a+1)x+a<0$ の解がすべての実数となるような定数 a の値の範囲を求めよ。

5＊ 不等式 $ax^2+bx+c>|x|$ の解がすべての実数となるように，定数 a，b，c の満たす条件を定めよ。

英語表現②

不等式の解法を英語で表現するとき，日本語の「移項」を表す英単語が存在しません。たとえば，「右辺の $5x$ を左辺に移項する」ことを，「両辺から $5x$ を引く」と「同類項をまとめる」の2つの計算で表現します。

　不等式 $3x-3\leqq 5x+3$ の解法を，英語で表現してみましょう。

$$3x-3\leqq 5x+3$$

Subtract $5x$ from both side. （両辺から $5x$ を引く）

$$3x-3-5x\leqq 5x+3-5x$$

Combine like terms. （同類項をまとめる）

$$-2x-3\leqq 3$$

Add 3 to both side. （両辺に 3 を加える）

$$-2x-3+3\leqq 3+3$$

$$-2x\leqq 6$$

Divide both side by -2. Reverse the inequality sign.
（両辺を -2 で割る。このとき不等号の向きを逆にする）

$$\frac{-2x}{-2}\geqq \frac{6}{-2}$$

$$x\geqq -3$$

3 高次不等式

不等式のすべての項を左辺に移項して整理したとき，左辺が 1 つの文字 x についての 3 次式以上の多項式でできている不等式を**高次不等式**という。

たとえば，$x^3-3x^2-10x+24<0$ や $x^4+x^2-6\geqq 0$ は x についての高次不等式である。

──●高次不等式の解法の手順──
① 左辺を 1 次式や 2 次式の積の形に因数分解する。
② 各因数の符号の表をつくる。
③ 表より左辺の符号を調べ，高次不等式の解を求める。

例題7 高次不等式①

次の不等式を解け。
(1) $(x+3)(x-2)(x-4)<0$ (2) $-x^3+4x\leqq 0$

[解説] 各因数の符号の表をつくり，左辺の符号を調べることによって解を求める。
(2) 最高次の係数は，ミスを減らすためにも，なるべく正にするとよい。

[解答] (1) $(x+3)(x-2)(x-4)<0$ の左辺の因数 $x+3$, $x-2$, $x-4$ について，各因数の符号の表を右のようにつくる。左辺が負となる x の値の範囲が，求める解である。

ゆえに，表より，$x<-3$, $2<x<4$

x	$\cdots$	-3	$\cdots$	2	$\cdots$	4	$\cdots$
$x+3$	$-$	0	$+$	$+$	$+$	$+$	$+$
$x-2$	$-$	$-$	$-$	0	$+$	$+$	$+$
$x-4$	$-$	$-$	$-$	$-$	$-$	0	$+$
左辺	$-$	0	$+$	0	$-$	0	$+$

(2) 両辺に -1 を掛けて，
$$x^3-4x\geqq 0$$
左辺を因数分解して，
$$x(x+2)(x-2)\geqq 0$$
(1)と同様に，表をつくる。
左辺が 0 以上となる x の値の範囲が，求める解である。

ゆえに，表より，$-2\leqq x\leqq 0$, $2\leqq x$

x	$\cdots$	-2	$\cdots$	0	$\cdots$	2	$\cdots$
x	$-$	$-$	$-$	0	$+$	$+$	$+$
$x+2$	$-$	0	$+$	$+$	$+$	$+$	$+$
$x-2$	$-$	$-$	$-$	$-$	$-$	0	$+$
左辺	$-$	0	$+$	0	$-$	0	$+$

問8 次の不等式を解け。
(1) $(x+3)(x+1)(2-x)\leqq 0$ (2) $(x^2-1)(x^2-9)<0$
(3) $(2x+1)(x^2+2x+2)\geqq 0$ (4) $x^3-5x<0$
(5) $-x^4+9x^2\leqq 0$

高次不等式 $x^3-3x^2-10x+24<0$ の解法を考えてみよう。

例題7のように，左辺を1次式や2次式の積の形に因数分解するためには，これから説明する因数定理を利用する。

● 因数定理

$x^3-3x^2-10x+24$ のような x についての整式を，$P(x)$ などの記号を使って表す。この記号を用いて，$P(x)$ の x に2を代入した値を $P(2)$ のように表す。

例 x についての3次式 x^3+3x^2-2x+1 を $P(x)$ とするとき，
$$P(x)=x^3+3x^2-2x+1 \quad \text{と表す。}$$
また，x に2を代入した値は，
$$P(2)=2^3+3\cdot2^2-2\cdot2+1=8+12-4+1=17 \quad \text{となる。}$$

問9 $P(x)=2x^3-3x^2-3x+2$ のとき，次の値を求めよ。

(1) $P(1)$　　(2) $P(-1)$　　(3) $P\left(\dfrac{1}{2}\right)$　　(4) $P(a)$

一般に，整式 $P(x)$ を0でない整式 $A(x)$ で割ったときの商を $Q(x)$，余りを $R(x)$ とすると，次の式が成り立つ。

$$P(x)=A(x)Q(x)+R(x)$$
$$(R(x)\text{の次数})<(A(x)\text{の次数})$$

> 14を4で割ったとき，商が3，余りが2であることを，次のように表す。
> 14 ＝ 4 × 3 ＋ 2
> 　　割る数　商　余り

ある整式 $P(x)$ について，整式 $P(x)$ を $x-a$ で割ったときの商を $Q(x)$，余りを R とすると，
$$P(x)=(x-a)Q(x)+R \quad \text{と表すことができる。}$$
この式において，x に a を代入すると，
$$P(a)=(a-a)Q(a)+R=0+R$$
すなわち，$P(a)=R$ となる。

このことより，次の定理が成り立つ。これを，**剰余の定理**という。

> 整式 $P(x)$ を $x-a$ で割ったときの余りを R とすると，$R=P(a)$

また，$P(a)=0$ のときは，$R=0$ である。このとき，$P(x)=(x-a)Q(x)$ となることから，$x-a$ は，$P(x)$ の因数の1つであることがわかる。

逆に，$P(x)$ が $x-a$ を因数にもつならば，$P(a)=0$ である。

このことより，次の定理が成り立つ。これを，**因数定理**という。

> 整式 $P(x)$ において，$P(a)=0 \iff x-a$ は $P(x)$ の因数である。

整式 $P(x)$ について，$x-a$ の形の因数を求めるためには，$P(a)=0$ となる a を見つけて，因数定理を利用する。$x-a$ という因数を求めることで，$P(x)$ を因数分解できる。

3次式 $x^3-3x^2-10x+24$ を，因数定理を利用して因数分解してみよう。
$P(x)=x^3-3x^2-10x+24$ とする。
　$P(1)=1-3-10+24=12$ となるから，$x-1$ は $P(x)$ の因数ではない。
　$P(2)=8-12-20+24=0$ となるから，$x-2$ は $P(x)$ の因数である。
したがって，$P(x)=(x-2)Q(x)$ と表せる。
　つぎに，$Q(x)$ は，$P(x)$ を $x-2$ で割ることで求められる。
　割り算は次のように行う。

$$
\begin{array}{r}
x^2-x-12 \\
x-2\overline{)x^3-3x^2-10x+24} \\
\underline{x^3-2x^2} \\
-x^2-10x \\
\underline{-x^2+2x} \\
-12x+24 \\
\underline{-12x+24} \\
0
\end{array}
$$

←$Q(x)$
←$P(x)$
←$(x-2)\times$①
←$(x-2)\times$②
←$(x-2)\times$③

> 整数の割り算と同じように，筆算で商を求めることができる。
> 割られる式の最高次の項を順に消すように，割る式に掛ける商の項を順に決める。

よって，計算結果より，$Q(x)=x^2-x-12$ である。
　ゆえに，$x^3-3x^2-10x+24$ の因数分解は，次のようになる。
$$x^3-3x^2-10x+24=(x-2)(x^2-x-12)$$
$$=(x-2)(x+3)(x-4)$$

注意 たとえば，3次式 $8x^3+4x-3$ は x に ± 1，± 2，± 3，… のような整数を代入しても 0 にならないが，x に $\dfrac{1}{2}$ を代入すると，$8\cdot\left(\dfrac{1}{2}\right)^3+4\cdot\dfrac{1}{2}-3=1+2-3=0$ となる。

したがって，$8x^3+4x-3=\left(x-\dfrac{1}{2}\right)Q(x)=(2x-1)\cdot\dfrac{Q(x)}{2}$ と因数分解できる。

> **■ポイント**
> 因数 $x-a$ を求めるために，$P(x)$ の x に代入する値 a の候補となる数は，
> $P(x)$ の $\pm\dfrac{\text{定数項の約数}}{\text{最高次の項の係数の約数}}$ である。

問10 因数定理を利用して，次の式を因数分解せよ。
(1) $2x^3+5x^2+x-2$　　(2) $x^4+3x^3-2x^2-6x+4$　　(3) $2x^3+x^2+x-1$

因数定理を利用して，高次不等式を解いてみよう。

> **例題8　高次不等式②**
> 次の不等式を解け。
> (1) $x^3-3x^2-10x+24<0$ 　　(2) $x^3+x^2-x-1\geqq 0$

[解説] 因数定理を利用して左辺を因数分解し，各因数の符号の表をつくる。表から左辺の符号を調べ，解を求める。

[解答] (1) $P(x)=x^3-3x^2-10x+24$ とする。
$P(2)=0$ より，$x-2$ は $P(x)$ の因数である。
よって，　$P(x)=(x-2)(x^2-x-12)$
$\qquad\qquad\quad =(x-2)(x+3)(x-4)$
したがって，$(x+3)(x-2)(x-4)<0$ を解くと，
$\qquad x<-3,\ 2<x<4$

←例題7(1)の表を参照

(2) $P(x)=x^3+x^2-x-1$ とする。
$P(-1)=0$ より，$x+1$ は $P(x)$ の因数である。
よって，　$P(x)=(x+1)(x^2-1)$
$\qquad\qquad\quad =(x+1)(x+1)(x-1)$
$\qquad\qquad\quad =(x+1)^2(x-1)$
したがって，$(x+1)^2(x-1)\geqq 0$ を解くと，
$\qquad x=-1,\ 1\leqq x$

$$\begin{array}{r}x^2-1\\x+1\overline{\smash{\big)}x^3+x^2-x-1}\\\underline{x^3+x^2}\\-x-1\\\underline{-x-1}\\0\end{array}$$

x	$\cdots$	-1	$\cdots$	1	$\cdots$
$(x+1)^2$	$+$	0	$+$	$+$	$+$
$x-1$	$-$	$-$	$-$	0	$+$
左辺	$-$	0	$-$	0	$+$

[注意] 割り算の計算，因数の符号の表などは，解答に書かなくてよい。

[別解] (2)は，共通因数をくくりだすことによって，左辺を因数分解して解くこともできる。
$x^3+x^2-x-1=x^2(x+1)-(x+1)$
$\qquad\qquad\qquad =(x+1)(x^2-1)$
$\qquad\qquad\qquad =(x+1)^2(x-1)$
したがって，$(x+1)^2(x-1)\geqq 0$ を解くと，$x=-1,\ 1\leqq x$

←$(x+1)$ が共通因数

問11　次の不等式を解け。
(1) $x^3-6x^2+11x-6<0$ 　　(2) $2x^3-5x^2+1\geqq 0$
(3) $x^3-2x^2-3x+6\leqq 0$ 　　(4) $x^3-4x^2+x+6\geqq 0$

[参考] 2次不等式の解法の1つに，2次関数のグラフの利用による解法があるように，高次不等式の解法にも，グラフの利用による解法がある。
　3次関数 $f(x)=ax^3+bx^2+cx+d$（$a>0$）において，3次関数 $y=f(x)$ のグラフと高次方程式と高次不等式の解の関係を表にすると，次ページのようになる。

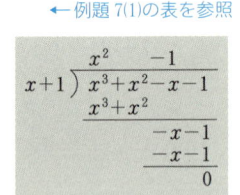

高次不等式と3次関数のグラフ・高次方程式との関係（$a>0$, $p<q<r$）

	$f(x)$	$a(x-p)(x-q)(x-r)$	$a(x-p)(x-q)^2$	$a(x-p)^2(x-q)$	$a(x-p)^3$
関数のグラフ	$y=f(x)$				
方程式	$f(x)=0$	$x=p, q, r$	$x=p, q$（重解）	$x=p$（重解）, q	$x=p$（3重解）
不等式	$f(x)>0$	$p<x<q, r<x$	$p<x<q, q<x$	$q<x$	$p<x$
	$f(x)\geqq 0$	$p\leqq x\leqq q, r\leqq x$	$p\leqq x$	$x=p, q\leqq x$	$p\leqq x$
	$f(x)<0$	$x<p, q<x<r$	$x<p$	$x<p, p<x<q$	$x<p$
	$f(x)\leqq 0$	$x\leqq p, q\leqq x\leqq r$	$x\leqq p, x=q$	$x\leqq q$	$x\leqq p$

	$f(x)$	$a(x-p)(x^2+ex+f)$ 判別式が負
関数のグラフ	$y=f(x)$	
方程式	$f(x)=0$	$x=p$
不等式	$f(x)>0$	$p<x$
	$f(x)\geqq 0$	$p\leqq x$
	$f(x)<0$	$x<p$
	$f(x)\leqq 0$	$x\leqq p$

（例）3次関数のグラフを利用して，
不等式 $x^3-3x^2-10x+24<0$ を解いてみよう。
$y=x^3-3x^2-10x+24$ とおくと，
3次関数 $y=(x-2)(x+3)(x-4)$ のグラフは，
下の図のようになる。

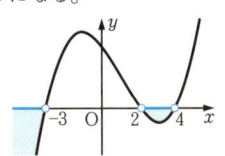

このグラフと x 軸との共有点の座標は，
$y=0$ より，$x=-3, 2, 4$
ゆえに，グラフと x 軸との関係より，
$$x<-3, \ 2<x<4$$

演習問題

6 次の不等式を解け。

(1) $(1-2x)(1-3x)(1-4x)>0$
(2) $4x^3+6x^2\geqq 0$
(3) $4x^3-8x^2+5x-1\geqq 0$
(4) $-x^3-x^2+4x+4<0$
(5) $x^3-3x^2+4>0$
(6) $3x^3+5x^2-8x+2<0$
(7) $8x^3-12x^2+6x-1\geqq 0$
(8) $x^3-2x^2-2x-3<0$
(9) $x^4-10x^3+35x^2-50x+24\leqq 0$
(10) $2x^4+5x^3+x^2-2x>0$
(11) $x^4+x^2-6>0$
(12) $x^4-6x^2+9>0$

4 分数不等式

$\dfrac{1}{x}$, $\dfrac{x-1}{x+2}$, $\dfrac{x^2+1}{x^2-2x-3}$ のように，分母に文字を含む式を**分数式**といい，分数式を含む不等式を**分数不等式**という。

たとえば，$x+1 \leqq \dfrac{4x-6}{x-2}$ や $\dfrac{1}{x-2} > \dfrac{2}{x+3}$ は分数不等式である。

分数式は，分数と同じように，約分や通分して計算することができる。

例 (1) $\dfrac{x^2-x-2}{x^2+3x+2} = \dfrac{(x+1)(x-2)}{(x+1)(x+2)} = \dfrac{x-2}{x+2}$

(2) $\dfrac{3}{x+1} - \dfrac{2}{x-1} = \dfrac{3(x-1)}{(x+1)(x-1)} - \dfrac{2(x+1)}{(x-1)(x+1)}$

$= \dfrac{3(x-1)-2(x+1)}{(x+1)(x-1)} = \dfrac{x-5}{(x+1)(x-1)}$

注意 分数式の計算においては，ふつう，分母は因数分解したままの式で答えとする。

問12 次の分数式を約分せよ。

(1) $\dfrac{x+4}{x^2+4x}$ (2) $\dfrac{x^2-6x+9}{x^2-2x-3}$ (3) $\dfrac{2x^2-3x-2}{2x^2-7x-4}$

問13 次の分数式を通分して計算せよ。

(1) $\dfrac{2}{x+2} + \dfrac{1}{x+1}$ (2) $\dfrac{x-3}{x+1} - \dfrac{x-1}{x+2}$ (3) $\dfrac{x+3}{x^2-1} - \dfrac{3}{x^2-x-2}$

◯分数不等式の解法の手順 1

① 移項して通分し，$\dfrac{B}{A} > 0$ や $\dfrac{B}{A} < 0$ などの形にする。
② 分母，分子を因数分解して，各因数の符号の表をつくる。
③ 表より左辺の符号を調べ，分数不等式の解を求める。ただし，分母が0となる値は除く。

次の手順でも，分数不等式を解くことができる。

◯分数不等式の解法の手順 2

① 両辺に，正の数（たとえば，分母の平方）を掛けて，分母をはらう。
② 高次不等式を解いて，分数不等式の解を求める。ただし，分母が0となる値は除く。

例題9　分数不等式

不等式 $x+1 \leqq \dfrac{4x-6}{x-2}$ を解け。

[解説]　右辺の分数式を左辺へ移項し，整理する。整理後の分数式の分母，分子を因数分解して，各因数の符号の表をつくる。その際，分母が0となる $x=2$ を解から除く。

[解答]　$x+1 \leqq \dfrac{4x-6}{x-2}$ より，$x \neq 2$

$$x+1-\dfrac{4x-6}{x-2} \leqq 0$$

$$\dfrac{(x+1)(x-2)-(4x-6)}{x-2} \leqq 0$$

$$\dfrac{x^2-5x+4}{x-2} \leqq 0$$

よって，$\dfrac{(x-1)(x-4)}{x-2} \leqq 0$

x	$\cdots$	1	$\cdots$	2	$\cdots$	4	$\cdots$
$x-1$	$-$	0	$+$	$+$	$+$	$+$	$+$
$x-4$	$-$	$-$	$-$	$-$	$-$	0	$+$
$x-2$	$-$	$-$	$-$	0	$+$	$+$	$+$
左辺	$-$	0	$+$	×	$-$	0	$+$

右の表より，$x \leqq 1$，$2 < x \leqq 4$

[注意]　分数式では，分数と同じように，分母を0とする値は除く。

[別解]　$x+1 \leqq \dfrac{4x-6}{x-2}$ より，$x \neq 2$

両辺に $(x-2)^2$ を掛けて，

$$(x+1)(x-2)^2 \leqq (4x-6)(x-2)$$
$$(x-2)\{(x+1)(x-2)-(4x-6)\} \leqq 0$$
$$(x-2)(x^2-5x+4)=(x-2)(x-1)(x-4) \leqq 0$$

← $(x-2)^2$ はつねに正であるから，掛けても不等号の向きは変わらない。

上の表より，$x \leqq 1$，$2 < x \leqq 4$

[注意]　分数不等式の両辺に $x-2$ を掛けた場合，分母 $x-2$ の符号がわからないため，$(x+1)(x-2) \leqq 4x-6$ となるか，$(x+1)(x-2) \geqq 4x-6$ となるかを決めることができない。よって，別解のように，**必ず0以上である (分母)² を掛ける**。

問14　次の不等式を解け。

(1) $\dfrac{1}{x-2} \leqq \dfrac{2}{x+3}$　　(2) $\dfrac{x^2-2x+7}{x+1} > x$　　(3) $\dfrac{4x}{x+1} \leqq 3-x$

演習問題

7　次の不等式を解け。

(1) $\dfrac{x+2}{x-1} \geqq 0$　　　　　　　(2) $\dfrac{2x}{x-2} < 1-x$

(3) $\dfrac{1}{x-1} \geqq \dfrac{2}{x+1}$　　　　　(4) $\dfrac{4-x^2}{4+x^2} < \dfrac{2-x}{2+x}$

研究　無理不等式

$\sqrt{x}$, $\sqrt{x-1}$ のように，根号内に文字を含む式を**無理式**といい，無理式を含む不等式を**無理不等式**という。たとえば，$\sqrt{x}<x-1$ や $\sqrt{x+2}\geqq 3-2x$ は無理不等式である。また，根号内は必ず 0 以上でなければならないことから，無理式に含まれる x の値の範囲が決まる。

例題10 ★　**無理不等式**

次の不等式を解け。

(1) $\sqrt{x}\leqq x-2$ 　　　　　　(2) $\sqrt{x-1}>x-3$

[解説]　無理不等式では，最初に根号内が 0 以上である条件や，不等式が成り立つ条件などを確認する。根号をはずすために「$a\geqq 0$, $b\geqq 0$ のとき，$a\leqq b \iff a^2\leqq b^2$」($\to$ p.9) を利用する。

(1) $\sqrt{x}\geqq 0$ であるから，$x-2\geqq 0$ であることに注意する。

[解答]　(1) $\sqrt{x}$ において，根号内は 0 以上であるから，$x\geqq 0$ $\cdots\cdots$ ①

　　このとき，$\sqrt{x}\geqq 0$ であるから，$x-2\geqq 0$ すなわち $x\geqq 2$ $\cdots\cdots$ ②

　　①，②より，　$x\geqq 2$ $\cdots\cdots$ ③　　　　　　←不等式が成り立つ条件

　　$\sqrt{x}\leqq x-2$ の両辺はともに 0 以上であるから，

　　両辺を 2 乗して，$(\sqrt{x})^2\leqq(x-2)^2$　　$x\leqq x^2-4x+4$

　　整理して，　$x^2-5x+4\geqq 0$

　　$(x-1)(x-4)\geqq 0$ を解いて，$x\leqq 1$, $4\leqq x$

　　ゆえに，③より，$x\geqq 4$

(2) $\sqrt{x-1}$ において，根号内は 0 以上であるから，$x\geqq 1$ $\cdots\cdots$ ①

　　また，$\sqrt{x-1}\geqq 0$ であるから，

　　(i) $x-3<0$ すなわち $x<3$ のとき，不等式はつねに成り立つ。

　　　　よって，①より，$1\leqq x<3$

　　(ii) $x-3\geqq 0$ すなわち $x\geqq 3$ $\cdots\cdots$ ② のとき，

　　　　$\sqrt{x-1}>x-3$ の両辺はともに 0 以上であるから，

　　　　両辺を 2 乗して，$(\sqrt{x-1})^2>(x-3)^2$　　$x-1>x^2-6x+9$

　　　　整理して，　$x^2-7x+10<0$

　　　　$(x-2)(x-5)<0$ を解いて，$2<x<5$　　　よって，②より，$3\leqq x<5$

　　(i)，(ii)より，　$1\leqq x<5$

問15 ★　次の不等式を解け。

(1) $\sqrt{5-x}<x-3$ 　　　　　　(2) $\sqrt{2x+11}\geqq x+4$

研究 「すべての実数 x」と「ある実数 x」の表す範囲

不等式が成り立つための x の値の範囲を表す表現として,「すべての実数 x」と「ある実数 x」がある。この表現の違いについて考えてみよう。

> **例題11** ★ 「すべての実数 x」と「ある実数 x」の表す範囲
> x についての 2 つの 2 次関数 $f(x)=x^2+2ax+25$,
> $g(x)=-x^2+4ax-25$ がある。
> (1) すべての実数 x に対して, $f(x)>g(x)$ が成り立つような, 定数 a の値の範囲を求めよ。
> (2) すべての実数 x_1, x_2 に対して, $f(x_1)>g(x_2)$ が成り立つような, 定数 a の値の範囲を求めよ。
> (3) ある実数 x に対して, $f(x)<g(x)$ が成り立つような, 定数 a の値の範囲を求めよ。

[解説] 不等式が成り立つための条件を, 2 次関数 $y=f(x)$ と $y=g(x)$ のグラフの位置関係より求める。
(1) すべての実数 x に対して, $f(x)>g(x)$ が成り立つような位置関係とは,
$y=f(x)$ のグラフが $y=g(x)$ のグラフよりもつねに上側になることである。
(2) すべての実数 x_1, x_2 に対して, $f(x_1)>g(x_2)$ が成り立つような位置関係とは,
$y=f(x)$ の最小値が $y=g(x)$ の最大値よりも大きいことである。
(3) ある実数 x に対して, $f(x)<g(x)$ が成り立つような位置関係とは,
$y=f(x)$ のグラフと $y=g(x)$ のグラフが異なる 2 点で交わることである。

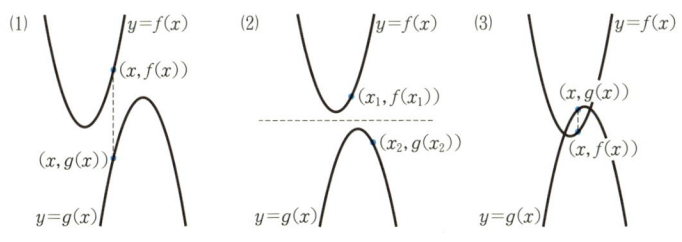

[解答] (1) $f(x)>g(x)$ より, $x^2+2ax+25>-x^2+4ax-25$
整理して, $x^2-ax+25>0$ ……①
2 次方程式 $x^2-ax+25=0$ の判別式を D とすると, すべての実数 x に対して, 不等式①が成り立つためには, $D<0$ となればよい。
よって, $D=(-a)^2-4\cdot1\cdot25=a^2-100<0$
ゆえに, $-10<a<10$

(2) すべての実数 x_1, x_2 に対して，$f(x_1)>g(x_2)$ が成り立つためには，
$$(f(x) \text{の最小値}) > (g(x) \text{の最大値})$$
となればよい。
$f(x)=(x+a)^2-a^2+25$ であるから，
$f(x)$ の最小値は $-a^2+25$ である。
$g(x)=-(x-2a)^2+4a^2-25$ であるから，
$g(x)$ の最大値は $4a^2-25$ である。
よって，　　$-a^2+25>4a^2-25$
整理して，　$a^2-10<0$
ゆえに，　　$-\sqrt{10}<a<\sqrt{10}$

$y=a(x-p)^2+q$ について
$a>0$ のとき　　$a<0$ のとき
(p,q) 最大
(p,q) 最小

(3) $f(x)<g(x)$ より，
$$x^2+2ax+25<-x^2+4ax-25$$
整理して，　$x^2-ax+25<0$ ………②
2次方程式 $x^2-ax+25=0$ の判別式を D とすると，
不等式②が成り立つ実数 x が存在すればよいので，$D>0$ となればよい。
よって，　　$D=(-a)^2-4\cdot1\cdot25=a^2-100>0$
ゆえに，　　$a<-10$, $10<a$

問16 ★ x についての2つの2次関数 $f(x)=x^2-2x+2$, $g(x)=-x^2+ax+a$ がある。
(1) すべての実数 x に対して，$f(x)\geqq g(x)$ が成り立つような，定数 a の値の範囲を求めよ。
(2) すべての実数 s, t に対して，$f(s)\geqq g(t)$ が成り立つような，定数 a の値の範囲を求めよ。

問17 ★ x についての2つの関数 $f(x)=ax^2+3a$, $g(x)=2ax-a^2$ がある。
(1) すべての実数 x に対して，$f(x)>g(x)$ が成り立つような，定数 a の値の範囲を求めよ。
(2) ある実数 x に対して，$f(x)>g(x)$ が成り立つような，定数 a の値の範囲を求めよ。

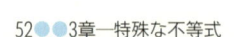

総合問題

1 2つの不等式 $|x-1|<6$, $|x-k|<2$ をともに満たす実数 x が存在するような，定数 k の値の範囲を求めよ。

2 2つの不等式 $x^2+2x-3<0$, $|x-a|>2a-2$ をともに満たす実数 x が存在するような，定数 a の値の範囲を求めよ。

3 不等式 $p(x+2)+q(x-1)>0$ を満たす x の値の範囲が $x<\dfrac{1}{2}$ であるとき，不等式 $q(x+2)+p(x-1)<0$ を満たす x の値の範囲を求めよ。ただし，p と q は定数とする。

4 $x^2+16x+63<0$ を満たすすべての実数 x に対して，$x^2+3ax-10a^2>0$ となるような，定数 a の値の範囲を求めよ。

5 関数 $f(x)=(x^2-2x)^2+(2a-10)(x^2-2x)+a^2-10a$ について，次の問いに答えよ。ただし，a は定数とする。
(1) $f(x)$ を因数分解せよ。
(2) $a=2$ のとき，$f(x)<0$ となるような，x の値の範囲を求めよ。
(3) すべての実数 x に対して，$f(x)>0$ となるような，a の値の範囲を求めよ。

6 a, b を実数として，$P=a^4-4a^2b+b^2+6b$ とおく。
(1) すべての実数 b に対して，$P\geqq 0$ となるような，a の値の範囲を求めよ。
(2) すべての実数 a に対して，$P\geqq 0$ となるような，b の値の範囲を求めよ。

7 不等式 $(x^2-3x-4)(|x-2|-1)>0$ を解け。

8 * x についての不等式 $ax^2-x+a-1>0$ を解け。

9 不等式 $-\sqrt{5}\leqq x-\dfrac{1}{x}\leqq\sqrt{5}$ を解け。

10 $a>0$ のとき，x についての不等式 $\dfrac{a}{x}-\dfrac{1}{x-1}>1$ を解け。

11 * すべての実数 x, y に対して，
不等式 $x^2-2(a-1)xy+y^2+(a-2)y+1\geqq 0$ が成り立つような，定数 a の値の範囲を求めよ。

4章 不等式の証明

1 不等式の基本的な証明

不等式には，$x^2-1<0$ や $|x|<1$ のように，x が $-1<x<1$ の範囲でのみ成り立つ不等式と，$x^2+1>0$ のように，x がすべての実数の範囲で成り立つ不等式がある。このうち，後者のような，含まれている文字が，どのような実数値をとっても成り立つ不等式を，**絶対不等式**という。

この節の「不等式の証明」とは，問題の不等式が絶対不等式であることを証明することである。

●**不等式の証明の基本的な手順**

不等式 $A>B$，$A \geqq B$ を証明するときは，
① 両辺の差を表す式 $A-B$ をつくる。
② $A-B$ を，因数分解や平方完成などで，（正の数）×（正の数）や（実数）^{2}＋（実数）^{2} の式に変形して，$A-B>0$，$A-B \geqq 0$ を示す。
③ ②の結果より，$A>B$，$A \geqq B$ を示す。ただし，$A \geqq B$ の証明では，等号が成り立つ条件を確認して示す。

> **例題1** 不等式の証明
> 次の不等式を証明せよ。
> (1) $2(x^2+y^2) \geqq (x+y)^2$　　(2) $x < x^2+1$
> (3) $a^2+b^2+c^2 \geqq ab+bc+ca$

解説 問題の不等式が，絶対不等式であることを証明する。

両辺の差をとり，平方完成を利用して，（左辺）−（右辺）>0，（右辺）−（左辺）≧0 などを示す。両辺の差が「0 より大」または「0 以上」となるように差をとる方が考えやすい。
また，(1)と(3)は，等号がついた不等号であるから，等号が成り立つときの条件を示す。
なお，等号が成り立つ条件は，変形した式が 0 以上であることを示したときの 0 になる条件である。

(1)では，$(x-y)^2=0$ より，$x-y=0$

(3)では，$\left\{a-\dfrac{1}{2}(b+c)\right\}^2+\dfrac{3}{4}(b-c)^2=0$ より，$a-\dfrac{1}{2}(b+c)=0$ かつ $b-c=0$

[証明] (1) $2(x^2+y^2)-(x+y)^2=2x^2+2y^2-(x^2+2xy+y^2)$
$\qquad\qquad\qquad\quad=x^2-2xy+y^2$
$\qquad\qquad\qquad\quad=(x-y)^2\geqq 0$ ← 因数分解して，(実数)$^2\geqq 0$

ゆえに，$2(x^2+y^2)\geqq(x+y)^2$

等号が成り立つのは，$x-y=0$ すなわち，$x=y$ のときである。 終

(2) $x^2+1-x=x^2-x+\dfrac{1}{4}+\dfrac{3}{4}$
$\qquad\qquad=\left(x-\dfrac{1}{2}\right)^2+\dfrac{3}{4}>0$ ← (実数)^2+(正の数)>0

ゆえに，$x<x^2+1$ 終

(3) $a^2+b^2+c^2-(ab+bc+ca)$
$\qquad=a^2-(b+c)a+b^2-bc+c^2$ ← a に着目して整理
$\qquad=\left\{a-\dfrac{1}{2}(b+c)\right\}^2-\dfrac{1}{4}(b+c)^2+b^2-bc+c^2$ ← a を含む項に着目して平方完成
$\qquad=\left\{a-\dfrac{1}{2}(b+c)\right\}^2+\dfrac{3}{4}(b-c)^2\geqq 0$ ← (実数)^2+(実数)$^2\geqq 0$

ゆえに，$a^2+b^2+c^2\geqq ab+bc+ca$

等号が成り立つのは，$a-\dfrac{1}{2}(b+c)=0$ かつ $b-c=0$

すなわち，$a=b=c$ のときである。 終

[別証] (3) $a^2+b^2+c^2-(ab+bc+ca)$
$\qquad=\dfrac{1}{2}(2a^2+2b^2+2c^2-2ab-2bc-2ca)$ ← (●−■)^{2}をつくるための変形
$\qquad=\dfrac{1}{2}\{(a^2-2ab+b^2)+(b^2-2bc+c^2)+(c^2-2ca+a^2)\}$
$\qquad=\dfrac{1}{2}\{(a-b)^2+(b-c)^2+(c-a)^2\}\geqq 0$ ← (実数)^2+(実数)^2+(実数)$^2\geqq 0$

ゆえに，$a^2+b^2+c^2\geqq ab+bc+ca$

等号が成り立つのは，$a-b=0$ かつ $b-c=0$ かつ $c-a=0$

すなわち，$a=b=c$ のときである。 終

●気をつけよう！

(2)で，$x^2+1-x=x^2-2x+1+x=(x-1)^2+x$ と変形しても，$(x-1)^2\geqq 0$ であるが，x の符号がわからないので，$(x-1)^2+x$ が正であるとは決められない。

問1 次の不等式を証明せよ。

(1) $x^2+y^2+5\geqq 2x-4y$ 　　(2) $x^2+4>3x$

(3) $a^2-ab+b^2\geqq a+b-1$ 　　(4) $x^2-4xy+6y^2+2x-8y+4>0$

例題1の(2), (3)の証明には, 2次不等式の解法(→p.22)で利用したように, グラフとx軸との位置関係を考えて証明する方法がある。

[別証] (2) (右辺)－(左辺) を $f(x)=x^2-x+1$ とする。
$f(x)=0$ の判別式をDとすると, $D=-3<0$
$f(x)$ の x^2 の係数は正であるから, $y=f(x)$ のグラフは右の図のようになる。
よって, $f(x)>0$ すなわち, $x^2-x+1>0$
ゆえに, $x<x^2+1$ 終

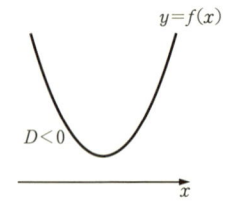

[参考] (3)も (左辺)－(右辺) を a について整理して,
$f(a)=a^2-(b+c)a+b^2+c^2-bc$ とすると, 同様に証明できる。

例題2 分数式を含む不等式の証明

次の不等式を証明せよ。

(1) $\dfrac{3}{2a^2+3} \geq \dfrac{1}{a^2+1}$ (2) $\dfrac{a}{a^2+1} \leq \dfrac{a+1}{a^2+3}$

[解説] 両辺の差を計算して1つの分数式で表し, 分母と分子の因数の符号を調べる。

[証明] (1) $\dfrac{3}{2a^2+3} - \dfrac{1}{a^2+1} = \dfrac{3(a^2+1)-(2a^2+3)}{(2a^2+3)(a^2+1)}$

$= \dfrac{a^2}{(2a^2+3)(a^2+1)}$

$2a^2+3>0$, $a^2+1>0$, $a^2 \geq 0$ であるから, ←分母と分子の符号を調べる

$\dfrac{a^2}{(2a^2+3)(a^2+1)} \geq 0$ ゆえに, $\dfrac{3}{2a^2+3} \geq \dfrac{1}{a^2+1}$

等号が成り立つのは, $a=0$ のときである。 終

(2) $\dfrac{a+1}{a^2+3} - \dfrac{a}{a^2+1} = \dfrac{(a+1)(a^2+1)-a(a^2+3)}{(a^2+3)(a^2+1)}$

$= \dfrac{a^2-2a+1}{(a^2+3)(a^2+1)} = \dfrac{(a-1)^2}{(a^2+3)(a^2+1)}$

$a^2+3>0$, $a^2+1>0$, $(a-1)^2 \geq 0$ であるから, ←分母と分子の符号を調べる

$\dfrac{(a-1)^2}{(a^2+3)(a^2+1)} \geq 0$ ゆえに, $\dfrac{a}{a^2+1} \leq \dfrac{a+1}{a^2+3}$

等号が成り立つのは, $a=1$ のときである。 終

問2 次の不等式を証明せよ。

(1) $\dfrac{1}{2a^2+3} \leq \dfrac{2}{a^2+6}$ (2) $\dfrac{a^2-3a+4}{a^2+3a+4} \geq \dfrac{1}{7}$ (3) $\dfrac{a}{a^4+1} \leq \dfrac{1}{a^2+1}$

例題3 絶対値記号や根号のついた不等式の証明

次の不等式を証明せよ。

(1) $|a+b| \leq |a|+|b|$

(2) $\sqrt{a+b} \geq \dfrac{\sqrt{a}+\sqrt{b}}{\sqrt{2}}$

解説 (1) 絶対値の性質「$|a|^2=a^2$」(→p.34) と「$|ab|=|a||b|$」を利用する。また、両辺とも負ではないので、不等式の性質「$A \geq 0$, $B \geq 0$ のとき, $A \leq B \iff A^2 \leq B^2$」(→p.9) を利用する。

(2) 両辺とも負ではないので、不等式の性質を利用して、両辺の平方の差を調べる。

証明 (1) 両辺とも負ではないので、両辺の平方の差を考えると,
$$(|a|+|b|)^2-|a+b|^2=|a|^2+2|a||b|+|b|^2-(a+b)^2$$
$$=a^2+2|ab|+b^2-(a^2+2ab+b^2)$$
$$=2(|ab|-ab)$$

$ab \geq 0$ のとき, $|ab|=ab$ $ab<0$ のとき, $|ab|>0>ab$

ゆえに, $|ab| \geq ab$ より, $|ab|-ab \geq 0$

よって, $(|a|+|b|)^2 \geq |a+b|^2$

$|a|+|b| \geq 0$, $|a+b| \geq 0$ であるから, $|a+b| \leq |a|+|b|$

等号が成り立つのは, $|ab|=ab$ すなわち, $ab \geq 0$ のときである。 ■

(2) 両辺とも負ではないので、両辺の平方の差を考えると,
$$(\sqrt{a+b})^2-\left(\dfrac{\sqrt{a}+\sqrt{b}}{\sqrt{2}}\right)^2=a+b-\dfrac{a+2\sqrt{ab}+b}{2}=\dfrac{(\sqrt{a}-\sqrt{b})^2}{2} \geq 0$$

よって, $(\sqrt{a+b})^2 \geq \left(\dfrac{\sqrt{a}+\sqrt{b}}{\sqrt{2}}\right)^2$

$\sqrt{a+b} \geq 0$, $\dfrac{\sqrt{a}+\sqrt{b}}{\sqrt{2}} \geq 0$ であるから, $\sqrt{a+b} \geq \dfrac{\sqrt{a}+\sqrt{b}}{\sqrt{2}}$

等号が成り立つのは, $\sqrt{a}-\sqrt{b}=0$ すなわち, $a=b$ のときである。 ■

別証 (1) 絶対値の意味を考えると, $-|a| \leq a \leq |a|$, $-|b| \leq b \leq |b|$ が成り立つ。

各辺を加えて, $-(|a|+|b|) \leq a+b \leq |a|+|b|$

ゆえに, $|a+b| \leq |a|+|b|$

等号が成り立つのは, $a=|a|$, $b=|b|$ または $a=-|a|$, $b=-|b|$

すなわち, $a \geq 0$, $b \geq 0$ または $a \leq 0$, $b \leq 0$ のときである。 ■

注意 (1) この不等式を**三角不等式**という。三角不等式については, 4節 (→p.78) で学習する。

問3 次の不等式を証明せよ。

(1) $|a+b|+|a| \geq |b|$

(2) $\sqrt{2}\sqrt{a^2+b^2} \geq |a|+|b|$

1—不等式の基本的な証明

2 条件のついた不等式の証明

この節で扱う不等式は，文字に条件がついた不等式である。そのため，条件を満たすすべての実数に対して，不等式が成り立つことを証明する。

> **例題4** 条件のついた不等式の証明①
> 次の不等式を証明せよ。
> (1) $a>c$, $b>d$ のとき, $ab+cd>ad+bc$
> (2) $x>0$, $y>0$, $\dfrac{1}{x}+\dfrac{1}{y}=1$ のとき, $x+y\geqq 4$

|解説| (1) 両辺の差をとった整式を因数分解し，条件を利用して，その式が正であることを示す。

(2) 証明する式に利用しやすいように，$\dfrac{1}{x}+\dfrac{1}{y}=1$ を $\dfrac{1}{y}=1-\dfrac{1}{x}=\dfrac{x-1}{x}$ と変形する。

|証明| (1) $ab+cd-(ad+bc)=a(b-d)-c(b-d)=(a-c)(b-d)$
　　　$a>c$ より $a-c>0$, $b>d$ より $b-d>0$ であるから,
　　　　　　$(a-c)(b-d)>0$ 　　よって, $ab+cd-(ad+bc)>0$
　　　ゆえに, $ab+cd>ad+bc$ 　■

(2) $\dfrac{1}{x}+\dfrac{1}{y}=1$ より, $\dfrac{1}{y}=1-\dfrac{1}{x}=\dfrac{x-1}{x}$

　　$y>0$ より, 左辺 $\dfrac{1}{y}$ が正であるから, 右辺 $\dfrac{x-1}{x}$ も正である。

　　よって, $x>0$ より, $x-1>0$ 　　逆数をとって, $y=\dfrac{x}{x-1}$

　　これを差をとった式に代入して,
$$x+y-4=x+\dfrac{x}{x-1}-4=\dfrac{x(x-1)+x-4(x-1)}{x-1}$$
$$=\dfrac{x^2-4x+4}{x-1}=\dfrac{(x-2)^2}{x-1}$$

　　$x-1>0$, $(x-2)^2\geqq 0$ であるから, $\dfrac{(x-2)^2}{x-1}\geqq 0$

　　よって, $x+y-4\geqq 0$ 　　ゆえに, $x+y\geqq 4$
　　等号が成り立つのは, $x=2$, $y=2$ のときである。 　■

問4 次の不等式を証明せよ。
(1) $a>b>c$ のとき, $(a+c)b>ac+b^2$
(2) $a>0$, $b>0$ のとき, $\dfrac{1}{2}\left(\dfrac{1}{a}+\dfrac{1}{b}\right)\geqq \dfrac{2}{a+b}$

例題5 条件のついた不等式の証明②

$|a|<1$, $|b|<1$, $|c|<1$, $|d|<1$ のとき,次の不等式を証明せよ。
(1) $ab+1>a+b$
(2) $abc+2>a+b+c$
(3) $abcd+3>a+b+c+d$

解説 (1)は,両辺の差をとり,条件を利用して不等式を証明する。また,(1)の結果を利用して,(2),(3)の結果を導く。

証明 (1) $ab+1-(a+b)=a(b-1)-(b-1)=(a-1)(b-1)$
$|a|<1$, $|b|<1$ より, $-1<a<1$, $-1<b<1$
よって, $a-1<0$, $b-1<0$ より,$(a-1)(b-1)>0$ であるから,
$$ab+1-(a+b)>0$$
ゆえに, $ab+1>a+b$ 終

(2) $|a|<1$, $|b|<1$ より, $|ab|=|a||b|<1$
$|c|<1$ より,(1)を利用して,
$$ab \cdot c+1>ab+c$$
(1)の結果より, $ab+1>a+b$
辺々を加えて, $abc+ab+2>ab+a+b+c$
ゆえに, $abc+2>a+b+c$ 終

(3) (2)と同様にして, $|abc|<1$
$|d|<1$ より,(1)を利用して,
$$abc \cdot d+1>abc+d$$
(2)の結果より, $abc+2>a+b+c$
辺々を加えて, $abcd+abc+3>abc+a+b+c+d$
ゆえに, $abcd+3>a+b+c+d$ 終

別証 (3) (1)の結果より, $ab+1>a+b$
(1)と同様にして, $cd+1>c+d$
辺々を加えて, $ab+cd+2>a+b+c+d$ ………①
$|ab|=|a||b|<1$, $|cd|=|c||d|<1$ より,(1)を利用して,
$$ab \cdot cd+1>ab+cd$$
両辺に2を加えて, $abcd+3>ab+cd+2$ ………②
①,②より, $abcd+3>ab+cd+2>a+b+c+d$
ゆえに, $abcd+3>a+b+c+d$ 終

問5 $a>2$, $b>2$, $c>2$, $d>2$ のとき,次の不等式を証明せよ。
(1) $ab>a+b$
(2) $abcd>a+b+c+d$

例題6　条件のついた不等式の証明③

次の不等式を証明せよ。
(1) $a+b \geqq 0$, $b \geqq 0$ のとき，$|a| \leqq a+2b$
(2) $a>0$, $b>0$, $c>0$, $a+b+c=3$ のとき，$a^3+b^3+c^3 \geqq a^2+b^2+c^2$

解説　(1) 両辺がともに0以上であるから，絶対値記号をはずすためにも，両辺を2乗した不等式を考える。

(2) 3つの文字 a, b, c についての大小関係が与えられていないので，仮に $a \geqq b \geqq c$ としても，一般性は失われない。

証明　(1) $a+b \geqq 0$, $b \geqq 0$ より，$a+2b \geqq 0$
また，$|a| \geqq 0$
よって，両辺はともに0以上であるから，両辺の平方の差を考えると，
$$(a+2b)^2 - |a|^2 = a^2+4ab+4b^2-a^2 = 4b(a+b) \geqq 0$$
よって，$(a+2b)^2 \geqq |a|^2$
ゆえに，$|a| \leqq a+2b$
等号が成り立つのは，$b=0$ または $a=-b$ のときである。　■

(2) $a+b+c=3$ より，$b=3-a-c$ であるから，
$$\begin{aligned}
a^3+b^3+c^3-(a^2+b^2+c^2) &= a^2(a-1)+b^2(b-1)+c^2(c-1) \\
&= a^2(a-1)+b^2(2-a-c)+c^2(c-1) \\
&= a^2(a-1)+b^2\{(1-a)+(1-c)\}+c^2(c-1) \\
&= (a^2-b^2)(a-1)+(b^2-c^2)(1-c)
\end{aligned}$$
ここで，$a \geqq b \geqq c$ としても一般性は失われないので，$a \geqq b \geqq c > 0$ とすると，
$c+c+c \leqq a+b+c \leqq a+a+a$ が成り立ち，
$a+b+c=3$ より，$3c \leqq 3 \leqq 3a$　すなわち，$c \leqq 1 \leqq a$ となる。
このとき，$a^2-b^2 \geqq 0$，$a-1 \geqq 0$，$b^2-c^2 \geqq 0$，$1-c \geqq 0$ であるから，
$$(a^2-b^2)(a-1)+(b^2-c^2)(1-c) \geqq 0$$
ゆえに，$a^3+b^3+c^3 \geqq a^2+b^2+c^2$
等号が成り立つのは，
($a^2-b^2=0$ または $a-1=0$) かつ ($b^2-c^2=0$ または $1-c=0$) のとき，
すなわち，($a=b$ または $a=1$) かつ ($b=c$ または $c=1$) のときで，
条件より，$a=b=c=1$ のときである。　■

問6　次の不等式を証明せよ。
(1) $p \geqq 0$, $q \geqq 0$, $p+q=1$ のとき，$|ap+bq| \leqq \sqrt{a^2 p + b^2 q}$
(2) $a>0$, $b>0$, $a+b=2$ のとき，$a^3+b^3 < 2(a^2+b^2)$

例題7 条件のついた不等式の証明④

$|a|<1$, $|b|\leq 1$ のとき，不等式 $-1\leq \dfrac{a+b}{ab+1}\leq 1$ を証明せよ。

解説 不等式 $A\leq B\leq C$ の証明は，2つの不等式 $A\leq B$ と $B\leq C$ に分け，それぞれの不等式を証明する。等号が成り立つ条件も，$A\leq B$ と $B\leq C$ のそれぞれについて確認する。

証明 (i) $\dfrac{a+b}{ab+1}-(-1)=\dfrac{a+b+(ab+1)}{ab+1}$

$=\dfrac{(a+1)b+(a+1)}{ab+1}$

$=\dfrac{(a+1)(b+1)}{ab+1}$

$|a|<1$, $|b|\leq 1$ より，$-1<a<1$, $-1\leq b\leq 1$

よって，$a+1>0$, $b+1\geq 0$ であるから，$(a+1)(b+1)\geq 0$

また，$|ab|=|a||b|<1$ より，$-1<ab<1$

よって，$ab+1>0$ であるから，$\dfrac{(a+1)(b+1)}{ab+1}\geq 0$

ゆえに，$\dfrac{a+b}{ab+1}\geq -1$

等号が成り立つのは，$b=-1$ のときである。

(ii) $1-\dfrac{a+b}{ab+1}=\dfrac{(ab+1)-(a+b)}{ab+1}$

$=\dfrac{(a-1)b-(a-1)}{ab+1}$

$=\dfrac{(a-1)(b-1)}{ab+1}$

$a-1<0$, $b-1\leq 0$, $ab+1>0$ であるから，$\dfrac{(a-1)(b-1)}{ab+1}\geq 0$

ゆえに，$\dfrac{a+b}{ab+1}\leq 1$

等号が成り立つのは，$b=1$ のときである。

(i), (ii)より，$-1\leq \dfrac{a+b}{ab+1}\leq 1$

左の等号が成り立つのは，$b=-1$ のときである。

右の等号が成り立つのは，$b=1$ のときである。 **終**

問7 $a+b+c=1$ のとき，不等式 $ab+bc+ca\leq \dfrac{1}{3}\leq a^2+b^2+c^2$ を証明せよ。

例題8　大小関係の決定

$0<a<b$, $a+b=1$ のとき，次の数を小さいものから順に並べよ。

$$\frac{1}{2}, \quad 2ab, \quad a^2+b^2, \quad a^2-b^2$$

[解説]　条件を満たす適当な数を代入して，大小関係に見通しを立ててから，2数の差を比べて決定する。

たとえば，この例題では，$a=\frac{1}{3}$, $b=\frac{2}{3}$ とすると，$2ab=\frac{4}{9}$, $a^2+b^2=\frac{5}{9}$, $a^2-b^2=-\frac{1}{3}$ であるから，$a^2-b^2<2ab<\frac{1}{2}<a^2+b^2$ であると見通しを立てる。

[解答]　$0<a<b$ より，$a-b<0$

また，　　$a<b=1-a$ より $a<\frac{1}{2}$, $b>a=1-b$ より $b>\frac{1}{2}$

よって，　　$0<a<\frac{1}{2}<b<1$ ………①

(i)　$a^2-b^2=(a+b)(a-b)=a-b<0$　　　ゆえに，$a^2-b^2<0$

(ii)　$a>0$, $b>0$ より，$2ab>0$

(iii)　$\frac{1}{2}-2ab=\frac{1}{2}-2a(1-a)=2a^2-2a+\frac{1}{2}=2\left(a^2-a+\frac{1}{4}\right)=2\left(a-\frac{1}{2}\right)^2$

①より，$a\neq\frac{1}{2}$ であるから，$2\left(a-\frac{1}{2}\right)^2>0$

ゆえに，　$\frac{1}{2}>2ab$

(iv)　$a^2+b^2-\frac{1}{2}=a^2+(1-a)^2-\frac{1}{2}=2a^2-2a+\frac{1}{2}=2\left(a-\frac{1}{2}\right)^2>0$

ゆえに，　$a^2+b^2>\frac{1}{2}$

(i)〜(iv)より，小さいものから順に並べると，

$$a^2-b^2, \ 2ab, \ \frac{1}{2}, \ a^2+b^2$$

問8　次の数を小さいものから順にそれぞれ並べよ。

(1)　$0<a<b$, $a+b=2$ のとき，

$$1, \quad a, \quad b, \quad ab, \quad \frac{a^2+b^2}{2}$$

(2)　$a>\sqrt{2}$ のとき，

$$\frac{a+2}{a+1}, \quad \frac{a}{2}+\frac{1}{a}, \quad \sqrt{2}, \quad \frac{2}{a}$$

演習問題

1 次の不等式を証明せよ。
(1) $3x^2+2x+1>0$
(2) $x^2+y^2 \geqq 8(x-y-4)$
(3) $x^2+6xy+11y^2 \geqq 0$
(4) $2(x^2+y^2) \geqq 3xy$
(5) $x^2+10y^2 \geqq 2(3xy+2y-2)$
(6) $x^2-xy+y^2+x-2y+2>0$
(7) $a^2+b^2+c^2 \geqq (2a-b+2c)b$
(8) $a^2+6b^2+5c^2 \geqq 4ab-4bc+6c-3$
(9) $a^2+ab+b^2+3c(a+b+c) \geqq 0$
(10) $\dfrac{1}{2} \leqq \dfrac{x^2+x+1}{x^2+1} \leqq \dfrac{3}{2}$
(11) $\sqrt{x^2+y^2} \leqq |x|+2|y| \leqq \sqrt{5}\sqrt{x^2+y^2}$

2 次の不等式を証明せよ。
(1) $a>0$, $b>0$, $c>0$, $d>0$ のとき, $(ac+bd)\left(\dfrac{a}{c}+\dfrac{b}{d}\right) \geqq (a+b)^2$
(2) $a>0$, $b>0$, $a+b=1$, $x \geqq 0$, $y \geqq 0$ のとき, $\sqrt{ax+by} \geqq a\sqrt{x}+b\sqrt{y}$
(3) $a>0$, $b>0$, $a+b=c$ のとき, $a^2+b^2<c^2$
(4) $a>0$, $b>0$, $c>0$, $a^2+b^2=c^2$ のとき, $a^3+b^3<c^3$

3 * $a>0$, $b>0$, $c>0$ のとき, 次の不等式を証明せよ。
(1) $3(a^3+b^3+c^3) \geqq (a+b+c)(a^2+b^2+c^2)$
(2) $9(a^3+b^3+c^3) \geqq (a+b+c)^3$

4 * $a<1$, $b<1$, $c<1$, $a+b+c=2$ のとき,

不等式 $1<ab+bc+ca \leqq \dfrac{4}{3}$ を証明せよ。

5 正の数 a, b, c, d が不等式 $\dfrac{a}{b} \leqq \dfrac{c}{d}$ を満たすとき,

不等式 $\dfrac{a}{b} \leqq \dfrac{2a+c}{2b+d} \leqq \dfrac{c}{d}$ を証明せよ。

6 * $a>0$, $\dfrac{1}{b}-\dfrac{1}{a}=1$ のとき, 次の数を小さいものから順に並べよ。

$$1+\dfrac{a}{2}, \quad \dfrac{2}{2-b}, \quad \sqrt{1+a}, \quad \dfrac{1}{\sqrt{1-b}}$$

3 相加平均と相乗平均

2つの正の数 a, b について，$\dfrac{a+b}{2}$ を a と b の**相加平均**，$\sqrt{ab}$ を a と b の**相乗平均**という。相加平均と相乗平均の間には，次の大小関係が成り立ち，不等式の証明や，最大値・最小値を求めるときに，よく利用される。

●相加平均と相乗平均の関係

$a>0$, $b>0$ のとき，
$$\dfrac{a+b}{2} \geq \sqrt{ab} \quad \text{（等号が成り立つのは，$a=b$ のとき）}$$

証明　$\dfrac{a+b}{2}-\sqrt{ab}=\dfrac{1}{2}\{(\sqrt{a})^2+(\sqrt{b})^2-2\sqrt{a}\sqrt{b}\}=\dfrac{1}{2}(\sqrt{a}-\sqrt{b})^2 \geq 0$

　　　ゆえに，$\dfrac{a+b}{2} \geq \sqrt{ab}$

　　　等号が成り立つのは，$\sqrt{a}=\sqrt{b}$　すなわち，$a=b$ のときである。　■

注意　この関係は，$a \geq 0$, $b \geq 0$ のときにもいえる。

相加平均と相乗平均の関係は，両辺に2を掛けた次の不等式で利用されることが多い。

$$a+b \geq 2\sqrt{ab}$$
（2数の和）≧（相乗平均の2倍）

参考　相加平均と相乗平均の関係において，$a \to \dfrac{1}{a}$, $b \to \dfrac{1}{b}$ とおくと，

$$\dfrac{1}{2}\left(\dfrac{1}{a}+\dfrac{1}{b}\right) \geq \sqrt{\dfrac{1}{a} \cdot \dfrac{1}{b}} \qquad \text{それぞれ整理して，} \dfrac{a+b}{2ab} \geq \dfrac{1}{\sqrt{ab}}$$

両辺の逆数をとると，$\dfrac{2ab}{a+b} \leq \sqrt{ab}$ が成り立つ。

等号が成り立つのは，$\dfrac{1}{a}=\dfrac{1}{b}$　すなわち，$a=b$ のときである。

このとき，$\dfrac{2ab}{a+b}$ を a と b の**調和平均**といい，相加平均と相乗平均と調和平均の間には，次の大小関係が成り立つ。

$$\dfrac{a+b}{2} \geq \sqrt{ab} \geq \dfrac{2ab}{a+b} \quad \text{（等号が成り立つのは，$a=b$ のとき）}$$
（相加平均）≧（相乗平均）≧（調和平均）

例題9 相加平均と相乗平均の関係を利用した不等式の証明①

$a>0$,$b>0$ のとき,次の不等式を証明せよ。

(1) $a+\dfrac{4}{a}\geqq 4$ 　　　　(2) $(a+b)\left(\dfrac{1}{a}+\dfrac{9}{b}\right)\geqq 16$

[解説] 相加平均と相乗平均の関係を利用できるのは,正の数のときに限る。したがって,**利用する前に,必ず正であることを確認する**。また,等号が成り立つための条件も調べて,示さなければならない。

(2) 不等式の左辺を展開し,相加平均と相乗平均の関係が利用できないか考える。

[証明] (1) $a>0$,$\dfrac{4}{a}>0$ であるから,相加平均と相乗平均の関係より,

$$a+\dfrac{4}{a}\geqq 2\sqrt{a\cdot\dfrac{4}{a}}=2\sqrt{4}=4$$

ゆえに,　$a+\dfrac{4}{a}\geqq 4$

等号が成り立つのは,$a=\dfrac{4}{a}$ のときであるから,$a^2=4$

よって,$a>0$ より,$a=2$ のときである。　　終

(2) $(a+b)\left(\dfrac{1}{a}+\dfrac{9}{b}\right)=1+\dfrac{9a}{b}+\dfrac{b}{a}+9=\dfrac{9a}{b}+\dfrac{b}{a}+10$

$\dfrac{9a}{b}>0$,$\dfrac{b}{a}>0$ であるから,相加平均と相乗平均の関係より,

$$\dfrac{9a}{b}+\dfrac{b}{a}+10\geqq 2\sqrt{\dfrac{9a}{b}\cdot\dfrac{b}{a}}+10=2\sqrt{9}+10=6+10=16$$

ゆえに,　$(a+b)\left(\dfrac{1}{a}+\dfrac{9}{b}\right)\geqq 16$

等号が成り立つのは,$\dfrac{9a}{b}=\dfrac{b}{a}$ のときであるから,$9a^2=b^2$

よって,$a>0$,$b>0$ より,$3a=b$ のときである。　　終

[参考] (1)は,次のような証明もできる。

$a+\dfrac{4}{a}-4=\dfrac{a^2+4-4a}{a}=\dfrac{(a-2)^2}{a}$　　$a>0$,$(a-2)^2\geqq 0$ であるから,$\dfrac{(a-2)^2}{a}\geqq 0$

ゆえに,　$a+\dfrac{4}{a}\geqq 4$　　等号が成り立つのは,$a=2$ のときである。

(2)も同様な変形をして,証明することができる。

[問9] $a>0$,$b>0$,$c>0$,$d>0$ のとき,次の不等式を証明せよ。

(1) $3a+3b+\dfrac{1}{a+b}\geqq 2\sqrt{3}$ 　　　　(2) $\left(\dfrac{a}{b}+\dfrac{c}{d}\right)\left(\dfrac{b}{a}+\dfrac{d}{c}\right)\geqq 4$

例題10　相加平均と相乗平均の関係と最大値・最小値

次の値を求めよ。

(1) $a>0$ のとき，$a+1+\dfrac{2}{a}$ の最小値

(2) $a>0$，$b>0$ のとき，$(a+2b)\left(\dfrac{1}{a}+\dfrac{2}{b}\right)$ の最小値

(3) $a>0$，$b>0$，$ab=12$ のとき，$4a+3b$ の最小値

(4) $x>0$，$y>0$，$3x+y=6$ のとき，xy の最大値

解説　相加平均と相乗平均の関係 $a+b\geqq 2\sqrt{ab}$ を利用すると，
　　　　積 ab が一定ならば，和 $a+b$ の最小値が求められる。
　　　　和 $a+b$ が一定ならば，積 ab の最大値が求められる。

解答　(1) $a>0$，$\dfrac{2}{a}>0$ であるから，相加平均と相乗平均の関係より，

$$a+1+\dfrac{2}{a}=a+\dfrac{2}{a}+1\geqq 2\sqrt{a\cdot\dfrac{2}{a}}+1$$
$$=2\sqrt{2}+1$$

←積 $a\cdot\dfrac{2}{a}$ が一定

等号が成り立つのは，$a=\dfrac{2}{a}$ のときであるから，$a^2=2$

よって，$a>0$ より，$a=\sqrt{2}$ のときである。

ゆえに，　$a=\sqrt{2}$ のとき，最小値 $2\sqrt{2}+1$

(2) $(a+2b)\left(\dfrac{1}{a}+\dfrac{2}{b}\right)=1+\dfrac{2a}{b}+\dfrac{2b}{a}+4=\dfrac{2a}{b}+\dfrac{2b}{a}+5$

$\dfrac{2a}{b}>0$，$\dfrac{2b}{a}>0$ であるから，相加平均と相乗平均の関係より，

$$\dfrac{2a}{b}+\dfrac{2b}{a}+5\geqq 2\sqrt{\dfrac{2a}{b}\cdot\dfrac{2b}{a}}+5$$
$$=2\sqrt{4}+5=9$$

←積 $\dfrac{2a}{b}\cdot\dfrac{2b}{a}$ が一定

等号が成り立つのは，$\dfrac{2a}{b}=\dfrac{2b}{a}$ のときであるから，$a^2=b^2$

よって，$a>0$，$b>0$ より，$a=b$ のときである。

ゆえに，　$a=b$ のとき，最小値 9

(3) $4a>0$，$3b>0$ であるから，相加平均と相乗平均の関係より，
$$4a+3b\geqq 2\sqrt{4a\cdot 3b}=4\sqrt{3ab}=4\sqrt{3\cdot 12}=24$$

←積 ab が一定

等号が成り立つのは，$4a=3b$ かつ $ab=12$ のときであるから，

$a>0$，$b>0$ より，これを解いて，$a=3$，$b=4$ のときである。

ゆえに，　$a=3$，$b=4$ のとき，最小値 24

(4) $3x>0$, $y>0$ であるから，相加平均と相乗平均の関係より，
$$3x+y \geqq 2\sqrt{3x \cdot y} = 2\sqrt{3}\sqrt{xy}$$
よって，$\sqrt{xy} \leqq \dfrac{3x+y}{2\sqrt{3}} = \dfrac{6}{2\sqrt{3}} = \sqrt{3}$　　　　←和 $3x+y$ が一定

両辺はともに正であるから，両辺を 2 乗して，$xy \leqq 3$
等号が成り立つのは，$3x=y$ かつ $3x+y=6$ のときであるから，
これを解いて，$x=1$，$y=3$ のときである。
ゆえに，$x=1$，$y=3$ のとき，最大値 3

●気をつけよう！
(2)では，次のようなミスに注意しよう。
$a>0$，$2b>0$，$\dfrac{1}{a}>0$，$\dfrac{2}{b}>0$ であるから，$a+2b$ と $\dfrac{1}{a}+\dfrac{2}{b}$ に分けて，
それぞれ相加平均と相乗平均の関係より，
$$a+2b \geqq 2\sqrt{a \cdot 2b} = 2\sqrt{2} \cdot \sqrt{ab} > 0 \quad \cdots\cdots\cdots ①$$
$$\dfrac{1}{a}+\dfrac{2}{b} \geqq 2\sqrt{\dfrac{1}{a} \cdot \dfrac{2}{b}} = \dfrac{2\sqrt{2}}{\sqrt{ab}} > 0 \quad \cdots\cdots\cdots ②$$

①，②の辺々を掛けて，$(a+2b)\left(\dfrac{1}{a}+\dfrac{2}{b}\right) \geqq 2\sqrt{2} \cdot \sqrt{ab} \cdot \dfrac{2\sqrt{2}}{\sqrt{ab}} = 8 \quad \cdots\cdots\cdots ③$

このようにすると，③の不等式が正しいことは示されるが，最小値を求めることはできない。
その理由は，①の等号は $a=2b$，②の等号は $\dfrac{1}{a}=\dfrac{2}{b}$ すなわち $b=2a$ のときに成り立ち，2 つの等式を同時に満たす a，b が存在しないため，③の等号が成り立たないからである。

そのため，$(a+2b)\left(\dfrac{1}{a}+\dfrac{2}{b}\right) > 2\sqrt{2} \cdot \sqrt{ab} \cdot \dfrac{2\sqrt{2}}{\sqrt{ab}}$ となる。　　　←≧ではない

最小値を求めるためには，必ず等号が成り立つ条件を確認し，等号が成り立つときが最小値であることを示すことが大切である。

問10 次の値を求めよ。

(1) $x>0$ のとき，$\dfrac{x^2-4x+3}{x}$ の最小値

(2) $a>0$，$b>0$ のとき，$(a+b)\left(\dfrac{1}{a}+\dfrac{36}{b}\right)$ の最小値

(3) $x>0$，$y>0$，$xy=9$ のとき，$x+4y$ の最小値

(4) $x>0$，$y>0$，$2x+3y=12$ のとき，xy の最大値

例題11 相加平均と相乗平均の関係を利用した不等式の証明②

$a>0$, $b>0$, $c>0$ のとき，次の不等式を証明せよ．

(1) $a+b+c \geq \sqrt{ab}+\sqrt{bc}+\sqrt{ca}$

(2) $(a+b)(b+c)(c+a) \geq 8abc$

解説 相加平均と相乗平均の関係による複数の不等式に対して，1章で学んだ不等式の性質を利用し，辺々を加えたり，辺々を掛けたりして，不等式を証明する．また，等号が成り立つのは，各不等式の等号が同時に成り立つときであることに注意する．

証明 (1) $a>0$, $b>0$, $c>0$ であるから，相加平均と相乗平均の関係より，

$$a+b \geq 2\sqrt{ab} \quad \cdots\cdots ① \qquad b+c \geq 2\sqrt{bc} \quad \cdots\cdots ② \qquad c+a \geq 2\sqrt{ca} \quad \cdots\cdots ③$$

①〜③の辺々を加えて，

$$(a+b)+(b+c)+(c+a) \geq 2\sqrt{ab}+2\sqrt{bc}+2\sqrt{ca}$$

整理して，$2(a+b+c) \geq 2(\sqrt{ab}+\sqrt{bc}+\sqrt{ca})$

ゆえに，$a+b+c \geq \sqrt{ab}+\sqrt{bc}+\sqrt{ca}$

等号が成り立つのは，$a=b$ かつ $b=c$ かつ $c=a$

すなわち，$a=b=c$ のときである．　■

$A \geq B$, $C \geq D$ ならば $A+C \geq B+D$

(2) (1)の①〜③の両辺は正であるから，

①〜③の辺々を掛けて，

$$(a+b)(b+c)(c+a) \geq 2\sqrt{ab} \cdot 2\sqrt{bc} \cdot 2\sqrt{ca}$$
$$= 8\sqrt{ab \cdot bc \cdot ca}$$
$$= 8\sqrt{a^2 b^2 c^2}$$

$a>0$, $b>0$, $c>0$ であるから，

$$8\sqrt{a^2 b^2 c^2} = 8abc$$

ゆえに，$(a+b)(b+c)(c+a) \geq 8abc$

等号が成り立つのは，$a=b$ かつ $b=c$ かつ $c=a$

すなわち，$a=b=c$ のときである．　■

$A \geq B > 0$, $C \geq D > 0$ ならば $AC \geq BD$

問11 $a>0$, $b>0$, $c>0$, $d>0$ のとき，次の不等式を証明せよ．

(1) $\dfrac{bc}{a}+\dfrac{ca}{b}+\dfrac{ab}{c} \geq a+b+c$

(2) $(ab+cd)(ac+bd) \geq 4abcd$

(3) $(a+b)(b+c)(c+d)(d+a) \geq 16abcd$

問12 $a>0$, $b>0$ のとき，不等式 $(a+b)\left(\dfrac{1}{a}+\dfrac{4}{b}\right) > m$ が成り立つような定数 m の値の範囲を求めよ．

コラム 縁の長さの等しい長方形の窓と円形の窓

下の2つの窓は、縁の長さが等しい長方形の窓と円形の窓です。見比べると、円形の窓の方が大きく見えます。これは本当なのでしょうか？それとも、目の錯覚なのでしょうか？

長方形の隣り合う2辺の長さを a, b とすると、縁の長さは $2(a+b)$、円の半径を r とすると、縁（円周）の長さは $2\pi r$ となります。
これらの長さが等しいから、$2\pi r = 2(a+b)$

よって、$r = \dfrac{a+b}{\pi}$

このとき、長方形の面積は ab、円の面積は πr^2 であるから、差を調べると、$\pi r^2 - ab = \pi\left(\dfrac{a+b}{\pi}\right)^2 - ab = \dfrac{1}{\pi}\{(a+b)^2 - \pi ab\}$

ここで、a, b はともに正であるから、相加平均と相乗平均の関係より、
$$a+b \geq 2\sqrt{ab} \quad （等号が成り立つのは、a=b のとき）$$
ゆえに、$\pi r^2 - ab \geq \dfrac{1}{\pi}\{(2\sqrt{ab})^2 - \pi ab\} = \dfrac{(4-\pi)}{\pi}ab > 0$

したがって、縁の長さが等しいとき、円形の窓の方が、どんな長方形の窓よりも大きくなり、目の錯覚ではありません。

コラム 英語表現③

「相加平均」と「相乗平均」の英語表現は、それぞれ arithmetic mean と geometric mean です。これらを直訳すると、「算術平均」と「幾何平均」となります。つまり、「相加平均」を「算術平均」、「相乗平均」を「幾何平均」というほうが、ほかの国の人たちとの共通の表現としては合っています。ちなみに、「調和平均」の英語表現は、harmonic mean で、これはそのままでよいですね。

3乗して m になる数を m の **3乗根**（立方根）といい，とくに実数であるものを $\sqrt[3]{m}$ と表す。$m>0$ のとき，$\sqrt[3]{m}>0$ である。また，4乗して正の数 m になる数を m の **4乗根**といい，とくに実数であるもののうち，正の方を $\sqrt[4]{m}$，負の方を $-\sqrt[4]{m}$ と表す。$x=\sqrt[4]{m}$ とおくと，$x^4=(x^2)^2=m$ であるから，$x^2>0$ より $x^2=\sqrt{m}$ すなわち，$x=\sqrt{\sqrt{m}}$ である。したがって，$\sqrt{\sqrt{m}}=\sqrt[4]{m}$ である。
たとえば，$\sqrt[3]{8}=2$，$-\sqrt[3]{27}=-3$，$\sqrt[4]{16}=2$，$-\sqrt[4]{81}=-3$ である。

一般に，正の整数 n に対して，n 乗して m になる数を **m の n 乗根**といい，とくに，m が正の数で，m の n 乗根が実数であるもののうち，n が奇数のときは $\sqrt[n]{m}$，n が偶数のときは，正の方を $\sqrt[n]{m}$，負の方を $-\sqrt[n]{m}$ と表す。

注意 $\sqrt[3]{m}$ は「3乗根 m」，$\sqrt[4]{m}$ は「4乗根 m」と読む。

3つの正の数 a，b，c について，$\dfrac{a+b+c}{3}$ を相加平均，$\sqrt[3]{abc}$ を相乗平均といい，4つの正の数 a，b，c，d について，$\dfrac{a+b+c+d}{4}$ を相加平均，$\sqrt[4]{abcd}$ を相乗平均という。このときも，相加平均と相乗平均の関係は成り立つ。

> $a>0$，$b>0$，$c>0$ のとき，
> $$\dfrac{a+b+c}{3} \geq \sqrt[3]{abc} \quad \text{（等号が成り立つのは，}a=b=c\text{ のとき）}$$

証明 $\sqrt[3]{a}=x$，$\sqrt[3]{b}=y$，$\sqrt[3]{c}=z$ とおくと，$a=x^3$，$b=y^3$，$c=z^3$，
$\sqrt[3]{abc}=\sqrt[3]{a}\sqrt[3]{b}\sqrt[3]{c}=xyz$ であるから，
$$\dfrac{a+b+c}{3}-\sqrt[3]{abc}=\dfrac{x^3+y^3+z^3}{3}-xyz=\dfrac{1}{3}(x^3+y^3+z^3-3xyz)$$
ここで，$(x+y+z)(x^2+y^2+z^2-xy-yz-zx)=x^3+y^3+z^3-3xyz$ であるから，
$$\dfrac{1}{3}(x^3+y^3+z^3-3xyz)=\dfrac{1}{6}(x+y+z)(2x^2+2y^2+2z^2-2xy-2yz-2zx)$$
$$=\dfrac{1}{6}(x+y+z)\{(x-y)^2+(y-z)^2+(z-x)^2\}$$
$a>0$，$b>0$，$c>0$ より，$x>0$，$y>0$，$z>0$ であるから，
$$x+y+z>0, \quad (x-y)^2+(y-z)^2+(z-x)^2 \geq 0$$
よって，$\dfrac{x^3+y^3+z^3}{3}-xyz \geq 0$ すなわち，$\dfrac{a+b+c}{3}-\sqrt[3]{abc} \geq 0$

ゆえに，$\dfrac{a+b+c}{3} \geq \sqrt[3]{abc}$ 等号が成り立つのは，$x=y=z$

すなわち，$\sqrt[3]{a}=\sqrt[3]{b}=\sqrt[3]{c}$ より，$a=b=c$ のときである。 ■

$a>0$, $b>0$, $c>0$, $d>0$ のとき,
$$\frac{a+b+c+d}{4} \geq \sqrt[4]{abcd} \quad (\text{等号が成り立つのは, } a=b=c=d \text{ のとき})$$

[証明] $a>0$, $b>0$, $c>0$, $d>0$ のとき,相加平均と相乗平均の関係より,
$a+b \geq 2\sqrt{ab}$, $c+d \geq 2\sqrt{cd}$ であるから,
$$a+b+c+d \geq 2\sqrt{ab} + 2\sqrt{cd} \qquad \cdots\cdots ①$$
等号が成り立つのは,$a=b$ かつ $c=d$ のときである。$\cdots\cdots ②$
また,$\sqrt{ab}>0$,$\sqrt{cd}>0$ であるから,相加平均と相乗平均の関係より,
$$\sqrt{ab}+\sqrt{cd} \geq 2\sqrt{\sqrt{ab}\sqrt{cd}} = 2\sqrt{\sqrt{abcd}} = 2\sqrt[4]{abcd} \qquad \cdots\cdots ③$$
等号が成り立つのは,$\sqrt{ab}=\sqrt{cd}$ すなわち,$ab=cd$ のときである。$\cdots\cdots ④$
①,③より,$a+b+c+d \geq 2(\sqrt{ab}+\sqrt{cd}) \geq 2\cdot 2\sqrt[4]{abcd} = 4\sqrt[4]{abcd}$
ゆえに,$\dfrac{a+b+c+d}{4} \geq \sqrt[4]{abcd} \quad \cdots\cdots ⑤$
②,④より,等号が成り立つのは,$a=b$ かつ $c=d$ かつ $ab=cd$
すなわち,$a=b=c=d$ のときである。 ■

[参考] 次のようにして,4つの正の数についての相加平均と相乗平均の関係より,3つの正の数についての相加平均と相乗平均の関係を導くことができる。

$\sqrt[4]{abcd} = \sqrt[3]{abc}$ を満たす d を a, b, c で表す。
両辺を12乗して,$(abcd)^3 = (abc)^4$ $a^3 b^3 c^3 d^3 = a^4 b^4 c^4$ $d^3 = abc$
よって,$d = \sqrt[3]{abc}$

⑤に代入して,$\dfrac{a+b+c+\sqrt[3]{abc}}{4} \geq \sqrt[3]{abc}$

整理して,$\dfrac{a+b+c}{4} \geq \dfrac{3}{4}\sqrt[3]{abc}$

両辺に $\dfrac{4}{3}$ を掛けて,$\dfrac{a+b+c}{3} \geq \sqrt[3]{abc}$

← $\sqrt[4]{abcd} = \sqrt[4]{abc\sqrt[3]{abc}}$
$= \sqrt[4]{\sqrt[3]{(abc)^4}}$
$= \sqrt[3]{abc}$

等号が成り立つのは,$a=b=c=\sqrt[3]{abc}$ すなわち,$a=b=c$ のときである。

 この証明の考え方を利用すると,正の数が8つのときを証明してから,7つ,6つ,5つのときの相加平均と相乗平均の関係も成り立つことが証明できる。

 一般に,n 個の正の数 a_1, a_2, $\cdots$, a_n について,相加平均と相乗平均の間には,次の関係が成り立つ。

$$\frac{a_1+a_2+\cdots+a_n}{n} \geq \sqrt[n]{a_1 a_2 \cdots a_n}$$
$$(\text{等号が成り立つのは, } a_1 = a_2 = \cdots = a_n \text{ のとき})$$

3―相加平均と相乗平均

例題12 3つの数の相加平均と相乗平均の関係を利用した不等式の証明

$a>0$, $b>0$, $c>0$ のとき，次の不等式を証明せよ．

(1) $\dfrac{a}{b}+\dfrac{b}{c}+\dfrac{c}{a} \geqq 3$ 　　　　(2) $(a+b+c)\left(\dfrac{1}{a}+\dfrac{1}{b}+\dfrac{1}{c}\right) \geqq 9$

|解説| 3つの数についての相加平均と相乗平均の関係を利用して，証明する．このときは，2つの数のときと同じように，$a+b+c \geqq 3\sqrt[3]{abc}$ の形でよく利用される．

|証明| (1) $\dfrac{a}{b}>0$, $\dfrac{b}{c}>0$, $\dfrac{c}{a}>0$ であるから，相加平均と相乗平均の関係より，

$$\dfrac{a}{b}+\dfrac{b}{c}+\dfrac{c}{a} \geqq 3\sqrt[3]{\dfrac{a}{b}\cdot\dfrac{b}{c}\cdot\dfrac{c}{a}}=3$$

ゆえに，$\dfrac{a}{b}+\dfrac{b}{c}+\dfrac{c}{a} \geqq 3$

等号が成り立つのは，$\dfrac{a}{b}=\dfrac{b}{c}=\dfrac{c}{a}$ のときであるから，$3\cdot\dfrac{a}{b}=3$

すなわち，$a=b$

同様に，$b=c$ であるから，$a=b=c$ のときである．　　終

(2) $a>0$, $b>0$, $c>0$, $\dfrac{1}{a}>0$, $\dfrac{1}{b}>0$, $\dfrac{1}{c}>0$ であるから，相加平均と相乗平均の関係より，

$$a+b+c \geqq 3\sqrt[3]{abc} \quad \cdots\cdots ①$$

$$\dfrac{1}{a}+\dfrac{1}{b}+\dfrac{1}{c} \geqq 3\sqrt[3]{\dfrac{1}{a}\cdot\dfrac{1}{b}\cdot\dfrac{1}{c}}=3\sqrt[3]{\dfrac{1}{abc}} \quad \cdots\cdots ②$$

①，②の両辺は正であるから，①，②の辺々を掛けて，

$$(a+b+c)\left(\dfrac{1}{a}+\dfrac{1}{b}+\dfrac{1}{c}\right) \geqq 3\sqrt[3]{abc}\cdot 3\sqrt[3]{\dfrac{1}{abc}}=9$$

ゆえに，$(a+b+c)\left(\dfrac{1}{a}+\dfrac{1}{b}+\dfrac{1}{c}\right) \geqq 9$

等号が成り立つのは，$a=b=c$ かつ $\dfrac{1}{a}=\dfrac{1}{b}=\dfrac{1}{c}$

すなわち，$a=b=c$ のときである．　　終

問13 $a>0$, $b>0$, $c>0$ のとき，次の不等式を証明せよ．

(1) $2a^2+\dfrac{b}{2a}+\dfrac{1}{ab} \geqq 3$ 　　　(2) $(a+b+c)\left(\dfrac{1}{b+c}+\dfrac{1}{c+a}+\dfrac{1}{a+b}\right) \geqq \dfrac{9}{2}$

(3) $a+\dfrac{32}{a^2} \geqq 6$

コラム 相加平均と相乗平均の関係のいろいろな証明

相加平均と相乗平均の関係の証明には，座標平面上の図形を利用した証明や，幾何の定理を利用した証明があります。

● 座標平面上の図形による証明

右の図において，面積を比べると，
$$\triangle \text{OPS} + \triangle \text{OQT} \geqq 長方形\,\text{OPRQ}$$
この関係を式で表すと，$\dfrac{1}{2}c^2 + \dfrac{1}{2}d^2 \geqq cd$

ここで，$c=\sqrt{a}$，$d=\sqrt{b}$ を代入すると，
$$\dfrac{1}{2}a + \dfrac{1}{2}b \geqq \sqrt{a}\sqrt{b} \qquad \dfrac{a+b}{2} \geqq \sqrt{ab}$$

等号が成り立つのは，$c=d$ すなわち，$a=b$ のときである。　終

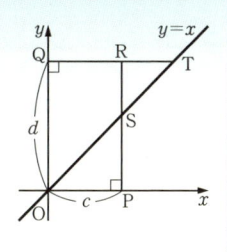

● 方べきの定理を用いた図形による証明

右の図のような半径 r の円において，
方べきの定理により，$ab=h^2$

また，図より，$r=\dfrac{a+b}{2}$，$h \leqq r$ であるから，
$$\sqrt{ab} = h \leqq r = \dfrac{a+b}{2} \qquad \sqrt{ab} \leqq \dfrac{a+b}{2}$$

等号が成り立つのは，$h=r$ すなわち，$a=b$ のときである。　終

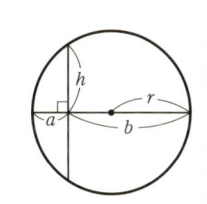

● 外接する 2 つの円と三平方の定理による証明

右の図のような半径 a と b の 2 つの円において，
三平方の定理により，
$$d = \sqrt{(a+b)^2 - (a-b)^2} = 2\sqrt{ab}$$
また，図より，$d \leqq a+b$ であるから，
$$2\sqrt{ab} \leqq a+b \quad すなわち，\sqrt{ab} \leqq \dfrac{a+b}{2}$$

等号が成り立つのは，$d=a+b$ すなわち，$a=b$ のときである。　終

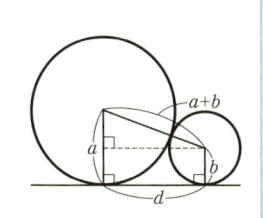

n 個の正の数についての相加平均と相乗平均の関係（→ p.71）の証明には，大きな時間差のある証明があります。

コーシーが最初に証明し，1821 年に発表しました。その後，数学的帰納法という証明法で，ディアナンダが証明しましたが，その発表は，コーシーの発表から 139 年後の 1960 年でした。興味のある人は，調べてみてください。

4 名前のついた不等式

絶対不等式の中には，不等式を証明した人物名や不等式の意味を表すような，名前のついた不等式がある。

● コーシー・シュワルツの不等式

次の不等式は，コーシーとシュワルツのふたりが証明したことから，ふたりの名前がついた絶対不等式である。相加平均と相乗平均の関係と同じように，数の個数が2つ，3つから n 個まで一般化できる。

$$(a^2+b^2)(x^2+y^2) \geq (ax+by)^2$$
(等号が成り立つのは，$a:b=x:y$ のとき)

[証明]　$(a^2+b^2)(x^2+y^2)-(ax+by)^2$
　　　　$= a^2x^2+a^2y^2+b^2x^2+b^2y^2-(a^2x^2+2abxy+b^2y^2)$
　　　　$= a^2y^2-2abxy+b^2x^2 = (ay-bx)^2 \geq 0$
　　ゆえに，$(a^2+b^2)(x^2+y^2) \geq (ax+by)^2$
　　等号が成り立つのは，$ay=bx$ すなわち，$a:b=x:y$ のときである。　圏

[注意]　a, b, x, y すべてが0でないとき，$ay=bx$ より $a:b=x:y$ であるから，比が等しいとき等号が成り立つと覚えるとよい。

$$(a^2+b^2+c^2)(x^2+y^2+z^2) \geq (ax+by+cz)^2$$
(等号が成り立つのは，$a:b:c=x:y:z$ のとき)

[証明]　$(a^2+b^2+c^2)(x^2+y^2+z^2)-(ax+by+cz)^2$
　　　　$= (a^2y^2-2abxy+b^2x^2)+(b^2z^2-2bcyz+c^2y^2)+(c^2x^2-2cazx+a^2z^2)$
　　　　$= (ay-bx)^2+(bz-cy)^2+(cx-az)^2 \geq 0$
　　ゆえに，$(a^2+b^2+c^2)(x^2+y^2+z^2) \geq (ax+by+cz)^2$
　　等号が成り立つのは，$ay=bx$ かつ $bz=cy$ かつ $cx=az$
　　すなわち，$a:b:c=x:y:z$ のときである。　圏

[別証]　任意の実数 t に対して，
　　不等式　$(at+x)^2+(bt+y)^2+(ct+z)^2 \geq 0$　　………①
　　がつねに成り立つ。左辺を t について整理して，
　　　　$(a^2+b^2+c^2)t^2+2(ax+by+cz)t+x^2+y^2+z^2 \geq 0$　………②
　　$a^2+b^2+c^2=0$ のとき，a, b, c は実数であるから，$a=b=c=0$ となり，
　　不等式 $(a^2+b^2+c^2)(x^2+y^2+z^2) \geq (ax+by+cz)^2$ の両辺はともに0となり，成り立つ。

$a^2+b^2+c^2 \neq 0$ のとき,
$a^2+b^2+c^2>0$ であるから, ②が任意の実数 t について成り立つので,
(②の左辺)$=0$ の判別式を D とすると, $D \leqq 0$ となる。
$$\frac{D}{4}=(ax+by+cz)^2-(a^2+b^2+c^2)(x^2+y^2+z^2) \leqq 0$$
ゆえに, $(a^2+b^2+c^2)(x^2+y^2+z^2) \geqq (ax+by+cz)^2$
等号が成り立つのは, ①の等号が成り立つときであるから,
$$at+x=bt+y=ct+z=0 \quad \cdots\cdots ③ \quad \text{のときである。}$$
$abc \neq 0$ のとき, ③より, $t=-\dfrac{x}{a}=-\dfrac{y}{b}=-\dfrac{z}{c}$ であるから,
$a:b:c=x:y:z$ である。
a, b, c のうち, 少なくとも1つは0でないとするとき,
たとえば, $b=0$ のときは, $a:c=x:z$ かつ $y=0$ となる。　圏

すべての自然数 n について, 次のコーシー・シュワルツの不等式が成り立つ。

> $(a_1{}^2+a_2{}^2+\cdots+a_n{}^2)(b_1{}^2+b_2{}^2+\cdots+b_n{}^2) \geqq (a_1b_1+a_2b_2+\cdots+a_nb_n)^2$
> 　　（等号が成り立つのは, $a_1:a_2:\cdots:a_n=b_1:b_2:\cdots:b_n$ のとき）

証明　任意の実数 t に対して,
不等式 $(a_1t+b_1)^2+(a_2t+b_2)^2+\cdots+(a_nt+b_n)^2 \geqq 0$ 　　　　　$\cdots\cdots$④
がつねに成り立つ。
左辺を t について整理して,
$$(a_1{}^2+a_2{}^2+\cdots+a_n{}^2)t^2+2(a_1b_1+a_2b_2+\cdots+a_nb_n)t$$
$$+(b_1{}^2+b_2{}^2+\cdots+b_n{}^2) \geqq 0 \quad \cdots\cdots ⑤$$
$a_1{}^2+a_2{}^2+\cdots+a_n{}^2=0$ のとき,
$a_1, a_2, \cdots, a_n$ は実数であるから $a_1=a_2=\cdots=a_n=0$ となり,
不等式 $(a_1{}^2+a_2{}^2+\cdots+a_n{}^2)(b_1{}^2+b_2{}^2+\cdots+b_n{}^2) \geqq (a_1b_1+a_2b_2+\cdots+a_nb_n)^2$ の両辺はともに0となり, 成り立つ。
$a_1{}^2+a_2{}^2+\cdots+a_n{}^2 \neq 0$ のとき,
$a_1{}^2+a_2{}^2+\cdots+a_n{}^2>0$ であるから, ⑤が任意の実数 t について成り立つので,
(⑤の左辺)$=0$ の判別式を D とすると, $D \leqq 0$ となる。
$$\frac{D}{4}=(a_1b_1+a_2b_2+\cdots+a_nb_n)^2-(a_1{}^2+a_2{}^2+\cdots+a_n{}^2)(b_1{}^2+b_2{}^2+\cdots+b_n{}^2) \leqq 0$$
ゆえに, $(a_1{}^2+a_2{}^2+\cdots+a_n{}^2)(b_1{}^2+b_2{}^2+\cdots+b_n{}^2) \geqq (a_1b_1+a_2b_2+\cdots+a_nb_n)^2$
等号が成り立つのは, ④で等号が成り立つときであるから,
$$a_1t+b_1=a_2t+b_2=\cdots=a_nt+b_n=0$$
すなわち, $a_1:a_2:\cdots:a_n=b_1:b_2:\cdots:b_n$ のときである。　圏

例題13　コーシー・シュワルツの不等式を利用した証明

$x+y+z=1$ のとき，不等式 $x^2+y^2+z^2 \geqq \dfrac{1}{3}$ を証明せよ。

[解説] コーシー・シュワルツの不等式を利用すると，簡単に証明できる。

[証明] コーシー・シュワルツの不等式 $(a^2+b^2+c^2)(x^2+y^2+z^2) \geqq (ax+by+cz)^2$ において，$a=b=c=1$ とおくと，
$$3(x^2+y^2+z^2) \geqq (x+y+z)^2$$
$x+y+z=1$ より，$3(x^2+y^2+z^2) \geqq 1$

ゆえに，$\qquad x^2+y^2+z^2 \geqq \dfrac{1}{3}$

等号が成り立つのは，$x:y:z=1:1:1$ かつ $x+y+z=1$ のときであるから，$x=y=z=\dfrac{1}{3}$ のときである。　終

問14　$a^2+b^2+c^2=1$，$x^2+y^2+z^2=1$ のとき，不等式 $-1 \leqq ax+by+cz \leqq 1$ を証明せよ。

例題14　コーシー・シュワルツの不等式の利用

$a>0$，$b>0$，$c>0$，$a+5b+7c=12$ のとき，$\sqrt{a}+\sqrt{5b}+\sqrt{7c}$ の最大値を求めよ。

[解説] 平方した式に，コーシー・シュワルツの不等式を利用する。

[解答] コーシー・シュワルツの不等式より，
$$\begin{aligned}(\sqrt{a}+\sqrt{5b}+\sqrt{7c})^2 &= (1\cdot\sqrt{a}+1\cdot\sqrt{5b}+1\cdot\sqrt{7c})^2 \\ &\leqq (1^2+1^2+1^2)\{(\sqrt{a})^2+(\sqrt{5b})^2+(\sqrt{7c})^2\} \\ &= 3(a+5b+7c)\end{aligned}$$
$a+5b+7c=12$ より，$(\sqrt{a}+\sqrt{5b}+\sqrt{7c})^2 \leqq 3\cdot 12 = 36$

$\sqrt{a}+\sqrt{5b}+\sqrt{7c} > 0$ であるから，
$$\sqrt{a}+\sqrt{5b}+\sqrt{7c} \leqq 6$$

等号が成り立つのは，$\sqrt{a}:\sqrt{5b}:\sqrt{7c}=1:1:1$ かつ $a+5b+7c=12$ のときであるから，$a=5b=7c=4$

ゆえに，$a=4$，$b=\dfrac{4}{5}$，$c=\dfrac{4}{7}$ のとき，最大値 6

問15　$x>0$，$y>0$，$z>0$ とする。$\dfrac{1}{x}+\dfrac{2}{y}+\dfrac{3}{z}=\dfrac{1}{4}$ のとき，$x+2y+3z$ の最小値を求めよ。

チェビシェフの不等式

コーシーやシュワルツと同じように，証明した人物名のついた不等式である。

$a \geqq b$, $x \geqq y$ のとき，$(a+b)(x+y) \leqq 2(ax+by)$
　　　　（等号が成り立つのは，$a=b$ または $x=y$ のとき）

証明　$2(ax+by)-(a+b)(x+y) = 2ax+2by-(ax+ay+bx+by)$
　　　　　　　　　　　　　　　$= ax-ay-bx+by = (a-b)(x-y)$
　ここで，$a \geqq b$, $x \geqq y$ より，$a-b \geqq 0$, $x-y \geqq 0$ であるから，$(a-b)(x-y) \geqq 0$
　ゆえに，　$(a+b)(x+y) \leqq 2(ax+by)$
　等号が成り立つのは，$a=b$ または $x=y$ のときである。　■

$a \geqq b \geqq c$, $x \geqq y \geqq z$ のとき，$(a+b+c)(x+y+z) \leqq 3(ax+by+cz)$
　　　　（等号が成り立つのは，$a=b=c$ または $x=y=z$ のとき）

証明　$3(ax+by+cz)-(a+b+c)(x+y+z)$
　　　$= 2ax+2by+2cz-ay-az-bx-bz-cx-cy$
　　　$= (ax-ay-bx+by)+(by-bz-cy+cz)+(cz-cx-az+ax)$
　　　$= (a-b)(x-y)+(b-c)(y-z)+(c-a)(z-x) \geqq 0$
　等号が成り立つのは，$a=b=c$ または $x=y=z$ のときである。　■

注意　等号が成り立つのは，「($a=b$ または $x=y$) かつ ($b=c$ または $y=z$) かつ ($c=a$ または $z=x$)」であるが，たとえば，「$a=b$ かつ $y=z$ かつ $c=a$」とすると，$a=b=c$ となり，$b=c$ となるので，$y=z$ は不要となる。
　そのため，等号が成り立つ条件は，$a=b=c$ または $x=y=z$ となる。

参考　チェビシェフの不等式は，2種類の大小関係がある数について，それぞれの平均の積と，数どうしの積の平均について成り立つ不等式であるから，次のように表すこともできる。

$$\frac{a+b}{2} \cdot \frac{x+y}{2} \leqq \frac{ax+by}{2}, \quad \frac{a+b+c}{3} \cdot \frac{x+y+z}{3} \leqq \frac{ax+by+cz}{3}$$

一般に，次のチェビシェフの不等式が成り立つ。

$a_1 \geqq a_2 \geqq \cdots \geqq a_n$, $b_1 \geqq b_2 \geqq \cdots \geqq b_n$ のとき，
$(a_1+a_2+\cdots+a_n)(b_1+b_2+\cdots+b_n) \leqq n(a_1b_1+a_2b_2+\cdots+a_nb_n)$
　　　（等号が成り立つのは，$a_1=a_2=\cdots=a_n$ または $b_1=b_2=\cdots=b_n$ のとき）

問16　$a>0$, $b>0$, $c>0$ のとき，
不等式 $(a^2+b^2+c^2)(a^3+b^3+c^3) \leqq 3(a^5+b^5+c^5)$ を証明せよ。

● **三角不等式**

次の不等式を**三角不等式**という。

$$|a+b| \leq |a|+|b| \quad (\text{等号が成り立つのは、} ab \geq 0 \text{ のとき})$$

三角不等式については、絶対値記号のついた不等式として、すでに証明してある。(→p.57, 例題3(1)) これが三角不等式と呼ばれるのは、a, b が三角形の2辺の長さを表すとすると、三角不等式が三角形の辺の関係「2辺の長さの和は、残りの1辺の長さよりも大きい」と似ているからである。

さらに、この三角不等式において、a に $a+b$, b に $-b$ を代入すると、$|(a+b)+(-b)| \leq |a+b|+|-b|$ より、

$$|a| \leq |a+b|+|b|$$

よって、$|a|-|b| \leq |a+b|$ ……… ①

等号が成り立つのは、$(a+b)b \leq 0$ のときである。

不等式①と三角不等式を合わせて、

$$|a|-|b| \leq |a+b| \leq |a|+|b| \quad \cdots\cdots\cdots ②$$

が成り立つ。

また、絶対値は、数直線上で原点 O との距離を表すから、右のように、A(a), B($-b$) とおくと、

$|a|=$ OA
$|-b|=|b|=$ OB
$|a+b|=|a-(-b)|=$ AB

となり、不等式②は、

$$\text{OA} - \text{OB} \leq \text{AB} \leq \text{OA} + \text{OB}$$

となる。

これを △OAB にあてはめると、三角形が成立するための辺の条件と一致する。
たとえば、△OAB で、
OA=a, OB=b, AB=c とおくと、

$$|a-b| < c < a+b$$

と表すことができる。
そのため、不等式②も三角不等式と呼ばれることがある。

問17 不等式 $|a+b+c| \leq |a|+|b|+|c|$ を証明せよ。

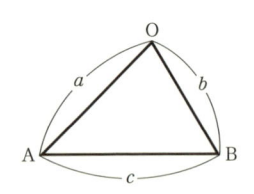

演習問題

7 $a>0$, $b>0$ のとき，次の不等式を証明せよ。

(1) $9a+\dfrac{1}{4a}\geqq 3$ 　　(2) $a+b+\dfrac{12}{a+b}\geqq 4\sqrt{3}$

(3) $\left(a+\dfrac{1}{b}\right)\left(b+\dfrac{16}{a}\right)\geqq 25$

8 次の不等式を証明せよ。

(1) x, y を 0 でない同符号の実数とするとき，$\left(x+\dfrac{9}{y}\right)\left(y+\dfrac{1}{x}\right)\geqq 16$

(2) $a<0$, $b<0$ のとき，$\left(a+\dfrac{2}{b}\right)\left(b+\dfrac{2}{a}\right)\geqq 8$

9 次の式の最小値を求めよ。

(1) $x>0$, $y>0$ のとき，$\left(9x+\dfrac{1}{y}\right)\left(y+\dfrac{1}{4x}\right)$

(2) $x>0$ のとき，$x^2+2x+\dfrac{2}{x}-\dfrac{2}{x+2}+2$

(3) $x>0$, $y>0$, $xy=4$ のとき，$x+y$

(4) $x>0$, $y>0$, $2x+y=2$ のとき，$\dfrac{1}{x}+\dfrac{1}{y}$

10 次の不等式を証明せよ。

(1) $\dfrac{x^2}{2}+\dfrac{y^2}{3}\geqq\dfrac{(x+y)^2}{5}$ 　　(2) $\dfrac{x^2}{2}+\dfrac{y^2}{3}+\dfrac{z^2}{4}\geqq\dfrac{(x+y+z)^2}{9}$

11 $a>0$, $b>0$, $c>0$ のとき，次の不等式を証明せよ。

(1) $(a+b)(a^3+b^3)\geqq(a^2+b^2)^2$

(2) $(a+b+c)(a^3+b^3+c^3)\geqq(a^2+b^2+c^2)^2$

12 $a\geqq 0$, $b\geqq 0$, $c\geqq 0$ のとき，次の不等式を証明せよ。

(1) $\dfrac{a+b}{2}\leqq\sqrt{\dfrac{a^2+b^2}{2}}$ 　　(2) $\dfrac{a+b+c}{3}\leqq\sqrt{\dfrac{a^2+b^2+c^2}{3}}$

13 a, b, c を三角形の3辺の長さとするとき，次の不等式を証明せよ。

$\dfrac{1}{2}<\dfrac{bc+ca+ab}{a^2+b^2+c^2}\leqq 1$

総合問題

1 次の問いに答えよ。
(1) すべての実数 p, q, r に対して，
不等式 $3(p^2+q^2+r^2) \geq (p+q+r)^2$ が成り立つことを証明せよ。
(2) 実数 a, b, c, d が $a+2b+3c+4d=6$, $a^2+4b^2+9c^2+16d^2=12$ を満たすとき，$0 \leq a \leq 3$ が成り立つことを証明せよ。

2 次の不等式を証明せよ。
(1) $a^4+b^4+c^4 \geq abc(a+b+c)$
(2) $\sqrt{a^2+b^2+c^2}\sqrt{x^2+y^2+z^2} \geq |ax+by+cz|$
(3)* $\dfrac{|a|}{1+|a|}+\dfrac{|b|}{1+|b|} \geq \dfrac{|a+b|}{1+|a+b|}$

3 $a \geq 0$, $b \geq 0$, $c \geq 0$ のとき，不等式 $a^3+b^3+c^3 \geq 3abc$ を，次の手順で証明せよ。
(1) 不等式 $a^3+b^3 \geq ab(a+b)$ を証明せよ。
(2) 不等式 $2(a^3+b^3+c^3) \geq ab(a+b)+bc(b+c)+ca(c+a)$ を証明せよ。
(3) 不等式 $ab(a+b)+bc(b+c)+ca(c+a) \geq 6abc$ を証明せよ。
(4) 不等式 $a^3+b^3+c^3 \geq 3abc$ を導け。

4 どの2つも等しくない4つの正の数 a, b, c, d が，
$\sqrt{a}+\sqrt{b}<\sqrt{c}+\sqrt{d}$, $a+b=c+d$, $a<b$, $c<d$ を満たすとき，次の不等式を証明せよ。
(1) $ab<cd$
(2) $b-a>d-c$

5 次の式の最小値を求めよ。
(1) $x \neq 0$ のとき，$\left|\dfrac{x^2+7x+25}{x}\right|$
(2) $a>-1$, $b>-2$ のとき，$2b+\dfrac{2}{a+1}+\dfrac{2a+2}{b+2}$
(3)* $x>0$, $y>0$, $z>0$ のとき，$\dfrac{x^2}{12}+\dfrac{4y}{x}+\dfrac{z}{xy}+\dfrac{3}{z}$

6 次の不等式を証明せよ。

(1) x を任意の正の数とするとき，
$$x + \frac{1}{x} \geq 2$$

(2)* n を自然数，x を任意の正の数とするとき，
$$x + \frac{1}{x^n} \geq \frac{2n}{x^{n-1} + x^{n-2} + \cdots + x + 1}$$

7 $a > 0$, $b > 0$, $\frac{1}{a} + \frac{1}{b} = 1$ のとき，次の式の最小値を求めよ。

(1) ab (2) $\frac{1}{a^2} + \frac{1}{b^2}$

(3)* $a^n b + a b^n$ （n は 3 以上の自然数）

8 a, b, c, d が実数で，$a^2 + b^2 = 2$, $c^2 + d^2 = 3$ を満たすとき，次の不等式を証明せよ。

(1) $-\frac{5}{2} \leq ab + cd \leq \frac{5}{2}$ (2) $-\sqrt{6} \leq ac + bd \leq \sqrt{6}$

9 a, b, c は正の数，p, q, r は実数とする。次の不等式を証明せよ。
$$(a+b+c)\left(\frac{p^2}{a} + \frac{q^2}{b} + \frac{r^2}{c}\right) \geq (p+q+r)^2$$

10* $a > b > c > 0$ のとき，次の数を小さいものから順に並べよ。
$$(a+b+c)(a^2+b^2+c^2), \quad (a+b+c)(ab+bc+ca),$$
$$3(a^3+b^3+c^3), \quad 9abc$$

11* $a = \sqrt{x^2 + xy + y^2}$, $b = p\sqrt{xy}$, $c = x + y$ とおく。任意の正の数 x, y に対して，a, b, c を 3 辺の長さとする三角形がつねに存在するような，p の値の範囲を求めよ。

12* x_1, x_2, x_3 は任意の実数，a_1, a_2, a_3, b_1, b_2, b_3 はいずれも正の数とする。$a = \dfrac{a_1 x_1 + a_2 x_2 + a_3 x_3}{a_1 + a_2 + a_3}$, $b = \dfrac{b_1 x_1 + b_2 x_2 + b_3 x_3}{b_1 + b_2 + b_3}$ とおくとき，次の問いに答えよ。

(1) 不等式 $|a - b| \leq |a - x_i| \leq |x_j - x_i|$ （$i, j = 1, 2, 3$, $i \neq j$）が成り立つような i, j が存在することを証明せよ。

(2) 不等式 $|x_2 - x_3| \leq |a - x_2| + |a - x_3| \leq |x_1 - x_2| + |x_1 - x_3|$ を証明せよ。

5章 不等式の表す領域

1 不等式の表す領域の図示

与えられた不等式を満たす値 x, y を座標とする点 (x, y) について，この点の存在する範囲を，座標平面上に図示することを考えてみよう。

座標平面は，x 軸と y 軸によって4つの部分に分けられる。それぞれの部分を右の図のように，**第1象限**，**第2象限**，**第3象限**，**第4象限**という。ただし，x 軸と y 軸は，どの象限でもない。

第1象限内のすべての点は，x 座標の値と y 座標の値がともに正であるから，不等式 $\begin{cases} x > 0 \\ y > 0 \end{cases}$ と表すことができる。

不等式を満たす点 (x, y) 全体の集合を，その不等式の表す**領域**といい，領域は，座標平面上に斜線などで図示する。領域と領域でない部分を分ける線を**境界線**という。

例題1 不等式の表す領域の図示①

次の不等式の表す領域を，座標平面上に斜線で示せ。
(1) $x > 0$　　(2) $x \geqq 0$　　(3) $xy > 0$

解説 (1) x 座標の値が正である点は，第1象限と第4象限，および x 軸上の原点Oより右側にある点全体の集合である。

(2) $x \geqq 0$ は，$x > 0$ または $x = 0$（y 軸）であるから，(1)の領域に境界線を含む。

(3) x 座標と y 座標の値が同符号であればよい。

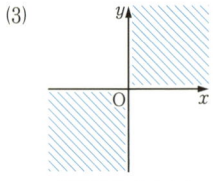

解答 (1) 境界線を含まない　(2) 境界線を含む　(3) 境界線を含まない

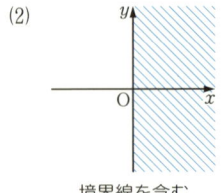

問1 次の不等式の表す領域を，座標平面上に斜線で示せ。
(1) $y > 0$　　(2) $y \leqq 0$　　(3) $xy < 0$　　(4) $xy \leqq 0$

不等式 $y>f(x)$ の表す領域を図示してみよう。

不等式 $y>f(x)$ を満たす点を $P(x_1, y_1)$ とし，P と x 座標の等しい $y=f(x)$ 上の点を $Q(x_1, y_2)$ とすると，
$$y_1 > f(x_1), \quad y_2 = f(x_1) \quad \text{すなわち，} \quad y_1 > y_2$$
となるから，P は Q の上側にある。逆に，P が Q の上側ならば，$y_1 > f(x_1)$ が成り立つ。つまり，

> $y>f(x)$ の表す領域は，境界線 $y=f(x)$ の上側
> $y<f(x)$ の表す領域は，境界線 $y=f(x)$ の下側

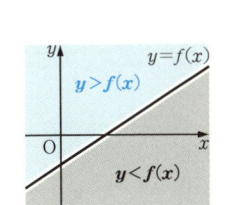

にある点全体の集合である。

――●不等式の表す領域を図示する手順――
① 境界線を図示する。
② 不等号の向きで，境界線の上側か下側かを判定して，領域を図示する。
③ 境界線を含むか含まないかを示す。

例題2　不等式の表す領域の図示②

次の不等式の表す領域を図示せよ。
(1) $y>x$　　(2) $y \leq 2x-1$　　(3) $y \geq x^2$　　(4) $y < 2x^2 - 2$

|解説| (3), (4) 境界線が放物線の場合も，不等号の向きで境界線の上側と下側を判定する。

|解答|
(1) 境界線を含まない
(2) 境界線を含む
(3) 境界線を含む
(4) 境界線を含まない

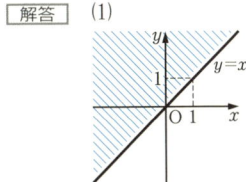

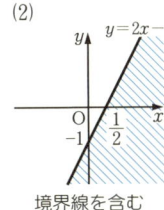

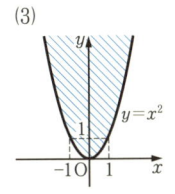

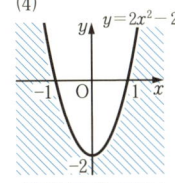

|参考| 境界線上にない点の座標を不等式に代入して，領域を判定する方法がある。例題2では，点 (0, 1) を代入すると，(1), (3) は不等式が成り立つので，点 (0, 1) を含む側が不等式の表す領域であり，(2), (4) は不等式が成り立たないので，点 (0, 1) を含まない側が不等式の表す領域である。

|注意| 本書では，斜線で示した部分を不等式の表す領域とする。

問2　次の不等式の表す領域を図示せよ。

(1) $y > 2x+1$　　(2) $x+y-1 \leq 0$　　(3) $y \geq -x^2+3$
(4) $y < x^2 - 2x - 3$　　(5) $y < 3$　　(6) $x \leq -1$

円の方程式と領域

座標平面上の 2 点 $A(x_1, y_1)$, $B(x_2, y_2)$ 間の距離 AB は, 点 $C(x_2, y_1)$ とおくと, 直角三角形 ABC ができるので, 三平方の定理により,

$$AB = \sqrt{AC^2 + BC^2}$$
$$= \sqrt{|x_2 - x_1|^2 + |y_2 - y_1|^2}$$
$$= \sqrt{(x_2 - x_1)^2 + (y_2 - y_1)^2}$$

と求めることができる。

点 $A(x_1, y_1)$ を中心とする半径 r の円の周上の点 $P(x, y)$ について, $AP = r$ であるから,

$$\sqrt{(x - x_1)^2 + (y - y_1)^2} = r$$

すなわち, $(x - x_1)^2 + (y - y_1)^2 = r^2$ となる。

この式を**円の方程式**という。

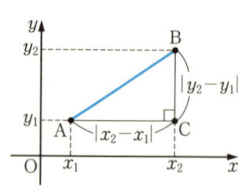

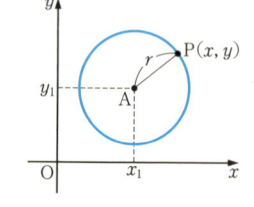

> 中心 $A(x_1, y_1)$, 半径 r の円の方程式は,
> $$(x - x_1)^2 + (y - y_1)^2 = r^2$$

不等式 $(x - 2)^2 + (y - 3)^2 < 1^2$ の表す領域を図示してみよう。

境界線 $(x - 2)^2 + (y - 3)^2 = 1^2$ は, 中心 $A(2, 3)$, 半径 1 の円である。このとき, $(x - 2)^2 + (y - 3)^2 < 1^2$ の表す領域内の点を $P(x_1, y_1)$ とすると, 2 点 A, P 間の距離 AP は, $AP = \sqrt{(x_1 - 2)^2 + (y_1 - 3)^2}$ より,

$$AP^2 = (x_1 - 2)^2 + (y_1 - 3)^2$$

よって, 不等式は,

$AP^2 < 1^2$ すなわち, $0 \leq AP < 1$ となる。

ゆえに, 距離 AP は半径 1 より小さいので, 点 P はこの円の内部にあることがわかり, 領域は図の斜線部分である。ただし, 境界線を含まない。

一般に, 次のことがいえる。

円 $(x - a)^2 + (y - b)^2 = r^2$ を C とすると,

> $(x - a)^2 + (y - b)^2 < r^2$ の表す領域は, 円 C の**内部**
> $(x - a)^2 + (y - b)^2 > r^2$ の表す領域は, 円 C の**外部**

にある点全体の集合である。

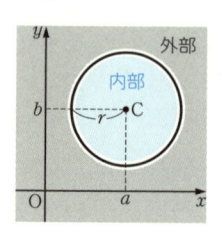

例題3　不等式の表す領域の図示③

次の不等式の表す領域を図示せよ。
(1) $x^2+y^2<4$　　　(2) $(x-2)^2+(y-3)^2\geqq 1$

解説　不等号の向きで，円の内部か外部かを判定する。または，原点 $(0,0)$ などわかりやすい点の座標を，各不等式に代入する。不等式が成り立つ場合は，その点を含む側が不等式の表す領域となり，成り立たない場合は，その点を含まない側が領域となる。
たとえば，(1)において，$0^2+0^2<4$ は成り立つので，原点を含む側が領域となる。

解答　(1) 求める領域は，原点を中心とし，半径2の円の内部である右の図の斜線部分。
(2) 求める領域は，中心$(2,3)$，半径1の円の周および外部である右の図の斜線部分。

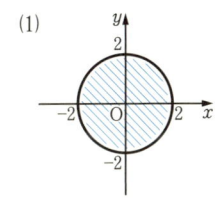

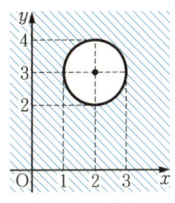

(1) 境界線を含まない
(2) 境界線を含む

問3　次の不等式の表す領域を図示せよ。
(1) $x^2+y^2>3$　　　(2) $(x-3)^2+(y+2)^2<4$
(3) $(x+1)^2+(y-1)^2\geqq 2$　　(4) $(x+2)^2+(y+1)^2\leqq 6$

円の方程式 $(x-x_1)^2+(y-y_1)^2=r^2$ を展開して整理すると，
$$x^2+y^2-2x_1x-2y_1y+x_1^2+y_1^2-r^2=0 \quad となる。$$

一般に，円の方程式は，次のような x, y についての2次方程式の形で表すことができる。

$$x^2+y^2+\ell x+my+n=0 \quad (\ell,\ m,\ n は定数)$$

たとえば，不等式 $x^2+y^2+6x-10y-2<0$ の表す領域を図示するには，不等式の左辺を，x, y それぞれについて平方完成の形に変形すればよい。

$(x^2+6x)+(y^2-10y)-2<0$
$(x^2+2\cdot 3x+3^2)+(y^2-2\cdot 5y+5^2)<3^2+5^2+2$
$(x+3)^2+(y-5)^2<36$　　←$36=6^2$

よって，境界線は，中心 $(-3,5)$，半径6の円である。
ゆえに，不等式の表す領域はこの円の内部，すなわち，右の図の斜線部分である。ただし，境界線を含まない。

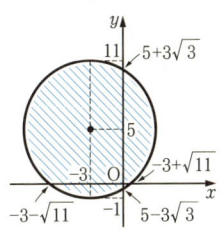

問4　次の不等式の表す領域を図示せよ。
(1) $x^2+y^2-2x-8y+16>0$　　(2) $x^2+y^2+6y-7\leqq 0$

● 正領域と負領域

不等式 $y>x$ は，$y-x>0$ と同値である。左辺 $y-x$ のような2つの変数 x, y を含む式を $f(x, y)$ と表す。このとき，

不等式 $f(x, y)>0$ の表す領域を，$f(x, y)$ の**正領域**
不等式 $f(x, y)<0$ の表す領域を，$f(x, y)$ の**負領域**

という。たとえば，$f(x, y)=y-x$ とすると，$y>x$ の表す領域は，$f(x, y)$ の正領域であり，$y<x$ の表す領域は，$f(x, y)$ の負領域である。

不等式の表す領域は，$f(x, y)=0$ を境界線として，必ず一方が正領域となり，他方が負領域となる。

例題4 正領域と負領域

次の問いに答えよ。
(1) 点 $A(a, b)$ が，直線 $y=2x-1$ に関して原点と反対側にあるための条件を求めよ。
(2) 点 $B(3, -1)$ が，円 $(x-2)^2+(y-m)^2=5$ の内部にあるための定数 m の値の範囲を求めよ。

|解説| (1) 2点が直線に関して反対側にあるとき，一方の点が正領域，他方の点が負領域に存在する。
(2) $g(x, y)=(x-2)^2+(y-m)^2-5$ とすると，点Bは円の内部にあるから，負領域に存在する。

|解答| (1) $f(x, y)=y-2x+1$ とする。
　　　$f(0, 0)=1>0$ より，原点は正領域にある。
　　　よって，点Aは負領域にあるから，$f(a, b)<0$
　　　ゆえに，$b-2a+1<0$ すなわち，$b<2a-1$

(2) $g(x, y)=(x-2)^2+(y-m)^2-5$ とする。
　　点Bが円の内部にあるためには，$g(3, -1)<0$ であればよい。
　　よって，$(3-2)^2+(-1-m)^2-5<0$
　　整理して，$m^2+2m-3<0$　　$(m+3)(m-1)<0$
　　ゆえに，$-3<m<1$

問5 次の問いに答えよ。
(1) 2点 $(0, 0)$, $(1, 2)$ が，直線 $y=-3x+m$ に関して反対側にあるための定数 m の値の範囲を求めよ。
(2) 点 $(a, 2)$ が，円 $(x+1)^2+(y-1)^2=2$ の周および外部にあるための定数 a の値の範囲を求めよ。

2 いろいろな不等式の表す領域

連立不等式や整式の積の不等式，絶対値記号のついた不等式など，いろいろな不等式の表す領域を図示してみよう。

例題5　連立不等式の表す領域

次の連立不等式の表す領域を図示せよ。

(1) $\begin{cases} y > x-1 \\ y < -x+2 \end{cases}$　　　(2) $\begin{cases} x^2+y^2 \leq 25 \\ 2x-y > 5 \end{cases}$

[解説]　連立不等式の表す領域は，それぞれの不等式の表す領域を図示して，重なった部分である。境界線については，それぞれの不等式が等号を含むか含まないかで判定する。

[解答]　(1)　$y > x-1$ の表す領域は，
　　　　　直線 $y = x-1$ の上側　………①
　　　　$y < -x+2$ の表す領域は，
　　　　　直線 $y = -x+2$ の下側　………②
　　　　ゆえに，求める領域は，①，②の共通部分であるから，
　　　　右の図の斜線部分である。
　　　　ただし，境界線を含まない。

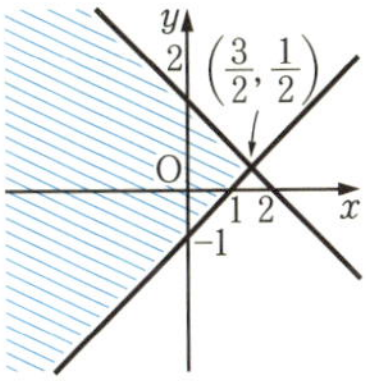

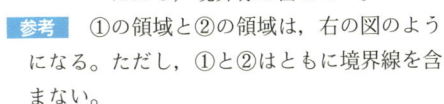

[参考]　①の領域と②の領域は，右の図のようになる。ただし，①と②はともに境界線を含まない。

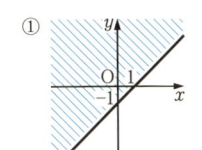

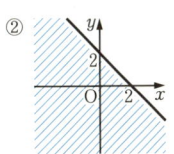

[解答]　(2)　$x^2+y^2 \leq 25$ の表す領域は，
　　　　　円 $x^2+y^2 = 25$ の周および内部　………①
　　　　$2x-y > 5$ すなわち $y < 2x-5$ の表す領域は，
　　　　　直線 $y = 2x-5$ の下側　………②
　　　　ゆえに，求める領域は，①，②の共通部分であるから，
　　　　右の図の斜線部分である。
　　　　ただし，境界線は円弧を含み，点 $(0, -5)$，$(4, 3)$ と
　　　　直線上を含まない。

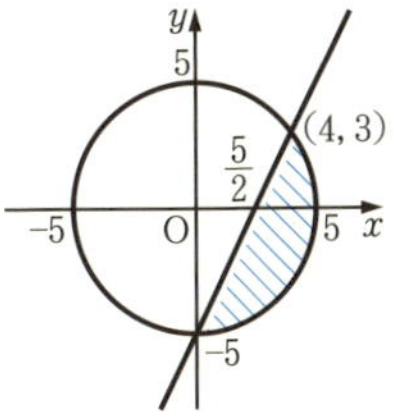

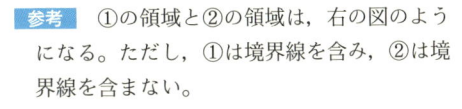

[参考]　①の領域と②の領域は，右の図のようになる。ただし，①は境界線を含み，②は境界線を含まない。

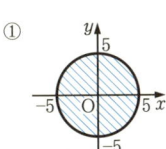

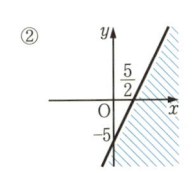

問 6 次の連立不等式の表す領域を図示せよ。

(1) $\begin{cases} y \geqq -2x+4 \\ x-2y+3 \geqq 0 \end{cases}$ (2) $\begin{cases} (x+1)^2+(y-1)^2 \geqq 9 \\ y < x-1 \end{cases}$ (3) $\begin{cases} y > 0 \\ y < -x+2 \\ x^2+y^2 < 4 \end{cases}$

例題6 積の不等式の表す領域

不等式 $(y+x-2)(y-x^2)<0$ の表す領域を図示せよ。

[解説] $A=y+x-2$, $B=y-x^2$ とおくと、積の不等式 $AB<0$ は、A, B が異符号ということであるから、$\begin{cases} A>0 \\ B<0 \end{cases}$ または $\begin{cases} A<0 \\ B>0 \end{cases}$ である。

[解答] $(y+x-2)(y-x^2)<0$ より、

$\begin{cases} y+x-2>0 \\ y-x^2<0 \end{cases}$ または $\begin{cases} y+x-2<0 \\ y-x^2>0 \end{cases}$

すなわち、

$\begin{cases} y>-x+2 \\ y<x^2 \end{cases}$ ……① または $\begin{cases} y<-x+2 \\ y>x^2 \end{cases}$ ……②

求める領域は、不等式①の表す領域と不等式②の表す領域を合わせたものであるから、右の図の斜線部分である。ただし、境界線を含まない。

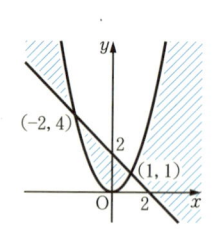

[参考] ①の領域と②の領域は、右の図のようになる。ただし、①と②はともに境界線を含まない。

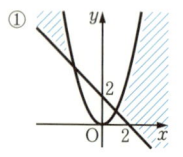

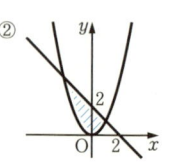

問 7 次の不等式の表す領域を図示せよ。

(1) $(x+y+1)(x-2y+4)<0$ (2) $(2x-y-2)(x^2+y^2-4) \geqq 0$
(3) $(y-x^2)(y+x^2-2)>0$ (4) $x(x-y) \leqq 0$

問 8 次の図の斜線部分（境界線を含まない）を不等式で表せ。

(1), (2), 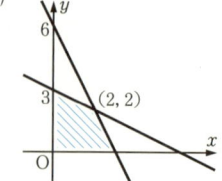 (3)

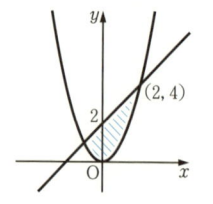

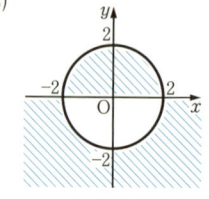

例題7　絶対値記号のついた不等式の表す領域

次の不等式の表す領域を図示せよ。
(1) $|x+y|<1$　　　　(2) $y\leqq|x|-1$
(3) $|x|+|y|\geqq 2$

解説　(1) 絶対値の性質を利用して絶対値記号をはずし，連立不等式をつくる。

(2), (3) 絶対値記号をはずした不等式と，記号をはずす条件を表す不等式の連立不等式となる。求める領域は，記号をはずした複数の領域を合わせたものである。

解答　(1) $|x+y|<1$ より，$-1<x+y<1$
よって，$\begin{cases} y>-x-1 \\ y<-x+1 \end{cases}$
ゆえに，求める領域は，右の図の斜線部分である。
ただし，境界線を含まない。

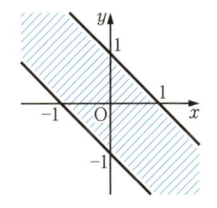

(2) $y\leqq|x|-1$ の絶対値記号をはずすと，
$x\geqq 0$ のとき，$y\leqq x-1$
$x<0$ のとき，$y\leqq -x-1$
ゆえに，求める領域は，右の図の斜線部分である。
ただし，境界線を含む。

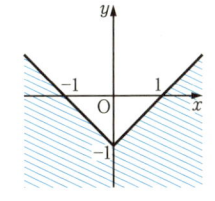

(3) $|x|+|y|\geqq 2$ の絶対値記号をはずすと，
$x\geqq 0, y\geqq 0$ のとき，
　　$x+y\geqq 2$　すなわち，$y\geqq -x+2$
$x\geqq 0, y<0$ のとき，
　　$x-y\geqq 2$　すなわち，$y\leqq x-2$
$x<0, y\geqq 0$ のとき，
　　$-x+y\geqq 2$　すなわち，$y\geqq x+2$
$x<0, y<0$ のとき，
　　$-x-y\geqq 2$　すなわち，$y\leqq -x-2$
ゆえに，求める領域は，右の図の斜線部分である。
ただし，境界線を含む。

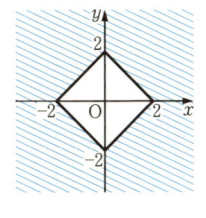

問9　次の不等式の表す領域を図示せよ。
(1) $|x-2y|>2$　　　　(2) $y\geqq|x-1|$
(3) $x^2+y^2\leqq|x|+|y|$

演習問題

1 次の不等式の表す領域を図示せよ。
(1) $4x-y+1>0$
(2) $x+3y+6 \geqq 0$
(3) $x^2-2y+4 \leqq 0$
(4) $x^2+y+2>0$
(5) $y-2<0$
(6) $x+3 \geqq 0$
(7) $x^2+y^2 \leqq 5$
(8) $(x+2)^2+(y-3)^2>4$
(9) $\begin{cases} y>x+3 \\ y>-2x \end{cases}$
(10) $\begin{cases} x^2+y^2<2 \\ y<x^2 \end{cases}$
(11) $1 \leqq x^2+y^2 \leqq 3$
(12) $(x-1)(y-2)>0$
(13) $(y+2x^2)(y+x+3) \leqq 0$
(14) $(x^2+y^2-6)(y-x^2)<0$
(15) $y \geqq |x+1|-1$
(16) $|y-x^2|>1$
(17) $|2x|+|y|<2$
(18) $\bigl||x|+|y|-3\bigr| \leqq 1$

2 2点 $A(-1, 5)$, $B(2, -1)$ とする。
定数 a, b について,直線 $y=(b-a)x-(3b+a)$ が線分 AB と共有点をもつとき,点 (a, b) の存在する領域を図示せよ。

3 次の図の斜線部分(境界線を含まない)を不等式で表せ。

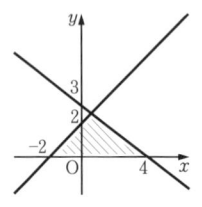

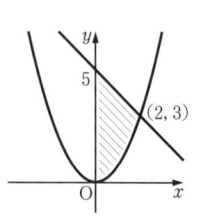

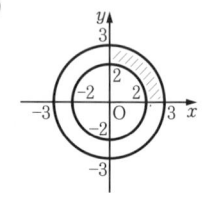

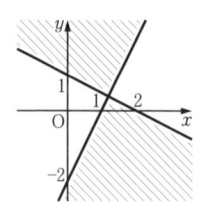

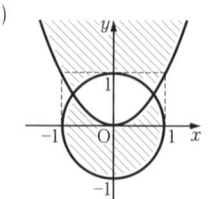

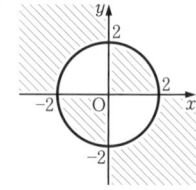

3 領域の応用

式の最大値・最小値を求めたり,図形の動く範囲を図示するなど,領域を利用したいろいろな応用問題を解いてみよう。

> **例題8** 領域内の点についての最大・最小
>
> 実数 x, y が,3つの不等式 $y \leq 5x+4$, $y \leq -\dfrac{4}{3}x+4$, $y \geq \dfrac{1}{4}x - \dfrac{3}{4}$ を満たすとき,次の式の最大値と最小値を求めよ。
>
> (1) $2x+y$ (2) x^2+y^2

解説 3つの不等式を満たす (x, y) は,不等式の表す領域内の点であり,領域内の点の座標を式に代入すると,式の値が定まる。よって,それぞれの式の値を k とおき,図の中の,それぞれの k の値の意味を考え,最大値,最小値を判定する。

解答 3つの不等式の表す領域は,図の斜線部分である。ただし,境界線を含む。

(1) $2x+y=k$ とおくと,
 $y=-2x+k$ ……① は,傾き -2,y 切片 k の直線であるから,図の中の y 切片の値に着目して,
 直線①が点 $(3, 0)$ を通るとき,k は最大
 直線①が点 $(-1, -1)$ を通るとき,k は最小
 となる。
 ゆえに, $x=3$, $y=0$ のとき,最大値 6,
  $x=-1$, $y=-1$ のとき,最小値 -3

(2) $x^2+y^2=k$ $(k \geq 0)$ ……② とおくと,
 $k>0$ のとき,②は,中心 $(0, 0)$,半径 $\sqrt{k}$ の円であるから,図の中の円の半径に着目して,
 円②が点 $(0, 4)$ を通るとき,k は最大となる。
 また,②が点 $(0, 0)$ を通るとき,k は最小となる。
 ゆえに, $x=0$, $y=4$ のとき,最大値 16,
  $x=0$, $y=0$ のとき,最小値 0

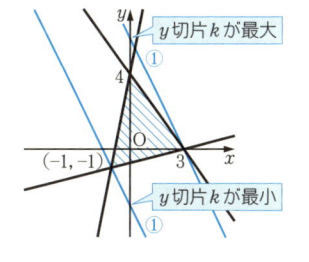

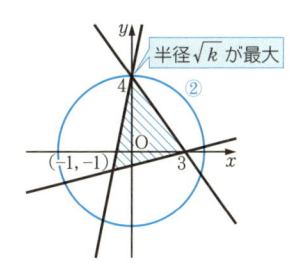

問10 実数 x, y が,3つの不等式 $x+2y \leq 8$, $2x-y \leq 6$, $3x+y \geq 4$ を満たすとき,次の式の値を求めよ。

(1) y の最大値と最小値 (2) $x+y$ の最大値と最小値
(3) x^2+y^2 の最大値と最小値

例題9　領域を利用する文章題

ある工場で2種類の製品 A，B が，2人の職人 P，Q によって生産されている。製品 A については，1台当たり組立作業に6時間，調整作業に2時間が必要である。また，製品 B については，組立作業に3時間，調整作業に5時間が必要である。いずれの作業も日をまたいで継続することができる。職人 P は組立作業のみに，職人 Q は調整作業のみに従事し，かつ，これらの作業にかける時間は，職人 P が1週間に18時間以内，職人 Q が1週間に10時間以内と制限されている。4週間での製品 A，B の合計生産台数を最大にしたい。その合計生産台数を求めよ。

[解説]　条件を不等式で表し，その不等式の表す領域内の点についての最大・最小の問題として考える。

[解答]　4週間での製品 A の生産台数を x 台，製品 B の生産台数を y 台とすると，次の不等式が成り立つ。

$$\begin{cases} 6x+3y \leq 18 \cdot 4 \\ 2x+5y \leq 10 \cdot 4 \\ x \geq 0 \\ y \geq 0 \end{cases}$$

←組立作業の制限
←調整作業の制限

この連立不等式の表す領域は，右の図の斜線部分である。ただし，境界線を含む。
合計生産台数を k 台とすると，$x+y=k$ の最大値を求めればよい。
よって，$y=-x+k$ ……① は，傾き -1，y 切片 k の直線であるから，y 切片に着目して，図より，直線①が点 $(10, 4)$ を通るとき，k は最大となる。
ゆえに，求める合計生産台数は，

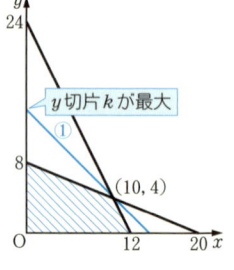

$$10+4=14 \text{ (台)}$$

例題9のような，最大値や最小値を求めるために，不等式の表す領域を利用する方法を，**線形計画法**という。

問11　あるケーキ屋さんで，ケーキを1個300円，クッキーを1袋500円で販売している。ケーキを1個つくるのに，小麦粉20g，卵1個が必要であり，クッキーを1袋つくるのに，小麦粉60g，卵 $\frac{1}{2}$ 個が必要である。このとき，小麦粉3kgと卵60個を使って売り上げ合計額を最大にするには，ケーキとクッキーをそれぞれいくつずつつくればよいか。また，このときの売り上げ合計額を求めよ。

例題10★　直線の通過する範囲

実数 k が変化するとき，直線 $y=2kx+k^2$ が通る範囲を図示せよ。

解説　k について整理して，実数 k が存在するための条件を求める。

解答　直線 $y=2kx+k^2$ 上の点を (a, b) とおくと，$b=2ka+k^2$
k について整理して，$k^2+2ak-b=0$ ………①
①を満たす実数 k が存在するためには，
①の判別式を D とすると，$D \geq 0$ となればよい。
よって，$\dfrac{D}{4}=a^2+b \geq 0$ より，$b \geq -a^2$
ゆえに，点 (a, b) は $y \geq -x^2$ で表される領域内にある。
したがって，直線が通る範囲は，右の図の斜線部分である。
ただし，境界線を含む。

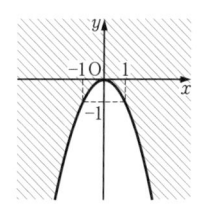

問12★　実数 k が変化するとき，直線 $y=kx-k^2+1$ が通る範囲を図示せよ。

例題11★　点の動く範囲

点 (a, b) が，不等式 $x^2+y^2 \leq 1$ で表される領域内を動く。このとき，点 $(a+b, ab)$ の動く範囲を図示せよ。

解説　点 (a, b) が，領域内を動く条件と，a, b が実数であるための条件より求める。
なお，$a+b=X$，$ab=Y$ とおくと，「a と b が実数ならば，X と Y が実数」は成り立つが，その逆は必ずしも成り立たない。（反例：$X=Y=2$ のとき）　この逆が成り立つための条件は，a と b を解にもつ2次方程式 $t^2-Xt+Y=0$ が実数解をもつことである。

解答　点 (a, b) は，与えられた領域内を動くから，$a^2+b^2 \leq 1$ を満たす。
$a+b=X$，$ab=Y$ とおくと，
$$a^2+b^2=(a+b)^2-2ab=X^2-2Y \leq 1$$
よって，$Y \geq \dfrac{1}{2}X^2-\dfrac{1}{2}$ ………①
また，a, b は2次方程式 $t^2-Xt+Y=0$ の2つの実数解であるから，判別式を D とすると，
$$D=X^2-4Y \geq 0 \quad \text{すなわち，} Y \leq \dfrac{1}{4}X^2 \text{………②}$$ 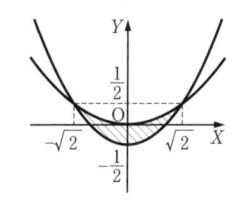
ゆえに，点 (X, Y) の動く範囲は，①と②の共通部分であるから，上の図の斜線部分である。ただし，境界線を含む。

問13★　点 (a, b) が，不等式 $x^2+y^2 \leq 8$ で表される領域内を動く。このとき，点 $(a+b, ab)$ の動く範囲を図示せよ。

条件 p, q がそれぞれ不等式で表されているとき,領域を利用して,「$p \Longrightarrow q$ が真である」ことを証明することができる。

例題12　領域を利用した証明
　　$x^2+y^2>4$ ならば $x^2+(y-1)^2>1$ であることを証明せよ。

[解説]　$p \Longrightarrow q$ であることを証明するには,条件 p, q の表す領域をそれぞれ P, Q として,$P \subset Q$ が成り立つことを示す。(→p.1)

[証明]　$x^2+y^2>4$ の表す領域を P, $x^2+(y-1)^2>1$ の表す領域を Q とする。
　　領域 P, Q を図示すると,右の図のようになる。ただし,ともに境界線を含まない。
　　図より,P 内の点 (x, y) は,Q 内に存在し,$P \subset Q$ が成り立つ。
　　すなわち,不等式 $x^2+y^2>4$ を満たす x, y は,不等式 $x^2+(y-1)^2>1$ を満たす。
　　ゆえに,$x^2+y^2>4$ ならば $x^2+(y-1)^2>1$ である。　終

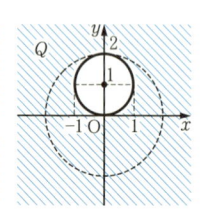

問14　$x^2+y^2<9$ ならば $x^2+y^2 \geqq 10x-21$ であることを証明せよ。

$p \Longrightarrow q$ が成り立つとき,

> 条件 p を,条件 q が成り立つための**十分条件**
> 条件 q を,条件 p が成り立つための**必要条件**

という。

　例題12では,領域 P 内のすべての点 (x, y) は,領域 Q 内に存在する。しかし,Q 内のすべての点 (x, y) が,P 内に存在するとはいえない。
　すなわち,$p \Longrightarrow q$ は成り立つが,$q \Longrightarrow p$ は成り立たない。
よって,$x^2+y^2>4$ は,$x^2+(y-1)^2>1$ であるための
　　十分条件であるが,必要条件ではない。
また,$x^2+(y-1)^2>1$ は,$x^2+y^2>4$ であるための
　　必要条件であるが,十分条件ではない。

問15　次の ☐ に,「十分」,「必要」のうち,適するものを入れよ。
(1)　$|x|+|y| \leqq 1$ は,$x^2+y^2 \leqq 1$ であるための ☐ 条件である。
(2)　$x>2$ または $y>2$ は,$x+y>4$ であるための ☐ 条件である。

演習問題

4 実数 x, y が,2つの不等式 $(x-2)^2+(y-1)^2 \leq 2$, $x+3y-3 \geq 0$ を満たすとき,$x+y$ の最大値と最小値を求めよ。

5 実数 x, y が,3つの不等式 $y \geq 2x-5$, $y \leq x-1$, $y \geq 0$ を満たすとき,$x^2+(y-3)^2$ の最大値と最小値を求めよ。

6 ある製菓会社がサブレーとクッキーの2つの商品を生産し,販売する。単価はサブレーが1袋300円,クッキーが1袋200円である。サブレーを1袋生産するために必要な材料は,小麦粉200g,砂糖200g,レーズン30gであり,クッキーを1袋生産するために必要な材料は,小麦粉300g,砂糖100g,ナッツ30gである。また,各材料の1日の使用限度は,小麦粉190kg,砂糖130kg,レーズン18kg,ナッツ12kgである。このとき,1日の売り上げ合計額を最大にするためには,この製菓会社はサブレー,クッキーを1日にそれぞれ何袋ずつ生産すればよいか。また,このときの売り上げ合計額を求めよ。

7 ★ 実数 k が変化するとき,放物線 $y=x^2-kx+k^2$ が通る範囲を図示せよ。

8 ★ 点 (a, b) が,不等式 $x^2+y^2-2x-2y \leq 0$ で表される領域内を動く。このとき,点 $(a+b, ab)$ の動く範囲を図示せよ。

9 ★ 点 (p, q) が,不等式 $|p|+|q| \leq 1$ で表される領域内を動く。このとき,放物線 $y=x^2+px+q$ の頂点の動く範囲を図示せよ。

10 $x^2+y^2 \leq 1$ ならば $x+y \leq \sqrt{2}$ であることを証明せよ。

コラム **不等式の表すおもしろ領域**

シンプルな不等式なのに,その不等式の表す領域がとてもおもしろい図形を描くことがあります。あなたも不等式をつくって,それが表す図形を描いたり,逆に,図形を描いてそれを表す不等式を考えてみませんか?

① $\begin{cases} (n-1)^2 \leq x^2+y^2 \leq n^2 \\ (-1)^n y \geq 0 \\ (n=1, 2, \cdots, 6) \end{cases}$

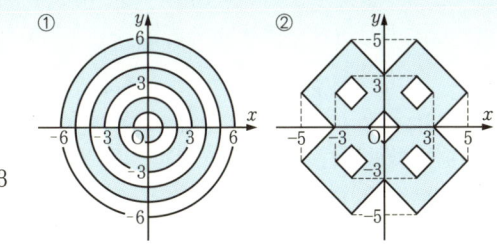

② $1 \leq ||x|-2|+||y|-2| \leq 3$

総合問題

1 関数 $f(x)$ を $f(x)=ax^2+x+b$ とする。
不等式 $f(-1)\cdot f(0)\cdot f(2)<0$ を満たすような点 (a, b) が存在する範囲を図示せよ。

2 a を正の定数とする。4つの不等式 $ax-y\leqq 0$, $x+ay\geqq 0$, $2x+y\leqq 3$, $x-2y\geqq -1$ の表す領域を D とするとき，D が四角形の周および内部となるような a の値の範囲を求めよ。

3 座標平面上で，連立不等式 $5x-y\geqq 28$, $5x+2y\leqq 34$, $y\geqq -3$ の表す領域を A，不等式 $x^2+y^2\leqq 2$ の表す領域を B とする。
(1) 領域 A と領域 B を図示せよ。
(2) k を定数とし，点 (x, y) が領域 A を動くときの $y-kx$ の最小値と，点 (x, y) が領域 B を動くときの $y-kx$ の最大値が同じ値 m であるとする。このとき，k と m の値を求めよ。

4 連立不等式 $\begin{cases}(x-4)^2+(y-2)^2\leqq 4 \\ 2y\leqq x\end{cases}$ が表す領域を A とする。
(1) 領域 A を図示せよ。
(2) a を定数とするとき，領域 A と直線 $y=ax-2$ が共有点をもつような a の値の範囲を求めよ。

5 ★ 不等式 $2y>x+1+3|x-1|$ が表す領域を A とする。また，a を定数として，放物線 C を $y=x^2-2ax+a^2+a+2$ と定める。このとき，放物線 C 上の点がすべて領域 A に含まれるような a の値の範囲を求めよ。

6 3つの不等式 $2x-y\geqq 0$, $x+y-3\leqq 0$, $y\geqq 0$ の表す領域を A とする。また，a を正の定数として，不等式 $x-y-a+1\leqq 0$ の表す領域を B とする。
(1) 領域 A を図示せよ。
(2) 2つの領域 A と B の共通部分の面積 S を a を用いて表せ。
(3) (2)における S が領域 A の面積の半分となるとき，a の値を求めよ。

7 ★ a, b を定数とする。4つの不等式 $x+3y\geqq a$, $3x+y\geqq b$, $x\geqq 0$, $y\geqq 0$ を同時に満たす点 (x, y) 全体からなる領域を D とする。領域 D における $x+y$ の最小値を求めよ。

動画配信

はじめました！

チャンネル登録お願いします！

Here!

▶ /昇龍堂チャンネル

索引

あ行

1次不等式 …………………………… 11
因数定理 …………………………… 44
右辺 …………………………………… 2
n 乗根 …………………………… 70
円の方程式 ……………………… 84, 85

か行

解の公式（2次方程式の）……… 20, 22
偽である …………………………… 1
境界線 ……………………………… 82
高次不等式 ………………………… 43
公理 ………………………………… 5
コーシー・シュワルツの不等式 … 74, 75

さ行

左辺 ………………………………… 2
三角不等式 ……………………… 57, 78
3 乗根 ……………………………… 70
実数 ………………………………… 4
集合 ………………………………… 1
十分条件 …………………………… 94
象限 ………………………………… 82
剰余の定理 ………………………… 44
真である …………………………… 1
正領域 ……………………………… 86
絶対値 ……………………………… 34
　―の性質 ………………………… 34
絶対値記号 ………………………… 34
　―のついた不等式 ……… 35, 37, 38
　―のついた不等式の表す領域 … 89
　―のついた不等式の証明 ……… 57
絶対不等式 ……………………… 29, 54
線形計画法 ………………………… 92

た行 ～ な行

相加平均 …………………………… 64
相加平均と相乗平均の関係
　………………………… 64, 70, 71, 73
相乗平均 …………………………… 64

チェビシェフの不等式 …………… 77
調和平均 …………………………… 64
定理 ………………………………… 5
等号 ………………………………… 2
同値 ………………………………… 5
2次不等式 ………………………… 20

は行

判別式 …………………………… 20, 22
反例 ………………………………… 7
必要条件 …………………………… 94
不等号 ……………………………… 2
不等式 ……………………………… 2
　―の解 …………………………… 11
　―の証明 ………………………… 54
　―を解く ………………………… 11
部分集合 …………………………… 1
負領域 ……………………………… 86
分数式 ……………………………… 48
　―を含む不等式の証明 ………… 56
分数不等式 ………………………… 48
平方完成 ………………………… 20, 21
平方についての性質と大小関係 …… 9

ま行

無理式 ……………………………… 50
無理不等式 ………………………… 50
命題 ………………………………… 1
文字係数の不等式 ………… 39, 40, 41

や行

要素 …………………………………… 1
4 乗根 ………………………………… 70

ら行

立方根 ………………………………… 70
領域 …………………………………… 82
　－を利用した証明 ………………… 94
両辺 ……………………………………… 2
連立不等式 ……………………… 14, 30
　－の表す領域 ……………………… 87
　－の解 ……………………………… 14

記号

$a \in A$ ………………………………… 1
$A \subset B$ ………………………………… 1
$p \Longrightarrow q$ ………………………………… 1
$a > b$ ……………………………… 2, 4
$a < b$ ……………………………… 2, 4
$a \geqq b$ ……………………………… 2, 4
$a \leqq b$ ……………………………… 2, 4
$p \Longleftrightarrow q$ ………………………………… 5
D（判別式）………………… 20, 22
$|a|$ …………………………………… 34
$\sqrt[n]{m}$ ……………………………… 70

● **手順**

(p.11)　1 次不等式の解法の手順
(p.14)　連立不等式の解法の手順
(p.21)　2 次関数 $y = ax^2 + bx + c$ を $y = a(x-p)^2 + q$ の形に変形する手順
(p.22)　2 次関数のグラフの利用による 2 次不等式の解法の手順
(p.23)　式変形による 2 次不等式の解法の手順
(p.35)　絶対値記号のついた不等式の解法の手順
(p.43)　高次不等式の解法の手順
(p.48)　分数不等式の解法の手順 1, 2
(p.54)　不等式の証明の基本的な手順
(p.83)　不等式の表す領域を図示する手順

● **公理・定理・性質など**

(p.5)　　大小関係の公理
(p.5)　　定理（大小関係と差の符号）
(p.6)　　定理（不等式の性質）
(p.8)　　定理（符号の規則）
(p.9)　　平方についての性質と大小関係
(p.26)　2 次不等式と 2 次関数のグラフ・2 次方程式との関係（表）
(p.34)　絶対値の性質
(p.47)　高次不等式と 3 次関数のグラフ・高次方程式との関係（表）

Aクラスブックス　不等式

2016年4月　初版発行

著　者　　町田多加志　　　成川康男
　　　　　深瀬幹雄　　　　矢島　弘
発行者　　斎藤　亮
組版所　　錦美堂整版
印刷所　　光陽メディア
製本所　　井上製本所

発行所　　昇龍堂出版株式会社
〒101-0062　東京都千代田区神田駿河台2-9
TEL 03-3292-8211　FAX 03-3292-8214
振替 00100-9-109283

落丁本・乱丁本は，送料小社負担にてお取り替えいたします
ホームページ http://www.shoryudo.co.jp/
ISBN978-4-399-01306-3 C6341 ¥900E　　Printed in Japan

本書のコピー，スキャン，デジタル化等の無断複製は著作権法上
での例外を除き禁じられています。本書を代行業者等の第三者に
依頼してスキャンやデジタル化することは，たとえ個人や家庭内
での利用でも著作権法違反です。

Aクラスブックス

不等式
不等式の解法と証明

…解答編…

この解答編は薄くのりづけされています。軽く引けば取りはずすことができます。

1章　不等式の準備 …………………………1
2章　不等式を解く …………………………4
3章　特殊な不等式 …………………………15
4章　不等式の証明 …………………………31
5章　不等式の表す領域 ……………………54

昇龍堂出版

1章 不等式の準備

問1 (1) $4<7<11$ (2) $-5<-2<3$ (3) $-2.4<-1.9<0.3<1.2$
注意 (1)は $11>7>4$ でもよい。(2), (3)も同様。

問2 (1) $a=4, 5, 6, 7, 8$ (2) $b=-2, -1, 0, 1$ (3) $c=-6, -5, -4, -3, -2$

問3 (1) $616500 \leqq a < 617500$ (2) $41950 \leqq b < 42050$ (3) $8.45 \leqq c < 8.55$
(4) $0.5895 \leqq d < 0.5905$

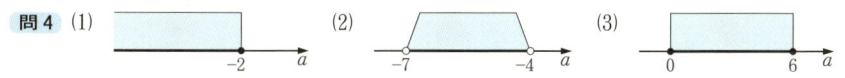

問4 (1), (2), (3) 数直線図

問5 (1) $<$ (2) $>$ (3) $<$ (4) $>$

問6 (1) 正しくない。（反例）$a=3, b=-2, c=-1, d=-3$
(2) 正しい。
解説 (2) 定理6より, $c>d$ の両辺に -1 を掛けて, $-c<-d$
すなわち, $-d>-c$
よって, 定理4より, $-d+a>-c+a$ すなわち $a-d>a-c$
また, $a>b$ のとき, 定理4より, $a-c>b-c$
ゆえに, これらと公理2より, $a-d>b-c$ である。

問7 (1) $a>0, b>0$ または $a<0, b<0$
(2) $a>0, b<0$
解説 a と b の積の正負で, 同符号か異符号かを見分ける。

問8 (1) $a>0, b>0$ であるから, $a+b>0$ また, a, b は同符号より, $ab>0$
逆に, $ab>0$ であるから, $a>0, b>0$ または $a<0, b<0$
このうち, $a+b>0$ を満たすのは, $a>0, b>0$
ゆえに, $a>0, b>0 \iff a+b>0, ab>0$
(2) $a<0, b<0$ であるから, $a+b<0$ また, a, b は同符号より, $ab>0$
逆に, $ab>0$ であるから, $a>0, b>0$ または $a<0, b<0$
このうち, $a+b<0$ を満たすのは, $a<0, b<0$
ゆえに, $a<0, b<0 \iff a+b<0, ab>0$

問9 $a>0, a<b$ より, $a \cdot a < a \cdot b$ よって, $a^2 < ab$ ……①
$b>0, a<b$ より, $a \cdot b < b \cdot b$ よって, $ab < b^2$ ……②
①, ②より, $a^2 < b^2$
参考 因数分解を利用して,「$a>0, b>0$ のとき, $a<b \iff a^2<b^2$」であることを, 次のように証明することができる。
$a>0, b>0$ より, $a+b>0$ ……③ また, $a<b$ ならば, $a-b<0$ ……④
$a^2-b^2=(a+b)(a-b)$ であるから,
③, ④より, $(a+b)(a-b)<0$ すなわち, $a^2-b^2<0$
よって, $a^2<b^2$
逆に, $a^2<b^2$ ならば, $a^2-b^2<0$ すなわち, $(a+b)(a-b)<0$ ……⑤
③より $a+b>0$ であるから, ⑤の両辺を $a+b$ で割ると, $a-b<0$
よって, $a<b$
ゆえに, $a>0, b>0$ のとき, $a<b \iff a^2<b^2$

1 (1) $7.850 \leq a+b < 7.870$ (2) $3.610 < a-b < 3.630$

解説 (1) $5.735 \leq a < 5.745$, $2.115 \leq b < 2.125$ の
それぞれの下限と上限を計算する。
(2) $-2.125 < -b \leq -2.115$ として，
$a-b=a+(-b)$ を計算する。
このとき，不等号にはイコールがつかない。

$$\begin{array}{r} 5.735 \leq a < 5.745 \\ +) \ -2.125 < -b \leq -2.115 \\ \hline 3.610 < a-b < 3.630 \end{array}$$

2 (1) a, b が同符号であるとき，
(i) $a>0, b>0$ または (ii) $a<0, b<0$ である。

(i)のとき，$a>0$ の両辺を $b\,(>0)$ で割ると，$\dfrac{a}{b}>\dfrac{0}{b}$ ゆえに，$\dfrac{a}{b}>0$

(ii)のとき，$a<0$ の両辺を $b\,(<0)$ で割ると，$\dfrac{a}{b}>\dfrac{0}{b}$ ゆえに，$\dfrac{a}{b}>0$

逆に，$\dfrac{a}{b}>0$ であるとき，

$b\,(>0)$ を両辺に掛けると，$\dfrac{a}{b}\cdot b > 0 \cdot b$ よって，$a>0$

$b\,(<0)$ を両辺に掛けると，$\dfrac{a}{b}\cdot b < 0 \cdot b$ よって，$a<0$

ゆえに，a, b は同符号である。

(2) a, b が異符号であるとき，
(iii) $a>0, b<0$ または (iv) $a<0, b>0$ である。

(iii)のとき，$a>0$ の両辺を $b\,(<0)$ で割ると，$\dfrac{a}{b}<\dfrac{0}{b}$ ゆえに，$\dfrac{a}{b}<0$

(iv)のとき，$a<0$ の両辺を $b\,(>0)$ で割ると，$\dfrac{a}{b}<\dfrac{0}{b}$ ゆえに，$\dfrac{a}{b}<0$

逆に，$\dfrac{a}{b}<0$ であるとき，

$b\,(>0)$ を両辺に掛けると，$\dfrac{a}{b}\cdot b < 0 \cdot b$ よって，$a<0$

$b\,(<0)$ を両辺に掛けると，$\dfrac{a}{b}\cdot b > 0 \cdot b$ よって，$a>0$

ゆえに，a, b は異符号である。

3 (1) 正しくない。（反例）$a=-2, b=-3$
(2) 正しくない。（反例）$a=2, b=3, c=-1, d=1$
(3) 正しくない。（反例）$a=-2, b=3$
(4) 正しくない。（反例）$a=4, b=-3, c=5, d=2$
(5) 正しい。

解説 (5) $0<a<b$ より，$0<\dfrac{1}{b}<\dfrac{1}{a}$ である。

公理3より，$a<b$ から $a+\dfrac{1}{b}<b+\dfrac{1}{b}$

また，$\dfrac{1}{b}<\dfrac{1}{a}$ から $\dfrac{1}{b}+b<\dfrac{1}{a}+b$

公理2より，$a+\dfrac{1}{b}<\dfrac{1}{a}+b$ ゆえに，$a+\dfrac{1}{b}<b+\dfrac{1}{a}$

別解 (5) $b+\dfrac{1}{a}-\left(a+\dfrac{1}{b}\right)=(b-a)+\left(\dfrac{1}{a}-\dfrac{1}{b}\right)=(b-a)+\dfrac{b-a}{ab}$

$0<a<b$ より,$b-a>0$,$\dfrac{b-a}{ab}>0$ であるから,$b+\dfrac{1}{a}-\left(a+\dfrac{1}{b}\right)>0$

ゆえに,$a+\dfrac{1}{b}<b+\dfrac{1}{a}$

4 (1) $<$ (2) $>$ (3) $>$ (4) $>$ (5) $<$

解説 (1) $a<b$,$c>0$ より,$ac<bc$ $c<d$,$b>0$ より,$bc<bd$
(2) $a<b$,$c<0$ より,$ac>bc$ $c<d$,$b<0$ より,$bc>bd$
(3) $c=0$ より,$d>0$,$ac=0$ $b<0$,$d>0$ より,$bd<0$
(4) $d=0$ より,$c<0$,$bd=0$ $a<0$,$c<0$ より,$ac>0$
(5) $a=c=0$ より,$b>0$,$d>0$,$ac=0$ b,d は同符号より,$bd>0$

5 $0<a<b$,$0<c<d$ より,$ac<bc<bd$ であるから,$ac<bd$ ……①
また,$0<c<d$ より,$cd>0$

①の両辺を cd で割って,$\dfrac{ac}{cd}<\dfrac{bd}{cd}$

ゆえに,$\dfrac{a}{d}<\dfrac{b}{c}$

6 (1) $-\dfrac{1}{a}$,$-a$,a^2,a,$\dfrac{1}{a}$,$\dfrac{1}{a^2}$

(2) a^2,ab,b^2,b,$\dfrac{1}{b}$,$\dfrac{1}{a}$,$\dfrac{1}{ab}$

解説 $a=\dfrac{1}{3}$,$b=\dfrac{1}{2}$ のように,a,b に具体的な数を代入して,大小を予想しておくとよい。

(1) 不等式 $0<a<1$ に,正の数 a を掛けたり,正の数 a で割ったりしても,不等号の向きが変わらないことを利用して,それぞれの大小関係を判定する。

$0<a<1$ の各辺に a を掛けると,$0<a^2<a$

$a<1$ の両辺を a で割ると,$1<\dfrac{1}{a}$ よって,$0<a<1<\dfrac{1}{a}$

$a<1$ の両辺を $a^2(>0)$ で割ると,$\dfrac{1}{a}<\dfrac{1}{a^2}$

$0<a<1<\dfrac{1}{a}$ の各辺に $-1(<0)$ を掛けると,$0>-a>-1>-\dfrac{1}{a}$

ゆえに,$-\dfrac{1}{a}<-1<-a<0<a^2<a<1<\dfrac{1}{a}<\dfrac{1}{a^2}$

(2) 不等式 $0<a<b<1$ より,a と b は正の数である。よって,ab も正の数である。
$0<a<b<1$ の各辺に a を掛けると,$0<a^2<ab<a$
同様に,各辺に b を掛けると,$0<ab<b^2<b$

また,各辺を b で割ると,$0<\dfrac{a}{b}<1<\dfrac{1}{b}$

同様に,各辺を ab で割ると,$0<\dfrac{1}{b}<\dfrac{1}{a}<\dfrac{1}{ab}$

ゆえに,$a^2<ab<b^2<b<1<\dfrac{1}{b}<\dfrac{1}{a}<\dfrac{1}{ab}$

2章 不等式を解く

問1 (1) $x>3$ (2) $x>-\dfrac{3}{2}$ (3) $x\leqq 7$ (4) $x\leqq \dfrac{3}{2}$ (5) $x>4$ (6) $x\geqq 4$ (7) $x<5$

(8) $x\leqq -3$ (9) $x<\dfrac{1}{2}$ (10) $x\leqq -6$

解説 文字を含む項を左辺に，定数項を右辺に移項する。

問2 (1) $x>\dfrac{7}{2}$ (2) $x\geqq 9$ (3) $x>5$ (4) $x\geqq -2$ (5) $x<2$ (6) $x\geqq 1$ (7) $x<-\dfrac{1}{6}$ (8) $x>\dfrac{1}{4}$

解説 (3) かっこをはずす前に，両辺を 10 で割る。
(8) かっこをはずす前に，両辺を 3 で割る。

問3 (1) $x<-1$ (2) $x>\dfrac{10}{21}$ (3) $x\leqq 2$ (4) $x\geqq 2$ (5) $x\leqq \dfrac{3}{5}$ (6) $x>5$ (7) $x\geqq -\dfrac{13}{5}$

解説 (5), (6), (7) 小かっこをはずしてから，中かっこをはずす。

問4 (1) $x<\dfrac{1}{2}$ (2) $x\leqq 3$ (3) $x<-4$ (4) $x\leqq -5$ (5) $x\geqq 8$ (6) $x>-\dfrac{6}{5}$

解説 (5) 両辺に 10 を掛けて，$2(3x-1)\geqq 4x+14$
(6) 両辺に 100 を掛けて，$2(10x-3)<50x+30$

問5 (1) $x\leqq -1$ (2) $x>5$ (3) $x>7$ (4) $x\leqq 1$ (5) $x<\dfrac{22}{5}$ (6) $x\geqq -2$

解説 (3) 両辺に 8 を掛けて，$x-1+8<2x$
(5) 両辺に 12 を掛けて，$4(2x-1)-3(x-2)<24$
(6) 両辺に 30 を掛けて，$5(2-5x)\leqq 30(x+2)-6(3x-4)$

問6 (1) $x\geqq -\dfrac{47}{2}$ (2) $x\geqq 3$ (3) $x>8$ (4) $x>-\dfrac{7}{9}$ (5) $x\geqq \dfrac{1}{14}$ (6) $x<-8$

解説 (1) 両辺に 100 を掛けて，$14(x+3)-3(4x-5)\geqq 10$
(2) 両辺に 100 を掛けて，$31-4(2x-5)\leqq 3(5x-6)$
(3) 両辺に分母の最小公倍数 30 を掛けて，$10(x-5)-12(3x+1)>45(2-x)$
(4) 両辺に分母の最小公倍数 6 を掛けて，$2x-(2x-3)<3(4x+5)+2(3x+1)$
(5) 両辺に 10 を掛けて，$2(3x+1)\geqq 4(1-3x)-10x$
(6) 両辺に 1000 を掛けて，$50x-3(20x-125)>455$

問7 (1) $-1\leqq x\leqq 2$ (2) $-3\leqq x<-2$ (3) $-4<x<7$

解説 (1) $\begin{cases} 2x+1\leqq 3x+2 & \cdots\cdots ① \\ 6x-5\leqq 2x+3 & \cdots\cdots ② \end{cases}$

①より，$x\geqq -1$ ……③　　②より，$x\leqq 2$ ……④

(2) $\begin{cases} 1-3x>2x+11 & \cdots\cdots ① \\ 4x+3\geqq 2x-3 & \cdots\cdots ② \end{cases}$

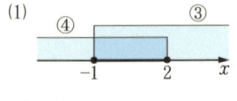

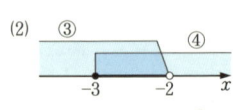

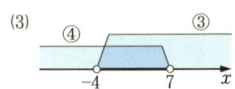

①より，$x<-2$ ……③　　②より，$x\geqq -3$ ……④

(3) $\begin{cases} 6x+13>3x+1 & \cdots\cdots ① \\ x-12<-2x+9 & \cdots\cdots ② \end{cases}$

①より，$x>-4$ ……③　　②より，$x<7$ ……④

問8 (1) $x \leq \dfrac{2}{3}$　(2) 解なし　(3) $x = -1$　(4) 解なし

　　[解説] (1) $\begin{cases} 5x - 2 \leq 2x & \cdots\cdots ① \\ 7 - 3x > x + 4 & \cdots\cdots ② \end{cases}$

　　①より, $x \leq \dfrac{2}{3}$ $\cdots\cdots$③　　②より, $x < \dfrac{3}{4}$ $\cdots\cdots$④

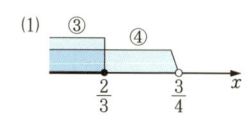

　(2) $\begin{cases} 9x - 7 < x + 9 & \cdots\cdots ① \\ 10x - 43 > -3(x - 3) & \cdots\cdots ② \end{cases}$

　　①より, $x < 2$ $\cdots\cdots$③　　②より, $x > 4$ $\cdots\cdots$④

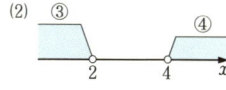

　(3) $\begin{cases} \dfrac{3}{2}(2x + 1) \geq \dfrac{1}{2}x - 1 & \cdots\cdots ① \\ 4x + 11 \geq 7(x + 2) & \cdots\cdots ② \end{cases}$

　　①より, $x \geq -1$ $\cdots\cdots$③　　②より, $x \leq -1$ $\cdots\cdots$④

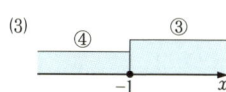

　(4) $\begin{cases} \dfrac{2x + 1}{2} < \dfrac{5 - 2x}{4} & \cdots\cdots ① \\ 1.1x - 1 \geq 0.9(x - 1) & \cdots\cdots ② \end{cases}$

　　①より, $x < \dfrac{1}{2}$ $\cdots\cdots$③　　②より, $x \geq \dfrac{1}{2}$ $\cdots\cdots$④

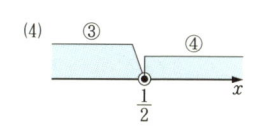

問9 (1) $1 < x < 4$　(2) $\dfrac{1}{2} \leq x < 3$　(3) $x < 3$　(4) $-5 \leq x < 9$　(5) $-10 \leq x \leq -2$

　　[解説] (1) $\begin{cases} -1 < 2x - 3 & \cdots\cdots ① \\ 2x - 3 < 5 & \cdots\cdots ② \end{cases}$

　　①より, $x > 1$ $\cdots\cdots$③　　②より, $x < 4$ $\cdots\cdots$④

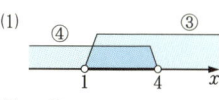

　(2) $\begin{cases} 3x - 1 < 8 & \cdots\cdots ① \\ 8 \leq 4x + 6 & \cdots\cdots ② \end{cases}$

　　①より, $x < 3$ $\cdots\cdots$③　　②より, $x \geq \dfrac{1}{2}$ $\cdots\cdots$④

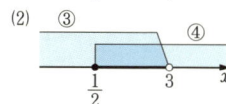

　(3) $\begin{cases} 5x - 21 < -2(x - 7) & \cdots\cdots ① \\ -2(x - 7) < 4(5 - x) & \cdots\cdots ② \end{cases}$

　　①より, $x < 5$ $\cdots\cdots$③　　②より, $x < 3$ $\cdots\cdots$④

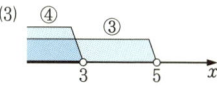

　(4) $\begin{cases} 0.9x + 1.7 > 1.2x - 1 & \cdots\cdots ① \\ 1.2x - 1 \geq 0.8x - 3 & \cdots\cdots ② \end{cases}$

　　①より, $x < 9$ $\cdots\cdots$③　　②より, $x \geq -5$ $\cdots\cdots$④

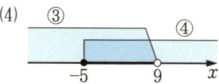

　(5) $\begin{cases} \dfrac{2x + 5}{3} \leq x + 5 & \cdots\cdots ① \\ x + 5 \leq \dfrac{1}{2}x + 4 & \cdots\cdots ② \end{cases}$

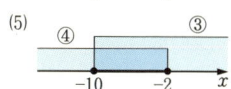

　　①より, $x \geq -10$ $\cdots\cdots$③　　②より, $x \leq -2$ $\cdots\cdots$④

　　[別解] (1) $-1 < 2x - 3 < 5$ の各辺に 3 を加えて, $2 < 2x < 8$　各辺を 2 で割る。

問10 $8 \leq a < 9$

　　[解説] $x + 5 \leq 6x + 5$ より, $x \geq 0$ $\cdots\cdots$①
　　$2x + 11 > 3x + a$ より, $x < 11 - a$ $\cdots\cdots$②
　　整数 x が存在するので, ①, ②より, $0 \leq x < 11 - a$

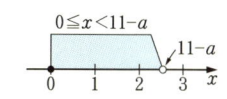

これを満たす整数 x がちょうど3個存在するので，その整数は，0, 1, 2
よって，②より，$2<11-a\leq 3$ であればよい。

問11 2 km

解説 走る距離を x km とすると，歩く距離は $(3-x)$ km である。

このとき，移動時間は，$\left(\dfrac{3-x}{4}+\dfrac{x}{10}\right)$ 時間となる。

移動時間を27分以内にするには，$\dfrac{3-x}{4}+\dfrac{x}{10}\leq \dfrac{27}{60}$ となればよい。

1 (1) $x>\dfrac{5}{4}$ (2) $x\leq 2$ (3) $x\geq 30$ (4) $x<\dfrac{8}{5}$ (5) $x>4$ (6) $x>\dfrac{9}{5}$

解説 (4) 両辺に100を掛けて，$3(10x-4)<10x+20$

2 (1) $x\leq -3$ (2) $-4<x\leq 3$ (3) $-8\leq x<-1$ (4) $x=3$ (5) 解なし (6) $1<x<2$

(7) $x>\dfrac{5}{4}$ (8) $-2\leq x\leq \dfrac{3}{2}$ (9) $1<x\leq 5$ (10) $x<12$ (11) $x>5$ (12) $2\leq x\leq \dfrac{12}{5}$

解説 (1) $2x-7\geq 4x-1$ より，$x\leq -3$
$3x+7>5x-1$ より，$x<4$

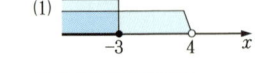

(2) $9(x+1)\leq 4(2x+3)$ より，$x\leq 3$
$4x+15>2x+7$ より，$x>-4$

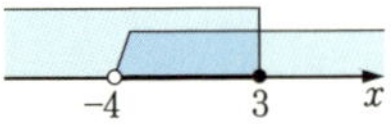

(3) $3(2x+9)<7(2-x)$ より，$x<-1$
$x+5\geq 3(x+7)$ より，$x\geq -8$

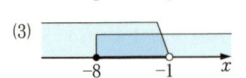

(4) $x+3\leq 3(5-x)$ より，$x\leq 3$
$5(x-1)+2\geq 2(x+3)$ より，$x\geq 3$

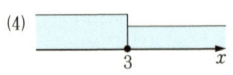

(5) $0.3(2x-1)<0.4(x+2)$ より，$x<\dfrac{11}{2}$
$2.1x-2>1.7x+0.8$ より，$x>7$

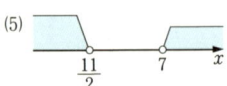

(6) $-0.5x+1.3>0.3(x-1)$ より，$x<2$
$x+1>2(3-2x)$ より，$x>1$

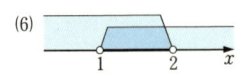

(7) $\dfrac{2x-3}{2}>\dfrac{x-2}{3}$ より，$x>\dfrac{5}{4}$
$x-2\geq \dfrac{2}{3}x-6$ より，$x\geq -12$

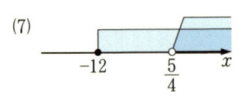

(8) $\dfrac{7x-1}{2}-\dfrac{8x+3}{4}\leq 1$ より，$x\leq \dfrac{3}{2}$
$1+\dfrac{2(x-1)}{3}\leq \dfrac{5x+6}{4}$ より，$x\geq -2$

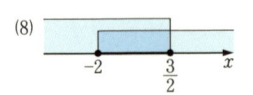

(9) $2<3x-1$ より，$x>1$
$3x-1\leq 14$ より，$x\leq 5$

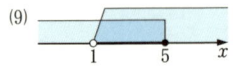

(10) $\dfrac{1}{2}x-7<-1$ より，$x<12$
$-1\leq 7-\dfrac{2}{3}x$ より，$x\leq 12$

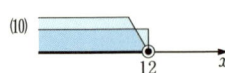

(11) $17-4x<3x-18$ より, $x>5$
$3x-18≦5x-22$ より, $x≧2$
(12) $\dfrac{3(x-2)}{2}≦3-x$ より, $x≦\dfrac{12}{5}$
$3-x≦\dfrac{2x-1}{3}$ より, $x≧2$

別解 (9) $2<3x-1≦14$ の各辺に 1 を加えて, $3<3x≦15$　各辺を 3 で割る。

3 (1) 5　(2) 5 個　(3) $a<4$　(4) $13<a≦16$

解説 (1) $5(3x-2)-7>4(2x+3)$ より, $x>\dfrac{29}{7}=4\dfrac{1}{7}$

(2) $2x+3<7$ より, $x<2$
$3x+8≧-1$ より, $x≧-3$
よって, 共通部分は $-3≦x<2$ である。

(3) $\begin{cases} 2x+7≦5x-2 & \cdots\cdots① \\ 5x-2≦3x+a & \cdots\cdots② \end{cases}$

①より, $x≧3$ ……③　②より, $x≦\dfrac{a+2}{2}$ ……④

連立不等式の解が存在しないのは, ③, ④に共通部分がないときである。すなわち, ③の最小値 3 よりも, ④の最大値 $\dfrac{a+2}{2}$ が小さいときであるから, $\dfrac{a+2}{2}<3$

(4) $4x+1<x+a$ より, $x<\dfrac{a-1}{3}$

これを満たす最大の整数 x の値が 4 であるためには,
$4<\dfrac{a-1}{3}≦5$ であればよい。

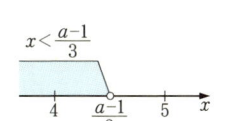

4 18 枚以上 27 枚以下

解説 3 の書かれたカードの枚数を x 枚とすると, 4 の書かれたカードは $(42-x)$ 枚である。

条件より, $\begin{cases} x<2(42-x) & \cdots\cdots① \\ 3x+4(42-x)≦150 & \cdots\cdots② \end{cases}$

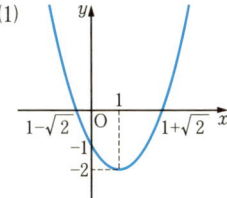

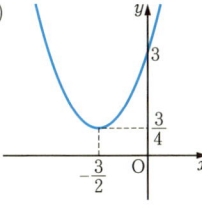

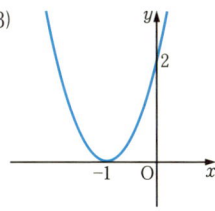

①より, $x<28$　②より, $x≧18$　ゆえに, $18≦x<28$

問12 (1) 共有点の x 座標は $1±\sqrt{2}$
(2) 共有点はない
(3) 共有点の x 座標は -1

解説 平方完成して, 頂点の座標を求める。また, x 軸との共有点の x 座標は, 2 次方程式を解いて求める。

(1) $y=(x-1)^2-2$　(2) $y=\left(x+\dfrac{3}{2}\right)^2+\dfrac{3}{4}$　(3) $y=2(x+1)^2$

問13 (1) $x<-\dfrac{1}{3}$, $1<x$ (2) $0\leqq x\leqq 2$ (3) $2-\sqrt{3}<x<2+\sqrt{3}$ (4) $x=5$

(5) $x<-\dfrac{1}{2}$, $-\dfrac{1}{2}<x$ (6) 解なし (7) $x\leqq\dfrac{3-\sqrt{17}}{4}$, $\dfrac{3+\sqrt{17}}{4}\leqq x$

(8) すべての実数 (9) $-\dfrac{1}{2}<x<\dfrac{1}{3}$ (10) すべての実数

|解説| 2次関数のグラフを利用する解法,または,式変形による解法を用いる。$a<0$ のときは,両辺に -1 を掛け,不等号の向きに注意して,解を求める。

|注意| (5)の解は,「$x=-\dfrac{1}{2}$ を除くすべての実数」,「$x\neq -\dfrac{1}{2}$」としてもよい。

問14 (1) $a>2$ のとき $x<2$, $a<x$, $a=2$ のとき $x<2$, $2<x$, $a<2$ のとき $x<a$, $2<x$

(2) $a<4$ のとき $x\leqq -4$, $-a\leqq x$, $a=4$ のとき すべての実数,
$a>4$ のとき $x\leqq -a$, $-4\leqq x$

(3) $a>1$ のとき $2\leqq x\leqq a+1$, $a=1$ のとき $x=2$, $a<1$ のとき $a+1\leqq x\leqq 2$

|解説| (1) 左辺を因数分解すると,$(x-a)(x-2)>0$ となるので,a と 2 の大小関係で場合分けして解を求める。

(2) $(x+a)(x+4)\geqq 0$ となるので,$-a>-4$ すなわち $a<4$ のとき,
$-a=-4$ すなわち $a=4$ のとき,$-a<-4$ すなわち $a>4$ のときで場合分けする。

(3) $(x-2)\{x-(a+1)\}\leqq 0$ となるので,$a+1>2$ すなわち $a>1$ のとき,
$a+1=2$ すなわち $a=1$ のとき,$a+1<2$ すなわち $a<1$ のときで場合分けする。

|注意| (1)の解は,「$a\geqq 2$ のとき $x<2$, $a<x$, $a<2$ のとき $x<a$, $2<x$」としてもよい。

問15 (1) $m=1$, $n=-10$ (2) $m=-\dfrac{1}{2}$, $n=-\dfrac{1}{2}$

|解説| (1) x^2 の係数が 2 で,解が $-\dfrac{5}{2}<x<2$ となる2次不等式は,
$2\left(x+\dfrac{5}{2}\right)(x-2)<0$ すなわち,$2x^2+x-10<0$

(2) $x<-4$, $3<x$ を解とする2次不等式の1つは,$(x+4)(x-3)>0$
すなわち,$x^2+x-12>0$

定数項と不等号の向きをそろえるために,両辺に $-\dfrac{1}{2}$ を掛けて,

$-\dfrac{1}{2}x^2-\dfrac{1}{2}x+6<0$

問16 (1) $0<a<4$ (2) $a\leqq -3$, $1\leqq a$

|解説| (1) 解がすべての実数となるためには,x^2 の係数が正であるから,2次方程式 $x^2+ax+a=0$ の判別式 D が,$D<0$ となればよい。
$D=a^2-4\cdot 1\cdot a=a^2-4a$ であるから,$a^2-4a<0$

(2) 不等号に等号が含まれているので,2次方程式 $x^2-(2a+2)x+2a^2+4a-2=0$ の判別式 D が,$D\leqq 0$ となればよい。

$\dfrac{D}{4}=\{-(a+1)\}^2-1\cdot(2a^2+4a-2)=-a^2-2a+3$ であるから,$-a^2-2a+3\leqq 0$

問17 (1) $1<x\leqq 3$ (2) $0<x\leqq \dfrac{3}{2}$, $4\leqq x<5$ (3) $x<-1-\sqrt{2}$, $4<x$ (4) $\dfrac{1+\sqrt{5}}{2}\leqq x\leqq \dfrac{5}{2}$

(5) $3-\sqrt{2}<x<3$, $4<x<3+\sqrt{2}$ (6) $x=\dfrac{1}{2}$, $2\leqq x\leqq 4$

解説 (1) $x^2-6x+5<0$ より，$1<x<5$
$x^2-2x-3\leqq 0$ より，$-1\leqq x\leqq 3$

(2) $x^2-5x<0$ より，$0<x<5$
$2x^2-11x+12\geqq 0$ より，$x\leqq \dfrac{3}{2}$, $4\leqq x$

(3) $x^2-3x-4>0$ より，$x<-1$, $4<x$
$x^2+2x-1>0$ より，$x<-1-\sqrt{2}$, $-1+\sqrt{2}<x$

(4) $x^2-x-1\geqq 0$ より，$x\leqq \dfrac{1-\sqrt{5}}{2}$, $\dfrac{1+\sqrt{5}}{2}\leqq x$
$4x^2-8x-5\leqq 0$ より，$-\dfrac{1}{2}\leqq x\leqq \dfrac{5}{2}$

(5) $7x-12<x^2$ より，$x<3$, $4<x$
$x^2<6x-7$ より，$3-\sqrt{2}<x<3+\sqrt{2}$

(6) $\dfrac{5}{2}x\leqq x^2+1$ より，$x\leqq \dfrac{1}{2}$, $2\leqq x$
$x^2+1\leqq \dfrac{9}{2}x-1$ より，$\dfrac{1}{2}\leqq x\leqq 4$

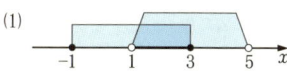

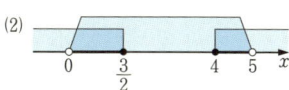

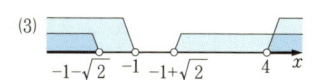

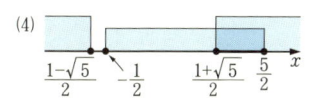

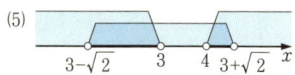

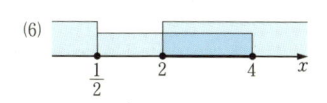

5 (1) $x<-3$, $7<x$ (2) $2-\sqrt{3}\leqq x\leqq 2+\sqrt{3}$ (3) $x<\dfrac{4}{5}$, $\dfrac{4}{5}<x$ (4) $0<x<\dfrac{1}{2}$

(5) すべての実数 (6) $x\leqq -\dfrac{1}{3}$, $\dfrac{3}{2}\leqq x$ (7) $x=\dfrac{1}{3}$ (8) 解なし

(9) $x\leqq \dfrac{1-\sqrt{5}}{4}$, $\dfrac{1+\sqrt{5}}{4}\leqq x$ (10) すべての実数

解説 (5) 両辺に -1 を掛けて，$3x^2-4x+5>0$
左辺を $3x^2-4x+5=3\left(x-\dfrac{2}{3}\right)^2+\dfrac{11}{3}$ と変形すると，つねに正である。

(7) 両辺に 3 を掛けて，$9x^2-6x+1=(3x-1)^2\leqq 0$ を解く。

(8) 左辺を $5x^2-4x+1=5\left(x-\dfrac{2}{5}\right)^2+\dfrac{1}{5}$ と変形すると，つねに正である。

(10) 両辺に -1 を掛けて，$2x^2-\sqrt{8}x+1=(\sqrt{2}x)^2-2\sqrt{2}x+1=(\sqrt{2}x-1)^2\geqq 0$

6 (1) $x<3$, $6<x$ (2) $\dfrac{-1-\sqrt{3}}{2}<x<\dfrac{-1+\sqrt{3}}{2}$ (3) $x\leqq -5-\sqrt{22}$, $-5+\sqrt{22}\leqq x$

(4) $-7\leqq x\leqq 5$ (5) $x<\dfrac{-3-\sqrt{41}}{4}$, $\dfrac{-3+\sqrt{41}}{4}<x$ (6) $\dfrac{5-\sqrt{29}}{4}<x<\dfrac{5+\sqrt{29}}{4}$

(7) $x\leqq -6$, $-2\leqq x$ (8) $-8<x<4$ (9) $x=\dfrac{\sqrt{3}}{3}$ (10) $x<-\dfrac{\sqrt{6}}{6}$, $-\dfrac{\sqrt{6}}{6}<x$

解説 (9) $3x^2-2\sqrt{3}x+1=(\sqrt{3}x-1)^2\leqq 0$

(10) 両辺に $\sqrt{6}$ を掛けて，$6x^2+2\sqrt{6}x+1>0$　　$(\sqrt{6}x+1)^2>0$

[注意] (10)の解は，「$x=-\dfrac{\sqrt{6}}{6}$ を除くすべての実数」，「$x\neq -\dfrac{\sqrt{6}}{6}$」としてもよい。

7 $a>0$ のとき $x\leq -a,\ 3a\leq x,\ \ a=0$ のとき すべての実数，
$a<0$ のとき $x\leq 3a,\ -a\leq x$

[解説] 左辺を因数分解すると，$(x-3a)(x+a)\geq 0$ となるので，$3a$ と $-a$ の大小関係で場合分けし，解を求める。
$a=0$ のときは，不等式は $x^2\geq 0$ となる。

8 (1) $a=\dfrac{1}{2},\ b=-\dfrac{5}{2}$　(2) $a=-18,\ b=3$

[解説] (1) $2<x<3$ を解とする2次不等式の1つは，$(x-2)(x-3)<0$
すなわち，$x^2-5x+6<0$
定数項を3にそろえるために，両辺に $\dfrac{1}{2}$ を掛けて，$\dfrac{1}{2}x^2-\dfrac{5}{2}x+3<0$

(2) $x<-\dfrac{1}{3},\ \dfrac{1}{2}<x$ を解とする2次不等式の1つは，$(3x+1)(2x-1)>0$
すなわち，$6x^2-x-1>0$
定数項と不等号の向きをそろえるために，両辺に -3 を掛けて，
$-18x^2+3x+3<0$

9 $a>1$

[解説] 2次不等式であるから，$a\neq 0$ である。
また，2次方程式 $ax^2+(a-1)x+a-1=0$ の判別式を D とすると，解がすべての実数となるためには，$a>0$ かつ $D<0$
$D=(a-1)^2-4a(a-1)=(a-1)\{(a-1)-4a\}=-(a-1)(3a+1)$

10 (1) $-2<x<3$　(2) $1\leq x\leq 3,\ 4\leq x\leq 5$　(3) $-1\leq x<1-\sqrt{2},\ 1+\sqrt{2}<x\leq 4$
(4) $-2<x\leq 2,\ 4\leq x<8$　(5) $1\leq x<\sqrt{2}$
(6) $1-\sqrt{5}<x<-1,\ 2<x<1+\sqrt{5}$

[解説] (1) $x^2-9<0$ より，$-3<x<3$
$x^2-3x-10<0$ より，$-2<x<5$

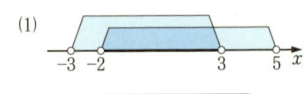

(2) $x^2-6x+5\leq 0$ より，$1\leq x\leq 5$
$x^2-7x+12\geq 0$ より，$x\leq 3,\ 4\leq x$

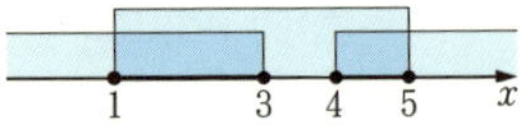

(3) $x^2-3x-4\leq 0$ より，$-1\leq x\leq 4$
$x^2-2x-1>0$ より，$x<1-\sqrt{2},\ 1+\sqrt{2}<x$

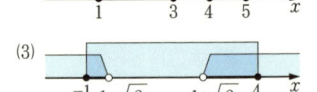

(4) $-8\leq x^2-6x$ より，$x\leq 2,\ 4\leq x$
$x^2-6x<16$ より，$-2<x<8$

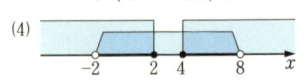

(5) $3x^2<x^2+4$ より，$-\sqrt{2}<x<\sqrt{2}$
$x^2+4\leq 4x+1$ より，$1\leq x\leq 3$

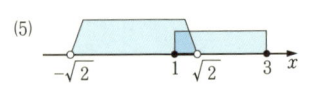

(6) $x+2<x^2$ より，$x<-1,\ 2<x$
$x^2<2x+4$ より，$1-\sqrt{5}<x<1+\sqrt{5}$

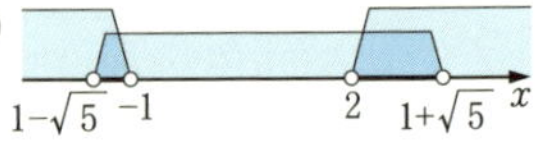

1 $a < \dfrac{4}{3}$

解説 $\dfrac{x+a}{2} - \dfrac{x+1}{3} \leqq a$ 　両辺に 6 を掛けて整理すると，$x \leqq 3a+2$

これを満たす自然数 x の個数が 5 個以下であるから，$3a+2 < 6$ であればよい。

2 $a = -4$

解説 $\begin{cases} 5x-8 < 2x+1 & \cdots\cdots① \\ 2x+3 < 4x-2a & \cdots\cdots② \end{cases}$　①より，$x<3$　　②より，$x > a + \dfrac{3}{2}$

よって，$a + \dfrac{3}{2} < x < 3$ を満たす整数 x の個数が 5 個である

から，それらは $-2,\ -1,\ 0,\ 1,\ 2$ である。

ゆえに，$-3 \leqq a + \dfrac{3}{2} < -2$ を満たす。

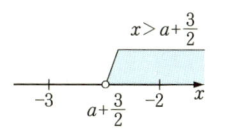

3 (1) $\left(-\dfrac{1}{6}x+16\right)$ 人　(2) $x=90$

解説 (1) 学年全体の人数を x 人，2 科目とも不合格の人数を y 人とすると，条件より，

2 科目とも合格の人数は $\dfrac{5}{9}x$ 人，英語だけ合格（数学だけ不合格）の人数は

$\left(\dfrac{5}{18}x - y\right)$ 人，数学だけ合格（英語だけ不合格）の人数は $(16-y)$ 人である。

したがって，学年全体の人数について，$\dfrac{5}{9}x + \left(\dfrac{5}{18}x - y\right) + (16-y) + y = x$ が成り

立つ。これを y について整理する。

(2) 数学が不合格の人数は，$\dfrac{5}{18}x$ 人であるから，x は 18 の倍数　……①

(1)の結果より，$-\dfrac{1}{6}x+16 > 0$　　これを解いて，$x < 96$ ……②

2 科目とも不合格の人が，数学が不合格の人の 2 割より少なかったことより，

$-\dfrac{1}{6}x + 16 < \dfrac{5}{18}x \cdot \dfrac{2}{10}$　　これを解いて，$x > 72$ ……③

①，②，③より，x は 72 より大きく，96 より小さい 18 の倍数であるから，$x=90$

4 (1) A，B 両方を買った人数 $(7x-88)$ 人，B だけ買った人数 $(-6x+92)$ 人
(2) A を買った人数 14 人，B だけ買った人数 8 人

解説 (1) A，B 両方を買った人数を a 人，B だけ買った人数を b 人とすると，B を買っ
た人数は $(a+b)$ 人，条件より $(x+4)$ 人と表せる。

よって，$a+b=x+4$ ……①

また，売上額について，$7200x + 3600a + 5400b = 180000$

$4x+2a+3b=100$　　$2a+3b = -4x+100$ ……②

①，②より，a，b を求める。

(2) 条件より，B だけ買った人数について，$4 \leqq -6x+92 < x$ が成り立つ。

これを解いて，$13\dfrac{1}{7} < x \leqq 14\dfrac{2}{3}$　　x は整数であるから，$x=14$

ゆえに，B だけ買った人数は，$-6 \cdot 14 + 92 = 8$（人）である。

5 38 個

解説 菓子 A，B，C を買った個数を，それぞれ x 個，y 個，z 個とすると，条件より，

$x+y+z=51$ ……①, $20x+40y+60z≦1360$ ……②, $y=3z+1$ ……③,
$x<4y$ ……④ が成り立つ。
①,③より,$x=-4z+50$ ……⑤

③,⑤を②に代入して,$20(-4z+50)+40(3z+1)+60z≦1360$　$z≦3\dfrac{1}{5}$

③,⑤を④に代入して,$-4z+50<4(3z+1)$　$z>2\dfrac{7}{8}$

したがって,$2\dfrac{7}{8}<z≦3\dfrac{1}{5}$　z は整数であるから,$z=3$

⑤に代入して,$x=38$

6 (1) A 35人, B 25人　(2) 17人以上25人以下

解説 (1) A, Bが正解だった人数をそれぞれ x 人, y 人とすると,条件より,
$15.05≦\dfrac{15x+5y}{43}<15.15$ ……①, $14.35≦\dfrac{12x+8y}{43}<14.45$ ……② が成り立つ。

①より,$129.43≦3x+y<130.29$
各辺に 8 を掛けて,$1035.44≦24x+8y<1042.32$ ……③
②より,$617.05≦12x+8y<621.35$
各辺に -1 を掛けて,$-621.35<-(12x+8y)≦-617.05$ ……④
③+④ より,$414.09<12x<425.27$　$34.5075<x<35.4391…$
x は整数であるから,$x=35$　このとき,①より,$24.43≦y<25.29$
y も整数であるから,$y=25$

これらの値は,$\dfrac{12x+8y}{43}=\dfrac{620}{43}=14.41…$ であり,②を満たす。

(2) 最も多い場合は,B の正解者全員が,2問とも正解であるときの25人である。
最も少ない場合は,$35+25-43=17$(人) である。

7 (1) $-11≦x<-3$　(2) $\dfrac{1}{2}<x<\dfrac{2}{3}$, $\dfrac{2}{3}<x≦4$

解説 (1) $3(x-1)>7x+5$ より,$x<-2$ ……①
$0.6x-3≦x+1.4$ より,$x≧-11$ ……②
$\dfrac{x-3}{2}<\dfrac{x}{3}-2$ より,$x<-3$ ……③

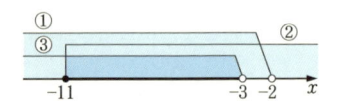

(2) $6x^2+x-2>0$ より,$x<-\dfrac{2}{3}$, $\dfrac{1}{2}<x$ ……①

$2x^2-7x-4≦0$ より,$-\dfrac{1}{2}≦x≦4$ ……②

$9x^2-12x+4>0$ より,$x<\dfrac{2}{3}$, $\dfrac{2}{3}<x$ ……③

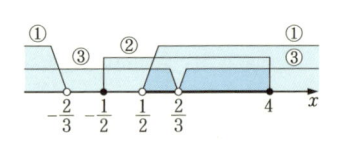

8 $-6≦a<-5$, $-1<a≦0$

解説 $x^2-(a-3)x-3a<0$ より,$(x-a)(x+3)<0$ となるから,a と -3 の大小関係で場合分けして考える。
数直線を利用すると,解の範囲を判断しやすい。
(i) $a<-3$ のとき,解は $a<x<-3$ であるから,2個の整数は,-5 と -4 である。　よって,$-6≦a<-5$
(ii) $a=-3$ のとき,$(x+3)^2<0$ であるから,2個の整数解はない。

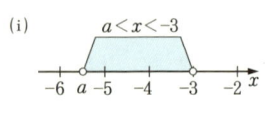

(iii) $a>-3$ のとき，解は $-3<x<a$ であるから，2個の整数は，-2 と -1 である。　よって，$-1<a\leqq 0$

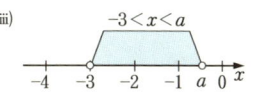

9　$a=-1$, $b=2$

解説　解が $-a<x<b$ である2次不等式の1つは，
$(x+a)(x-b)<0$　すなわち，$x^2+(a-b)x-ab<0$ ……①
定数項と不等号の向きをそろえるために，$ax^2+3x-b>0$ の両辺に a (<0) を掛けると，$a^2x^2+3ax-ab<0$
①の係数と比較して，$a^2=1$ ……②　　$3a=a-b$ ……③
$a<0$ であるから，②より，$a=-1$　③に代入して，$b=2$
これらの値は，$-a<b$ を満たす。

10　$3\leqq a\leqq 4$

解説　$a^2+(2-5x)a\leqq 23-19x$ より，$(19-5a)x+a^2+2a-23\leqq 0$ が $1\leqq x\leqq 2$ でつねに成り立つためには，$y=(19-5a)x+a^2+2a-23$ とすると，

(i) $19-5a=0$ すなわち $a=\dfrac{19}{5}$ のとき，$y=-\dfrac{24}{25}$ となり，不等式は成り立つ。

(ii) $19-5a\neq 0$ のとき，y は x の1次関数である。
このとき，$1\leqq x\leqq 2$ で不等式 $y\leqq 0$ が成り立つためには，
$x=1$ のとき，$(19-5a)\cdot 1+a^2+2a-23\leqq 0$ より，$a^2-3a-4\leqq 0$ ……①
$x=2$ のとき，$(19-5a)\cdot 2+a^2+2a-23\leqq 0$ より，$a^2-8a+15\leqq 0$ ……②
①より，$-1\leqq a\leqq 4$　　②より，$3\leqq a\leqq 5$
これがともに成り立てばよいから，$3\leqq a\leqq 4$　$\left(a\neq\dfrac{19}{5}\right)$

(i), (ii)より，$3\leqq a\leqq 4$

11　$a\leqq -2$, $3\leqq a$

解説　$2x^2-(a-4)x-a(a-2)=(2x+a)(x-a+2)<0$

(i) $-\dfrac{a}{2}<a-2$ すなわち $a>\dfrac{4}{3}$ のとき，$-\dfrac{a}{2}<x<a-2$

条件を満たすには，$-\dfrac{a}{2}\leqq 0$ かつ $1\leqq a-2$

よって，$a\geqq 3$　　これは $a>\dfrac{4}{3}$ に適する。

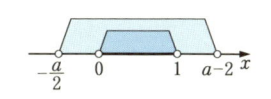

(ii) $-\dfrac{a}{2}=a-2$ すなわち $a=\dfrac{4}{3}$ のとき，$2\left(x+\dfrac{2}{3}\right)^2<0$ は解がないから，条件を満たさない。

(iii) $a-2<-\dfrac{a}{2}$ すなわち $a<\dfrac{4}{3}$ のとき，$a-2<x<-\dfrac{a}{2}$

条件を満たすには，$a-2\leqq 0$ かつ $1\leqq -\dfrac{a}{2}$

よって，$a\leqq -2$　　これは $a<\dfrac{4}{3}$ に適する。

別解　2次関数 $y=2x^2-(a-4)x-a(a-2)$ のグラフは，下に凸の放物線である。
$f(x)=2x^2-(a-4)x-a(a-2)$ とすると，
$0<x<1$ で不等式が成り立つためには，
$f(0)\leqq 0$ かつ $f(1)\leqq 0$ であればよい。

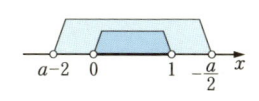

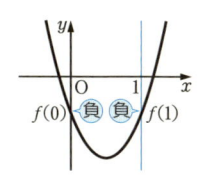

$f(0)=-a(a-2)≦0$ より, $a≦0, 2≦a$ ……①
$f(1)=2-(a-4)-a(a-2)≦0$ より,
$a≦-2, 3≦a$ ……②
①, ②より, $a≦-2, 3≦a$

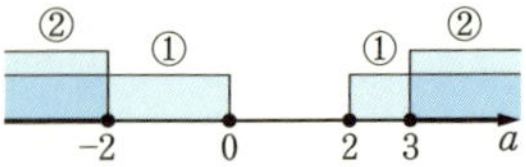

12 $-3≦a<-2, 3<a≦4$

解説 $2x^2-3x-5>0$ より, $x<-1, \dfrac{5}{2}<x$ ……①
$x^2+(a-3)x-2a+2=x^2+\{-2+(a-1)\}x+(-2)·(a-1)=(x-2)(x+a-1)<0$
(i) $1-a>2$ すなわち $a<-1$ のとき,
$2<x<1-a$ ……②
①, ②を同時に満たすただ1つの整数は $x=3$
であるから, $3<1-a≦4$ となればよい。
よって, $-3≦a<-2$
これは $a<-1$ に適する。
(ii) $1-a=2$ すなわち $a=-1$ のとき,
$(x-2)^2<0$ より, 解はないから, 適さない。
(iii) $1-a<2$ すなわち $a>-1$ のとき,
$1-a<x<2$ ……③
①, ③を同時に満たすただ1つの整数は $x=-2$
であるから, $-3≦1-a<-2$ となればよい。
よって, $3<a≦4$
これは $a>-1$ に適する。

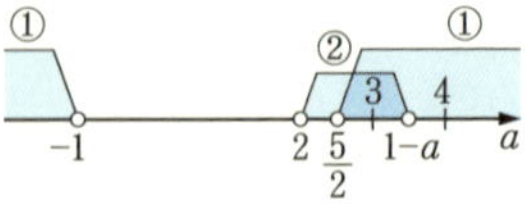

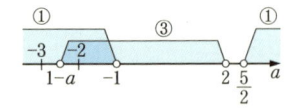

13 $-3≦a≦4$

解説 $x^2-10x-24>0$ より,
$x<-2, 12<x$ ……①
$(x+1)(x-a^2+a)<0$ において,
$a^2-a-(-1)=\left(a-\dfrac{1}{2}\right)^2+\dfrac{3}{4}>0$ より,
$-1<a^2-a$ であるから, $-1<x<a^2-a$ ……②
①, ②を同時に満たす実数 x が存在しないためには, $a^2-a≦12$
よって, $a^2-a-12=(a+3)(a-4)≦0$
ゆえに, $-3≦a≦4$

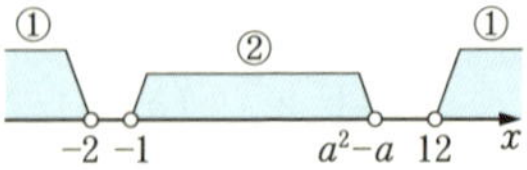

14 (1) $a-1<x<a+1$ (2) $a<1-\sqrt{2}, -1+\sqrt{2}<a$

解説 (1) $x^2-2ax+a^2-1$
$=x^2-\{(a+1)+(a-1)\}x+(a+1)(a-1)$
$=\{x-(a+1)\}\{x-(a-1)\}<0$ となる。
ここで, つねに, $a-1<a+1$ であるから,
不等式②の解は, $a-1<x<a+1$
(2) 不等式①の解は, $x<-\sqrt{2}, \sqrt{2}<x$
2つの不等式を同時に満たす実数 x が存在するためには, それぞれの解の共通部分があればよい。
数直線を利用して考えると,
$a-1<-\sqrt{2}$ または $\sqrt{2}<a+1$ であればよい。

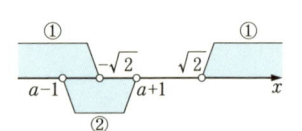

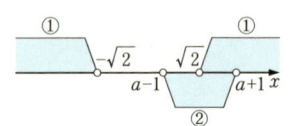

3章 特殊な不等式

問1 (1) $x \geqq -3$ のとき $x+3$, $x < -3$ のとき $-x-3$

(2) $x \geqq \dfrac{3}{2}$ のとき $2x-3$, $x < \dfrac{3}{2}$ のとき $-2x+3$

(3) $x \leqq -1$, $\dfrac{3}{2} \leqq x$ のとき $2x^2-x-3$, $-1 < x < \dfrac{3}{2}$ のとき $-2x^2+x+3$

(4) $2 \leqq x \leqq 3$ のとき $-x^2+5x-6$, $x < 2$, $3 < x$ のとき x^2-5x+6

解説 絶対値記号内の式の値の符号が，0以上か負かで場合分けする。

(3) $2x^2-x-3=(2x-3)(x+1)$ より，

$x \leqq -1$, $\dfrac{3}{2} \leqq x$ のとき，絶対値記号内は0以上となる。

$-1 < x < \dfrac{3}{2}$ のとき，絶対値記号内は負となる。

(4) $-x^2+5x-6=-(x-2)(x-3)$ より，

$2 \leqq x \leqq 3$ のとき，絶対値記号内は0以上となる。

$x < 2$, $3 < x$ のとき，絶対値記号内は負となる。

問2 (1) $x \leqq -2$, $4 \leqq x$ (2) $\dfrac{-1+\sqrt{17}}{2} < x < \dfrac{1+\sqrt{17}}{2}$ (3) $x < -1$, $-1 < x < 2$, $4 < x$

(4) $0 \leqq x \leqq \dfrac{-1+\sqrt{21}}{2}$

解説 (1) $x-1 \geqq 0$ すなわち $x \geqq 1$ のとき，$x-1 \geqq 3$
$x-1 < 0$ すなわち $x < 1$ のとき，$-(x-1) \geqq 3$

(2) $x^2-4 \geqq 0$ すなわち $x \leqq -2$, $2 \leqq x$ のとき，$x^2-4 < x$
$x^2-4 < 0$ すなわち $-2 < x < 2$ のとき，$-(x^2-4) < x$

(3) $x^2-2x-3 \geqq 0$ すなわち $x \leqq -1$, $3 \leqq x$ のとき，$x^2-2x-3 > x+1$
$x^2-2x-3 < 0$ すなわち $-1 < x < 3$ のとき，$-(x^2-2x-3) > x+1$

(4) $2x^2+4x-5 \geqq 0$ すなわち $x \leqq \dfrac{-2-\sqrt{14}}{2}$, $\dfrac{-2+\sqrt{14}}{2} \leqq x$ のとき，

$2x^2+4x-5 \leqq 2x+5$

$2x^2+4x-5 < 0$ すなわち $\dfrac{-2-\sqrt{14}}{2} < x < \dfrac{-2+\sqrt{14}}{2}$ のとき，

$-(2x^2+4x-5) \leqq 2x+5$

参考 絶対値が原点からの距離を表すことを利用して解いてもよい。

(1) $|x-1| \geqq 3$ より，$x-1 \leqq -3$, $3 \leqq x-1$

(2) $0 \leqq |x^2-4| < x$ より，$x > 0$ かつ $-x < x^2-4 < x$

(3) $x+1 < 0$ すなわち $x < -1$ のとき，不等式は成り立つ。
$x+1 \geqq 0$ すなわち $x \geqq -1$ のとき，
$x^2-2x-3 < -(x+1)$ または $x+1 < x^2-2x-3$

(4) $0 \leqq |2x^2+4x-5| \leqq 2x+5$ より，$2x+5 \geqq 0$ すなわち $x \geqq -\dfrac{5}{2}$

かつ $-(2x+5) \leqq 2x^2+4x-5 \leqq 2x+5$

問3 (1) $-2<x<4$ (2) $1\leq x\leq 3$ (3) $x<1$

解説 (1) 両辺を2乗して，$|x-1|^2<3^2$　よって，$(x-1)^2<3^2$
(2) 両辺を2乗して，$|2x-3|^2\leq x^2$　よって，$(2x-3)^2\leq x^2$
(3)(i) $4x-1<0$ すなわち $x<\dfrac{1}{4}$ のとき，不等式はつねに成り立つ。

(ii) $4x-1\geq 0$ すなわち $x\geq\dfrac{1}{4}$ ……① のとき，両辺はともに0以上であるから，両辺を2乗して，$|x-4|^2>(4x-1)^2$
よって，$(x-4)^2>(4x-1)^2$ を解き，①より，$\dfrac{1}{4}\leq x<1$

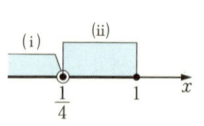

問4 (1) $-\dfrac{7}{2}\leq x\leq\dfrac{3}{2}$ (2) $\dfrac{12}{5}\leq x\leq 18$ (3) $x<0, \dfrac{2}{3}<x$ (4) $-5<x<2$

解説 (1) $x<-3$ のとき，$-(x-1)-(x+3)\leq 5$ より $x\geq-\dfrac{7}{2}$
よって，$-\dfrac{7}{2}\leq x<-3$
$-3\leq x<1$ のとき，$-(x-1)+(x+3)\leq 5$　これはつねに成り立つ。
$1\leq x$ のとき，$(x-1)+(x+3)\leq 5$ より $x\leq\dfrac{3}{2}$　よって，$1\leq x\leq\dfrac{3}{2}$
(2) $x<0$ のとき，$-\dfrac{2}{3}x\geq-(x-5)-1$ より $x\geq 12$　これは $x<0$ に適さない。
$0\leq x<5$ のとき，$\dfrac{2}{3}x\geq-(x-5)-1$ より $x\geq\dfrac{12}{5}$　よって，$\dfrac{12}{5}\leq x<5$
$5\leq x$ のとき，$\dfrac{2}{3}x\geq(x-5)-1$ より $x\leq 18$　よって，$5\leq x\leq 18$
(3) $x<-2$ のとき，$-(2x-1)-(x+2)>3$ より $x<-\dfrac{4}{3}$　よって，$x<-2$
$-2\leq x<\dfrac{1}{2}$ のとき，$-(2x-1)+(x+2)>3$ より $x<0$　よって，$-2\leq x<0$
$\dfrac{1}{2}\leq x$ のとき，$(2x-1)+(x+2)>3$ より $x>\dfrac{2}{3}$　よって，$x>\dfrac{2}{3}$
(4) $x<-\dfrac{1}{3}$ のとき，$-(3x+1)-(3-x)<6$ より $x>-5$
よって，$-5<x<-\dfrac{1}{3}$
$-\dfrac{1}{3}\leq x<3$ のとき，$(3x+1)-(3-x)<6$ より $x<2$　よって，$-\dfrac{1}{3}\leq x<2$
$3\leq x$ のとき，$(3x+1)+(3-x)<6$ より $x<1$　これは $x\geq 3$ に適さない。

1 (1) $-\dfrac{13}{4}<x<\dfrac{9}{4}$ (2) $x<-\dfrac{1}{3}, 3<x$ (3) $-3<x<3$ (4) $x\geq-3$
(5) $x<-5, 4<x$ (6) $2-\sqrt{7}<x<1, 3<x<2+\sqrt{7}$ (7) $-2\leq x\leq 0, x=3$
(8) $x<-4, -4<x<0, 2<x$ (9) $-\dfrac{7}{2}<x<1$ (10) $-\dfrac{2}{3}<x<\dfrac{4}{3}$
(11) $x=-2, 2\leq x\leq 4$ (12) $x\leq-4, 0\leq x\leq 4$

解説 (1) $|4x+2|<11$ より，$-11<4x+2<11$

(2) $x \geq \dfrac{1}{2}$ のとき, $2x-1 > x+2$ $x < \dfrac{1}{2}$ のとき, $-(2x-1) > x+2$

(3) $x \geq 0$ のとき, $x^2-x-6<0$ より $-2<x<3$ よって, $0 \leq x<3$
$x<0$ のとき, $x^2+x-6<0$ より $-3<x<2$ よって, $-3<x<0$

(4) $x \geq 4$ のとき, $(x+3)(x-4)+2x+6 \geq 0$ より $x \leq -3,\ 2 \leq x$ よって, $x \geq 4$
$x<4$ のとき, $-(x+3)(x-4)+2x+6 \geq 0$ より $-3 \leq x \leq 6$ よって, $-3 \leq x<4$

(5) $x \geq 1$ のとき, $x^2-7>3(x-1)$ より $x<-1,\ 4<x$ よって, $x>4$
$x<1$ のとき, $x^2-7>-3(x-1)$ より $x<-5,\ 2<x$ よって, $x<-5$

(6) $|x^2-4x|<3$ より, $-3<x^2-4x<3$
$x^2-4x<3$ より $2-\sqrt{7}<x<2+\sqrt{7}$ $x^2-4x>-3$ より $x<1,\ 3<x$

(7) $x^2-2x-3 \geq 0$ すなわち $x \leq -1,\ 3 \leq x$ のとき,
$x^2-2x-3 \leq 3-x$ より $-2 \leq x \leq 3$ よって, $-2 \leq x \leq -1,\ x=3$
$x^2-2x-3<0$ すなわち $-1<x<3$ のとき,
$-(x^2-2x-3) \leq 3-x$ より $x \leq 0,\ 3 \leq x$ よって, $-1<x \leq 0$

(8) $x^2+3x-4 \geq 0$ すなわち $x \leq -4,\ 1 \leq x$ のとき,
$x^2+3x-4>x+4$ より $x<-4,\ 2<x$ これは $x \leq -4,\ 1 \leq x$ に適する。
$x^2+3x-4<0$ すなわち $-4<x<1$ のとき,
$-(x^2+3x-4)>x+4$ より $-4<x<0$ これは $-4<x<1$ に適する。

(9) $x<-2$ のとき, $-(x-2)-3(x+2)<10$ より $x>-\dfrac{7}{2}$

よって, $-\dfrac{7}{2}<x<-2$

$-2 \leq x<2$ のとき, $-(x-2)+3(x+2)<10$ より $x<1$ よって, $-2 \leq x<1$

$2 \leq x$ のとき, $(x-2)+3(x+2)<10$ より $x<\dfrac{3}{2}$ これは $x \geq 2$ に適さない。

(10) $x<0$ のとき, $3+2x>-(x-1)$ より $x>-\dfrac{2}{3}$ よって, $-\dfrac{2}{3}<x<0$

$0 \leq x<1$ のとき, $3-2x>-(x-1)$ より $x<2$ よって, $0 \leq x<1$

$1 \leq x$ のとき, $3-2x>x-1$ より $x<\dfrac{4}{3}$ よって, $1 \leq x<\dfrac{4}{3}$

(11) $x<-2$ のとき, $(2x^2+x-6)-(3x^2-x-14) \geq 0$ より $-2 \leq x \leq 4$
これは $x<-2$ に適さない。

$-2 \leq x<\dfrac{3}{2}$ のとき, $-(2x^2+x-6)+(3x^2-x-14) \geq 0$ より $x \leq -2,\ 4 \leq x$

よって, $x=-2$

$\dfrac{3}{2} \leq x<\dfrac{7}{3}$ のとき, $(2x^2+x-6)+(3x^2-x-14) \geq 0$ より $x \leq -2,\ 2 \leq x$

よって, $2 \leq x<\dfrac{7}{3}$

$\dfrac{7}{3} \leq x$ のとき, $(2x^2+x-6)-(3x^2-x-14) \geq 0$ より $-2 \leq x \leq 4$

よって, $\dfrac{7}{3} \leq x \leq 4$

(12) $x<-1$ のとき, $-2(x+1)+3(x-2)+(4-x) \geq x$ より $x \leq -4$
よって, $x \leq -4$

$-1≦x<2$ のとき，$2(x+1)+3(x-2)+(4-x)≧x$ より $x≧0$
よって，$0≦x<2$
$2≦x<4$ のとき，$2(x+1)-3(x-2)+(4-x)≧x$ より $x≦4$
よって，$2≦x<4$
$4≦x$ のとき，$2(x+1)-3(x-2)-(4-x)≧x$ より $x≦4$ 　　よって，$x=4$
別解 (3) $|x|^2=x^2$ であるから，$|x|^2-|x|-6=(|x|+2)(|x|-3)<0$
$|x|+2≧2$ であるから，$|x|-3<0$ 　　すなわち，$|x|<3$

問5 (1) $a>0$ のとき $x>\dfrac{a+1}{a}$, $a=0$ のとき 解なし，$a<0$ のとき $x<\dfrac{a+1}{a}$
(2) $a>2$ のとき $x≧a+2$, $a=2$ のとき すべての実数，$a<2$ のとき $x≦a+2$
(3) $a>0$ のとき $-1≦x≦1$, $a=0$ のとき すべての実数，
$a<0$ のとき $x≦-1$, $1≦x$
(4) $a>1$ のとき $x<1$, $a<x$, $a=1$ のとき $x<1$, $1<x$,
$0<a<1$ のとき $x<a$, $1<x$, $a=0$ のとき 解なし，$a<0$ のとき $a<x<1$
解説 (1) $a>0$, $a=0$, $a<0$ で場合分けする。
$a=0$ のとき，$0 \cdot x>1$ となるから，解はない。
(2) $(a-2)x≧(a-2)(a+2)$ と変形して，$a-2>0$, $a-2=0$, $a-2<0$ で場合分けする。
$a-2=0$ すなわち $a=2$ のとき，$0 \cdot x≧0$ となるから，すべての実数。
(3) $a=0$ のとき，$0 \cdot x^2≦0$ となるから，すべての実数。
$a≠0$ のとき，$a(x+1)(x-1)≦0$ と変形する。
(i) $a>0$ のとき，$(x+1)(x-1)≦0$
(ii) $a<0$ のとき，$(x+1)(x-1)≧0$
(4) $a=0$ のとき，$0 \cdot x^2-0 \cdot x+0>0$ となるから，解はない。
$a≠0$ のとき，$a(x-a)(x-1)>0$ と変形する。
(i) $a>0$ のとき，$(x-a)(x-1)>0$ となるから，
(ア) $0<a<1$ のとき，$x<a$, $1<x$
(イ) $a=1$ のとき，$(x-1)^2>0$ より $x<1$, $1<x$
(ウ) $1<a$ のとき，$x<1$, $a<x$
(ii) $a<0$ のとき，$(x-a)(x-1)<0$ となり，$a<1$ であるから，$a<x<1$

問6 (1) $a=3$　(2) $a=\dfrac{1}{3}$
解説 $ax-1<x+1$ より，$(a-1)x<2$
(1) 解が $x<1$ となるためには，不等号の向きを考えると，$a-1>0$
このとき，$x<\dfrac{2}{a-1}$ となるから，$\dfrac{2}{a-1}=1$
(2) 解が $x>-3$ となるためには，不等号の向きを考えると，$a-1<0$
このとき，$x>\dfrac{2}{a-1}$ となるから，$\dfrac{2}{a-1}=-3$

問7 $a<-1$
解説 (i) $a=0$ のとき，1次不等式 $4x-3<0$ となり，条件に適さない。
(ii) $a≠0$ のとき，2次不等式 $ax^2+4x+a-3<0$ となる。
この解がすべての実数となるためには，左辺の値がつねに負となればよい。
よって，2次方程式 $ax^2+4x+a-3=0$ の判別式を D とすると，$a<0$ かつ $D<0$
となればよい。

2 (1) $a>2$ のとき $x>\dfrac{3}{2-a}$, $a=2$ のとき すべての実数, $a<2$ のとき $x<\dfrac{3}{2-a}$

(2) $a>1$ のとき $x>-a$, $a=1$ のとき 解なし, $a<1$ のとき $x<-a$

(3) $a>1$ のとき $\dfrac{1}{a}\leqq x\leqq a$, $a=1$ のとき $x=1$, $0<a<1$ のとき $a\leqq x\leqq\dfrac{1}{a}$,

$a=0$ のとき $x\geqq 0$, $-1<a<0$ のとき $x\leqq\dfrac{1}{a}$, $a\leqq x$,

$a=-1$ のとき すべての実数, $a<-1$ のとき $x\leqq a$, $\dfrac{1}{a}\leqq x$

(4) $a<\dfrac{1}{2}$ のとき $a<x<1-a$, $a=\dfrac{1}{2}$ のとき 解なし, $a>\dfrac{1}{2}$ のとき $1-a<x<a$

(5) $a<3$ のとき $2a\leqq x\leqq a+3$, $a=3$ のとき $x=6$, $a>3$ のとき $a+3\leqq x\leqq 2a$

(6) $a<-1$, $2<a$ のとき $a<x<a^2-2$, $a=-1$, 2 のとき 解なし,
$-1<a<2$ のとき $a^2-2<x<a$

[解説] (1) $(a-2)x>-3$ と変形して, $a-2$ の符号で場合分けする。

(2) $(a-1)x>-a(a-1)$ と変形して, $a-1$ の符号で場合分けする。

(3) $ax^2-(a^2+1)x+a\leqq 0$ と変形する。 $a=0$ のとき, $-x\leqq 0$ より, $x\geqq 0$
$a\neq 0$ のとき, $a\left(x-\dfrac{1}{a}\right)(x-a)\leqq 0$ と変形して, a の符号と, $\dfrac{1}{a}$ と a の大小関係で
場合分けする。

(i) $a>0$ のとき, $\left(x-\dfrac{1}{a}\right)(x-a)\leqq 0$

$0<a<1$ のとき $\dfrac{1}{a}>a$, $a=1$ のとき $\dfrac{1}{a}=a$, $1<a$ のとき $\dfrac{1}{a}<a$

(ii) $a<0$ のとき, $\left(x-\dfrac{1}{a}\right)(x-a)\geqq 0$

$a<-1$ のとき $\dfrac{1}{a}>a$, $a=-1$ のとき $\dfrac{1}{a}=a$, $-1<a<0$ のとき $\dfrac{1}{a}<a$

(4) $(x-a)\{x-(1-a)\}<0$ と変形して, a と $1-a$ の大小関係で場合分けする。

(i) $a<1-a$ すなわち $a<\dfrac{1}{2}$ のとき, $a<x<1-a$

(ii) $a=1-a$ すなわち $a=\dfrac{1}{2}$ のとき, $\left(x-\dfrac{1}{2}\right)^2<0$ となるから, 解はない。

(iii) $a>1-a$ すなわち $a>\dfrac{1}{2}$ のとき, $1-a<x<a$

(5) $(x-2a)\{x-(a+3)\}\leqq 0$ と変形して, $2a$ と $a+3$ の大小関係で場合分けする。

(i) $2a<a+3$ すなわち $a<3$ のとき, $2a\leqq x\leqq a+3$

(ii) $2a=a+3$ すなわち $a=3$ のとき, $(x-6)^2\leqq 0$ より $x=6$

(iii) $2a>a+3$ すなわち $a>3$ のとき, $a+3\leqq x\leqq 2a$

(6) $(x-a)\{x-(a^2-2)\}<0$ と変形して, a と a^2-2 の大小関係で場合分けする。

(i) $a<a^2-2$ すなわち $a<-1$, $2<a$ のとき, $a<x<a^2-2$

(ii) $a=a^2-2$ すなわち $a=-1$, 2 のとき, $(x+1)^2<0$ または $(x-2)^2<0$ となるから, 解はない。

(iii) $a>a^2-2$ すなわち $-1<a<2$ のとき, $a^2-2<x<a$

3 $\dfrac{35}{12} \leq a \leq 3$

解説 $2ax \leq 6x+1$ より，$2(a-3)x \leq 1$ ……①
(i) $a-3>0$ すなわち $a>3$ のとき，
①の両辺を $2(a-3)$ で割って，$x \leq \dfrac{1}{2(a-3)}$
これは，解 $x \geq -6$ を満たさない x が存在するので，適さない。
(ii) $a-3=0$ すなわち $a=3$ のとき，
①は，$0 \cdot x \leq 1$ となり，解 $x \geq -6$ を満たすすべての x に対して成り立つ。
(iii) $a-3<0$ すなわち $a<3$ ……② のとき，
①の両辺を $2(a-3)$ （<0）で割って，$x \geq \dfrac{1}{2(a-3)}$
これが，解 $x \geq -6$ を満たすためには，$-6 \geq \dfrac{1}{2(a-3)}$ であればよい。
両辺に $2(a-3)$ （<0）を掛けて，$-12(a-3) \leq 1$　これを解いて，$a \geq \dfrac{35}{12}$
よって，②より，$\dfrac{35}{12} \leq a < 3$

4 $a < -\dfrac{1}{3}$

解説 (i) $a=0$ のとき，不等式は $x<0$ であるから，すべての実数 x に対して成り立たない。
(ii) $a \neq 0$ のとき，2次方程式 $ax^2+(a+1)x+a=0$ の判別式を D とすると，不等式がすべての実数 x に対して成り立つためには，$a<0$ かつ $D<0$ となればよい。
$D=(a+1)^2-4 \cdot a \cdot a = -3a^2+2a+1 = -(3a+1)(a-1)<0$

5 $a>0$ かつ $(b-1)^2-4ac<0$ かつ $(b+1)^2-4ac<0$

解説 $|x| \geq 0$ より，$ax^2+bx+c>0$ であるから，
不等式は，$-(ax^2+bx+c)<x<ax^2+bx+c$ である。
よって，解がすべての実数となるためには，$ax^2+(b-1)x+c>0$ かつ $ax^2+(b+1)x+c>0$ が成り立てばよい。
(i) $a=0$ のとき，$b-1=0$, $c>0$　かつ　$b+1=0$, $c>0$
これを同時に満たす b は存在しない。
(ii) $a \neq 0$ のとき，2次方程式 $ax^2+(b-1)x+c=0$, $ax^2+(b+1)x+c=0$ の判別式をそれぞれ D, D' とすると，不等式がすべての実数 x に対して成り立つためには，$a>0$ かつ $D<0$ かつ $D'<0$ となればよい。

問8 (1) $-3 \leq x \leq -1$, $2 \leq x$　(2) $-3<x<-1$, $1<x<3$
(3) $x \geq -\dfrac{1}{2}$
(4) $x<-\sqrt{5}$, $0<x<\sqrt{5}$
(5) $x \leq -3$, $x=0$, $3 \leq x$

解説 (1) 両辺に -1 を掛けて，
$(x+3)(x+1)(x-2) \geq 0$
左辺の各因数の符号の表は，右のようになる。

(1)
x	…	-3	…	-1	…	2	…
$x+3$	$-$	0	$+$	$+$	$+$	$+$	$+$
$x+1$	$-$	$-$	$-$	0	$+$	$+$	$+$
$x-2$	$-$	$-$	$-$	$-$	$-$	0	$+$
左辺	$-$	0	$+$	0	$-$	0	$+$

(2) 左辺を因数分解すると，
$(x+1)(x-1)(x+3)(x-3)<0$
左辺の各因数の符号の表は，右のようになる。
(3) $(2x+1)(x^2+2x+2) \geqq 0$ において，つねに
$x^2+2x+2=(x+1)^2+1>0$ であるから，$2x+1 \geqq 0$ を解けばよい。
(4) $x(x^2-5)<0$
(5) $x^2(x^2-9) \geqq 0$

(2)

x	...	-3	...	-1	...	1	...	3	...
$x+1$	$-$	$-$	$-$	0	$+$	$+$	$+$	$+$	$+$
$x-1$	$-$	$-$	$-$	$-$	$-$	0	$+$	$+$	$+$
$x+3$	$-$	0	$+$	$+$	$+$	$+$	$+$	$+$	$+$
$x-3$	$-$	$-$	$-$	$-$	$-$	$-$	$-$	0	$+$
左辺	$+$	0	$-$	0	$+$	0	$-$	0	$+$

問9 (1) -2 (2) 0 (3) 0 (4) $2a^3-3a^2-3a+2$

問10 (1) $(x+1)(x+2)(2x-1)$ (2) $(x-1)(x+2)(x^2+2x-2)$
(3) $(2x-1)(x^2+x+1)$
解説 (1) $P(x)=2x^3+5x^2+x-2$ とする。
$P(-1)=0$ より，$P(x)=(x+1)(2x^2+3x-2)$
(2) $P(x)=x^4+3x^3-2x^2-6x+4$ とする。
$P(1)=0$ より，$P(x)=(x-1)(x^3+4x^2+2x-4)$
$Q(x)=x^3+4x^2+2x-4$ とする。
$Q(-2)=0$ より，$Q(x)=(x+2)(x^2+2x-2)$
(3) $P(x)=2x^3+x^2+x-1$ とする。
$P\left(\dfrac{1}{2}\right)=0$ より，
$P(x)=\left(x-\dfrac{1}{2}\right)Q(x)=(2x-1)(x^2+x+1)$

(3)
$$\begin{array}{r} x^2+x+1 \\ 2x-1 \overline{\smash{)}2x^3+x^2+x-1} \\ \underline{2x^3-x^2} \\ 2x^2+x \\ \underline{2x^2-x} \\ 2x-1 \\ \underline{2x-1} \\ 0 \end{array}$$

問11 (1) $x<1$, $2<x<3$ (2) $1-\sqrt{2} \leqq x \leqq \dfrac{1}{2}$, $1+\sqrt{2} \leqq x$ (3) $x \leqq -\sqrt{3}$, $\sqrt{3} \leqq x \leqq 2$
(4) $-1 \leqq x \leqq 2$, $3 \leqq x$
解説 (1) $P(x)=x^3-6x^2+11x-6$ とする。
$P(1)=0$ より，$P(x)=(x-1)(x^2-5x+6)=(x-1)(x-2)(x-3)$
(2) $P(x)=2x^3-5x^2+1$ とする。
$P\left(\dfrac{1}{2}\right)=0$ より，$P(x)=(2x-1)(x^2-2x-1)$
$=(2x-1)\{x-(1+\sqrt{2})\}\{x-(1-\sqrt{2})\}$
(3) $P(x)=x^3-2x^2-3x+6$ とする。
$P(2)=0$ より，$P(x)=(x-2)(x^2-3)=(x-2)(x+\sqrt{3})(x-\sqrt{3})$
(4) $P(x)=x^3-4x^2+x+6$ とする。
$P(-1)=0$ より，$P(x)=(x+1)(x^2-5x+6)=(x+1)(x-2)(x-3)$

6 (1) $x<\dfrac{1}{4}$, $\dfrac{1}{3}<x<\dfrac{1}{2}$ (2) $x \geqq -\dfrac{3}{2}$ (3) $x=\dfrac{1}{2}$, $1 \leqq x$ (4) $-2<x<-1$, $2<x$
(5) $-1<x<2$, $2<x$ (6) $x<-1-\sqrt{3}$, $\dfrac{1}{3}<x<-1+\sqrt{3}$ (7) $x \geqq \dfrac{1}{2}$ (8) $x<3$
(9) $1 \leqq x \leqq 2$, $3 \leqq x \leqq 4$ (10) $x<-2$, $-1<x<0$, $\dfrac{1}{2}<x$ (11) $x<-\sqrt{2}$, $\sqrt{2}<x$
(12) $x<-\sqrt{3}$, $-\sqrt{3}<x<\sqrt{3}$, $\sqrt{3}<x$

|解説| 因数定理などを利用して因数分解し，左辺の符号を表やグラフを利用して考え，解を求める。
(1) 両辺に -1 を掛けて，$(2x-1)(3x-1)(4x-1)<0$
(2) $4x^3+6x^2=2x^2(2x+3)\geqq 0$
よって，$2x+3\geqq 0$
(3) $4x^3-8x^2+5x-1=(x-1)(2x-1)^2\geqq 0$
(4) 両辺に -1 を掛けて，$x^3+x^2-4x-4>0$
$x^3+x^2-4x-4=(x+1)(x+2)(x-2)>0$
(5) $x^3-3x^2+4=(x+1)(x-2)^2>0$
(6) $3x^3+5x^2-8x+2=\left(x-\dfrac{1}{3}\right)(3x^2+6x-6)$
$=(3x-1)(x^2+2x-2)<0$
(7) $8x^3-12x^2+6x-1=(2x-1)^3\geqq 0$
(8) $x^3-2x^2-2x-3=(x-3)(x^2+x+1)<0$
$x^2+x+1=\left(x+\dfrac{1}{2}\right)^2+\dfrac{3}{4}>0$ であるから，$x-3<0$
(9) $x^4-10x^3+35x^2-50x+24=(x-1)(x-2)(x-3)(x-4)\leqq 0$
(10) $2x^4+5x^3+x^2-2x=x(x+1)(x+2)(2x-1)>0$
(11) $x^4+x^2-6=(x^2+3)(x^2-2)>0$
$x^2+3>0$ であるから，$x^2-2>0$
(12) $x^4-6x^2+9=(x^2-3)^2>0$ よって，$x^2\neq 3$
|注意| (12)は，$x=\pm\sqrt{3}$ を除くすべての実数である。

問12 (1) $\dfrac{1}{x}$ (2) $\dfrac{x-3}{x+1}$ (3) $\dfrac{x-2}{x-4}$

|解説| (1) $\dfrac{x+4}{x(x+4)}$ (2) $\dfrac{(x-3)^2}{(x+1)(x-3)}$ (3) $\dfrac{(2x+1)(x-2)}{(2x+1)(x-4)}$

問13 (1) $\dfrac{3x+4}{(x+2)(x+1)}$ (2) $\dfrac{-x-5}{(x+1)(x+2)}$ (3) $\dfrac{x-3}{(x-1)(x-2)}$

|解説| (1) $\dfrac{2}{x+2}+\dfrac{1}{x+1}=\dfrac{2(x+1)+(x+2)}{(x+2)(x+1)}$

(2) $\dfrac{x-3}{x+1}-\dfrac{x-1}{x+2}=\dfrac{(x-3)(x+2)-(x-1)(x+1)}{(x+1)(x+2)}$

(3) $\dfrac{x+3}{x^2-1}-\dfrac{3}{x^2-x-2}=\dfrac{(x+3)(x-2)-3(x-1)}{(x+1)(x-1)(x-2)}=\dfrac{(x+1)(x-3)}{(x+1)(x-1)(x-2)}$

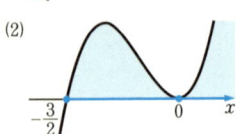

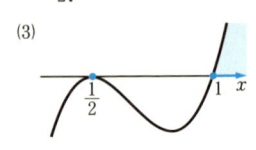

問14 (1) $-3<x<2,\ 7\leqq x$ (2) $-1<x<\dfrac{7}{3}$
(3) $x\leqq -3,\ -1<x\leqq 1$

|解説| (1) $\dfrac{1}{x-2}\leqq\dfrac{2}{x+3}$ より，$x\neq 2,\ -3$
$\dfrac{1}{x-2}-\dfrac{2}{x+3}=\dfrac{(x+3)-2(x-2)}{(x-2)(x+3)}$
$=\dfrac{-x+7}{(x-2)(x+3)}\leqq 0$

(1)
x	$\cdots$	-3	$\cdots$	2	$\cdots$	7	$\cdots$
$-x+7$	$+$	$+$	$+$	$+$	$+$	0	$-$
$x-2$	$-$	$-$	$-$	0	$+$	$+$	$+$
$x+3$	$-$	0	$+$	$+$	$+$	$+$	$+$
左辺	$+$	×	$-$	×	$+$	0	$-$

(2) $\dfrac{x^2-2x+7}{x+1}>x$ より，$x\neq -1$

$\dfrac{x^2-2x+7}{x+1}-x=\dfrac{x^2-2x+7-x(x+1)}{x+1}$

$=\dfrac{-3x+7}{x+1}>0$

(2)

x	$\cdots$	-1	$\cdots$	$\dfrac{7}{3}$	$\cdots$
$-3x+7$	$+$	$+$	$+$	0	$-$
$x+1$	$-$	0	$+$	$+$	$+$
左辺	$-$	×	$+$	0	$-$

(3) $\dfrac{4x}{x+1}\leqq 3-x$ より，$x\neq -1$

$\dfrac{4x}{x+1}-(3-x)=\dfrac{4x-(3-x)(x+1)}{x+1}$

$=\dfrac{x^2+2x-3}{x+1}$

$=\dfrac{(x+3)(x-1)}{x+1}\leqq 0$

(3)

x	$\cdots$	-3	$\cdots$	-1	$\cdots$	1	$\cdots$
$x+3$	$-$	0	$+$	$+$	$+$	$+$	$+$
$x-1$	$-$	$-$	$-$	$-$	$-$	0	$+$
$x+1$	$-$	$-$	$-$	0	$+$	$+$	$+$
左辺	$-$	0	$+$	×	$-$	0	$+$

[別解] (1) $\dfrac{1}{x-2}\leqq \dfrac{2}{x+3}$ より，$x\neq 2,\ -3$

両辺に $(x-2)^2(x+3)^2$ を掛けて，$(x-2)(x+3)^2\leqq 2(x-2)^2(x+3)$
$(x-2)(x+3)^2-2(x-2)^2(x+3)=(x-2)(x+3)\{(x+3)-2(x-2)\}$
$=(x-2)(x+3)(-x+7)\leqq 0$

(2) $\dfrac{x^2-2x+7}{x+1}>x$ より，$x\neq -1$

両辺に $(x+1)^2$ を掛けて，$(x^2-2x+7)(x+1)>x(x+1)^2$
$(x^2-2x+7)(x+1)-x(x+1)^2=(x+1)\{x^2-2x+7-x(x+1)\}$
$=(x+1)(-3x+7)>0$

(3) $\dfrac{4x}{x+1}\leqq 3-x$ より，$x\neq -1$

両辺に $(x+1)^2$ を掛けて，$4x(x+1)\leqq (3-x)(x+1)^2$
$4x(x+1)-(3-x)(x+1)^2=(x+1)\{4x-(3-x)(x+1)\}=(x+1)(x^2+2x-3)$
$=(x+1)(x+3)(x-1)\leqq 0$

7 (1) $x\leqq -2,\ 1<x$ (2) $x<2$ (3) $x<-1,\ 1<x\leqq 3$ (4) $-2<x<0,\ 2<x$

[解説] (1) $\dfrac{x+2}{x-1}\geqq 0$ より，$x\neq 1$　　各因数の符号の表を利用して，解を求める。

(2) $\dfrac{2x}{x-2}<1-x$ より，$x\neq 2$

$\dfrac{2x}{x-2}-(1-x)=\dfrac{2x-(1-x)(x-2)}{x-2}=\dfrac{x^2-x+2}{x-2}<0$

ここで，$x^2-x+2=\left(x-\dfrac{1}{2}\right)^2+\dfrac{7}{4}>0$ となるから，$x-2<0$

(3) $\dfrac{1}{x-1}\geqq \dfrac{2}{x+1}$ より，$x\neq \pm 1$

$\dfrac{1}{x-1}-\dfrac{2}{x+1}=\dfrac{(x+1)-2(x-1)}{(x-1)(x+1)}=\dfrac{-x+3}{(x-1)(x+1)}\geqq 0$

(4) $\dfrac{4-x^2}{4+x^2}<\dfrac{2-x}{2+x}$ より，$x\neq -2$

$$\frac{4-x^2}{4+x^2}-\frac{2-x}{2+x}=\frac{(4-x^2)(2+x)-(2-x)(4+x^2)}{(4+x^2)(2+x)}=\frac{-4x(x-2)}{(x^2+4)(x+2)}<0$$

ここで，$x^2+4≧0$ となるから，$\dfrac{-4x(x-2)}{x+2}<0$

別解 (1) $x≠1$ のとき，両辺に $(x-1)^2$ を掛けて，$(x+2)(x-1)≧0$

(2) $x≠2$ のとき，両辺に $(x-2)^2$ を掛けて，$2x(x-2)<(1-x)(x-2)^2$

$(x-2)\{2x-(1-x)(x-2)\}=(x-2)(x^2-x+2)=(x-2)\left\{\left(x-\dfrac{1}{2}\right)^2+\dfrac{7}{4}\right\}<0$

(3) $x≠±1$ のとき，
両辺に $(x-1)^2(x+1)^2$ を掛けて，
$(x+1)^2(x-1)≧2(x+1)(x-1)^2$
$(x+1)(x-1)\{x+1-2(x-1)\}$
$=(x+1)(x-1)(-x+3)≧0$
両辺に -1 を掛けて，$(x+1)(x-1)(x-3)≦0$

(3) $(x+1)(x-1)(x-3)≦0$

(4) $x≠-2$ のとき，
両辺に $(4+x^2)(2+x)^2$ を掛けて，
$(4-x^2)(2+x)^2<(2-x)(4+x^2)(2+x)$
$(2+x)\{(4-x^2)(2+x)-(2-x)(4+x^2)\}$
$=(2+x)(8x-4x^2)=-4x(x+2)(x-2)<0$
両辺に -1 を掛けて，$4x(x+2)(x-2)>0$

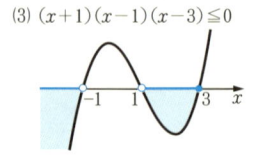

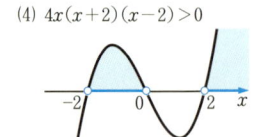

(4) $4x(x+2)(x-2)>0$

問15 (1) $4<x≦5$ (2) $-\dfrac{11}{2}≦x≦-1$

解説 (1) $\sqrt{5-x}$ において，根号内は 0 以上であるから，
$5-x≧0$ すなわち $x≦5$ ……①
このとき，$x-3>0$ すなわち $x>3$ ……②　①，②より，$3<x≦5$
$\sqrt{5-x}<x-3$ の両辺を 2 乗して，$5-x<(x-3)^2$
整理して，$x^2-5x+4>0$ より，$x<1$，$4<x$

(2) $\sqrt{2x+11}$ において，根号内は 0 以上であるから，
$2x+11≧0$ すなわち $x≧-\dfrac{11}{2}$ ……①
$\sqrt{2x+11}≧0$ であるから，
(i) $x+4<0$ すなわち $x<-4$ のとき，不等式はつねに成り立つ。
よって，①より，$-\dfrac{11}{2}≦x<-4$
(ii) $x+4≧0$ すなわち $x≧-4$ ……② のとき，不等式の両辺はともに正であるから，
両辺を 2 乗して，$2x+11≧(x+4)^2$
整理して，$x^2+6x+5≦0$ より，$-5≦x≦-1$　よって，②より，$-4≦x≦-1$

問16 (1) $-6-4\sqrt{3}≦a≦-6+4\sqrt{3}$ (2) $-2-2\sqrt{2}≦a≦-2+2\sqrt{2}$

解説 (1) $f(x)≧g(x)$ より，$x^2-2x+2≧-x^2+ax+a$
整理して，$2x^2-(a+2)x+2-a≧0$ ……①
2次方程式 $2x^2-(a+2)x+2-a=0$ の判別式を D とすると，
すべての実数 x に対して，不等式①が成り立つためには，$D≦0$ となればよい。
よって，$D=\{-(a+2)\}^2-4·2·(2-a)=a^2+12a-12≦0$

(2) $f(x)=x^2-2x+2=(x-1)^2+1$

$g(x) = -x^2 + ax + a = -\left(x - \dfrac{a}{2}\right)^2 + \dfrac{a^2}{4} + a$

すべての実数 s, t に対して $f(s) \geqq g(t)$ が成り立つための条件は，（$f(x)$ の最小値）$\geqq$（$g(x)$ の最大値）である。

よって，$1 \geqq \dfrac{a^2}{4} + a$ 　整理して，$a^2 + 4a - 4 \leqq 0$

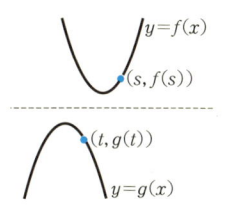

問17 (1) $a > 0$ 　(2) $a < -2$, $0 < a$

解説 $f(x) > g(x)$ より，$ax^2 + 3a > 2ax - a^2$
整理して，$ax^2 - 2ax + a^2 + 3a > 0$ ……①
(1) すべての実数 x に対して不等式①が成り立つための条件を考える。
(i) $a = 0$ のとき，不等式は成り立たないので，$a = 0$ は適さない。
(ii) $a \neq 0$ のとき，条件を満たすためには，$ax^2 - 2ax + a^2 + 3a = 0$ の判別式を D とすると，$a > 0$ かつ $D < 0$ となればよい。

$\dfrac{D}{4} = (-a)^2 - a \cdot (a^2 + 3a) = -a^2(a + 2) < 0$ 　　$a^2(a + 2) > 0$

$a^2 (>0)$ で両辺を割って，$a + 2 > 0$ 　よって，$a > -2$
ゆえに，$a > 0$ との共通部分は，$a > 0$
(2) ある実数 x に対して，不等式①が成り立つための条件を考える。
(1)より，$a > 0$ は適するが，$a = 0$ は適さない。
また，$a < 0$ のとき，条件を満たすためには，$ax^2 - 2ax + a^2 + 3a = 0$ の判別式を D とすると，$D > 0$ となればよい。

$\dfrac{D}{4} = -a^2(a + 2) > 0$ 　　$a^2(a + 2) < 0$ 　　$a + 2 < 0$

よって，$a < -2$ 　　これは $a < 0$ を満たす。

1 $-7 < k < 9$

解説 $|x - 1| < 6$ より，$-5 < x < 7$ ……①
$|x - k| < 2$ より，$k - 2 < x < k + 2$ ……②
ともに満たす x が存在するためには，①，②に
共通部分があればよい。　よって，$-5 < k + 2$ かつ $k - 2 < 7$

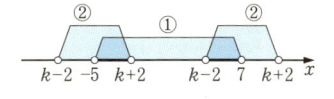

2 $a < 5$

解説 $x^2 + 2x - 3 < 0$ より，$-3 < x < 1$ ……①
$|x - a| > 2a - 2$ において，
(i) $2a - 2 < 0$ すなわち $a < 1$ のとき，
$|x - a| \geqq 0$ であるから，不等式はつねに成り立つ。
よって，x はすべての実数となるので，①との共通部分は存在する。
ゆえに，$a < 1$
(ii) $2a - 2 \geqq 0$ すなわち $a \geqq 1$ ……② のとき，
$x - a < -(2a - 2)$ または $2a - 2 < x - a$
すなわち，$x < -a + 2$ または $3a - 2 < x$
これと①との共通部分が存在するためには，
$-3 < -a + 2$ または $3a - 2 < 1$ となればよい。
これと②より，$1 \leqq a < 5$

参考 (ii)は，次のように解いてもよい。
(ii) $2a - 2 \geqq 0$ すなわち $a \geqq 1$ ……② のとき，
両辺を2乗して，$|x - a|^2 > (2a - 2)^2$ 　　$(x - a)^2 > (2a - 2)^2$

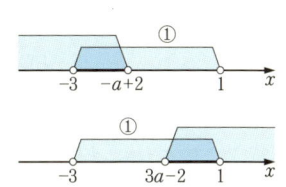

$(x-a)^2-(2a-2)^2=\{(x-a)+(2a-2)\}\{(x-a)-(2a-2)\}$
$=\{x+(a-2)\}\{x-(3a-2)\}>0$
ここで，②より，$-a+2 \leq 3a-2$ であるから，不等式の解は，$x<-a+2$, $3a-2<x$
これと①との共通部分が存在するためには，$-3<-a+2$ または $3a-2<1$ となればよい。これと②より，$1 \leq a < 5$

3 $x > -\dfrac{3}{2}$

解説 $p(x+2)+q(x-1)>0$ より，$(p+q)x > -2p+q$ ……①
$p+q=0$ のときは条件を満たさないので，$p+q \neq 0$
①を満たす x の値の範囲が $x < \dfrac{1}{2}$ であるから，不等号の向きを考えて，
$p+q < 0$ ……② かつ $\dfrac{-2p+q}{p+q} = \dfrac{1}{2}$ ……③
③より，$2(-2p+q) = p+q$ $q = 5p$ ……④
④を②に代入して，$6p < 0$ よって，$p < 0$ ……⑤
④を $q(x+2)+p(x-1)<0$ に代入して，$6px < -9p$ よって，⑤より，$x > \dfrac{-9p}{6p}$

4 $-\dfrac{7}{2} \leq a \leq \dfrac{7}{5}$

解説 $x^2+16x+63<0$ より，$-9<x<-7$ ……①
$x^2+3ax-10a^2=(x+5a)(x-2a)>0$
(i) $a<0$ ……② のとき，$-5a>0$, $2a<0$ より，
$2a<-5a$ となるから，$x<2a$, $-5a<x$ ……③
①を満たすすべての実数 x に対して③が成り立つためには，$-7 \leq 2a$ となればよい。 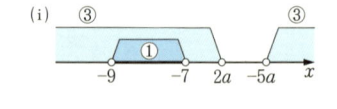
これと②より，$-\dfrac{7}{2} \leq a < 0$

(ii) $a=0$ のとき，$x^2>0$ となるから，x は 0 以外のすべての実数。よって，①を満たす。

(iii) $a>0$ ……④ のとき，$-5a<0$, $2a>0$ より，
$-5a<2a$ となるから，$x<-5a$, $2a<x$ ……⑤
①を満たすすべての実数 x に対して⑤が成り立つためには，$-7 \leq -5a$ となればよい。 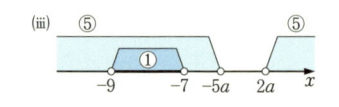
これと④より，$0 < a \leq \dfrac{7}{5}$

5 (1) $f(x)=(x^2-2x+a)(x^2-2x+a-10)$ (2) $-2<x<4$ (3) $a>11$

解説 (1) $x^2-2x=t$ とおく。
$f(x)=t^2+(2a-10)t+a^2-10a=t^2+(2a-10)t+a(a-10)=(t+a)(t+a-10)$
(2) $a=2$ のとき，$f(x)=(x^2-2x+2)(x^2-2x-8)=(x^2-2x+2)(x+2)(x-4)$
ここで，$x^2-2x+2=(x-1)^2+1>0$ であるから，$f(x)<0$ となるためには，
$(x+2)(x-4)<0$ である。
(3) つねに，$x^2-2x+a > x^2-2x+a-10$ である。
このとき，すべての実数 x に対して，$f(x)>0$ となるためには，x^2-2x+a と
$x^2-2x+a-10$ が同符号となればよい。
$y=x^2-2x+a$, $y=x^2-2x+a-10$ とすると，2つの関数のグラフは，ともに x 軸と

共有点をもってはいけない。（もつと, $f(x)=0$ になってしまう。）
2次方程式 $x^2-2x+a=0$, $x^2-2x+a-10=0$ の判別式をそれぞれ D, D' とすると, $D<0$, $D'<0$ となればよい。
$\dfrac{D}{4}=(-1)^2-1\cdot a<0$　　$\dfrac{D'}{4}=(-1)^2-1\cdot(a-10)<0$　　ゆえに, $a>11$
このとき, $x^2-2x+a>0$, $x^2-2x+a-10>0$ となり, 適する。

6 (1) $-\sqrt{3}\leqq a\leqq -1$, $1\leqq a\leqq \sqrt{3}$　(2) $b\leqq -6$, $0\leqq b\leqq 2$

[解説] (1) b について整理して, $P=b^2-2(2a^2-3)b+a^4\geqq 0$
この不等式がすべての実数 b について成り立つためには, b についての2次方程式 $b^2-2(2a^2-3)b+a^4=0$ の判別式を D とすると, $D\leqq 0$ となればよい。
$\dfrac{D}{4}=\{-(2a^2-3)\}^2-1\cdot a^4=\{(2a^2-3)+a^2\}\{(2a^2-3)-a^2\}=3(a^2-1)(a^2-3)\leqq 0$
ゆえに, $1\leqq a^2\leqq 3$
(2) a について整理して, $P=a^4-4ba^2+b^2+6b\geqq 0$
この不等式がすべての実数 a について成り立つための条件を求める。
$a^2=t$ ($t\geqq 0$) とおくと, $P=t^2-4bt+b^2+6b=(t-2b)^2-3b^2+6b$
$t\geqq 0$ のすべての実数 t に対して, $P\geqq 0$ となればよい。
(i) $2b\geqq 0$ すなわち $b\geqq 0$ のとき,
$-3b^2+6b=-3b(b-2)\geqq 0$
(ii) $2b<0$ すなわち $b<0$ のとき,
$t=0$ で $P\geqq 0$ となればよい。
$P=b^2+6b=b(b+6)\geqq 0$

7 $x<-1$, $1<x<3$, $4<x$

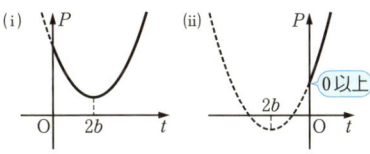

[解説] $(x^2-3x-4)(|x-2|-1)>0$ より, $(x+1)(x-4)(|x-2|-1)>0$
(i) $x-2\geqq 0$ すなわち $x\geqq 2$ ……① のとき, 不等式は, $(x+1)(x-4)(x-3)>0$
ここで, ①より, $x+1>0$ であるから, $(x-4)(x-3)>0$ より, $x<3$, $4<x$
よって, ①より, $2\leqq x<3$, $4<x$
(ii) $x-2<0$ すなわち $x<2$ ……② のとき, 不等式は $(x+1)(x-4)(-x+1)>0$
両辺に -1 を掛けて, $(x+1)(x-4)(x-1)<0$
ここで, ②より, $x-4<0$ であるから, $(x+1)(x-1)>0$ より, $x<-1$, $1<x$
よって, ②より, $x<-1$, $1<x<2$

[別解] $|x-2|+1>0$ より, 両辺に $|x-2|+1$ を掛けて,
$(x^2-3x-4)(|x-2|-1)(|x-2|+1)>0$
$(x^2-3x-4)(|x-2|^2-1^2)>0$　　$(x+1)(x-4)\{(x-2)^2-1\}>0$
$(x+1)(x-4)\{(x-2)+1\}\{(x-2)-1\}>0$　　$(x+1)(x-4)(x-1)(x-3)>0$

8 $a>\dfrac{1+\sqrt{2}}{2}$ のとき すべての実数, $a=\dfrac{1+\sqrt{2}}{2}$ のとき $x<\sqrt{2}-1$, $\sqrt{2}-1<x$,
$0<a<\dfrac{1+\sqrt{2}}{2}$ のとき $x<\dfrac{1-\sqrt{-4a^2+4a+1}}{2a}$, $\dfrac{1+\sqrt{-4a^2+4a+1}}{2a}<x$,
$a=0$ のとき $x<-1$,
$\dfrac{1-\sqrt{2}}{2}<a<0$ のとき $\dfrac{1+\sqrt{-4a^2+4a+1}}{2a}<x<\dfrac{1-\sqrt{-4a^2+4a+1}}{2a}$,
$a\leqq \dfrac{1-\sqrt{2}}{2}$ のとき 解なし

|解説| $a=0$ のとき，$-x-1>0$

$a\neq 0$ のとき，2次方程式 $ax^2-x+a-1=0$ ……① より，$x=\dfrac{1\pm\sqrt{-4a^2+4a+1}}{2a}$

①の判別式 $D=-4a^2+4a+1=0$ より，$a=\dfrac{1\pm\sqrt{2}}{2}$

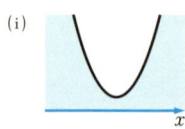

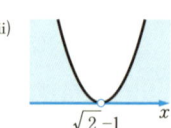

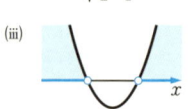

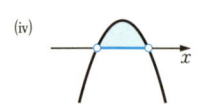

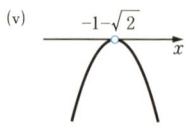

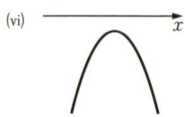

(i) $a>\dfrac{1+\sqrt{2}}{2}$ のとき，$a>0$ かつ $D<0$

(ii) $a=\dfrac{1+\sqrt{2}}{2}$ のとき，$a>0$ かつ $D=0$

このとき，2次方程式①は重解 $x=\dfrac{1}{2a}=\dfrac{1}{1+\sqrt{2}}=\sqrt{2}-1$

をもつので，不等式は $\dfrac{1+\sqrt{2}}{2}\{x-(\sqrt{2}-1)\}^2>0$

(iii) $0<a<\dfrac{1+\sqrt{2}}{2}$ のとき，$a>0$ かつ $D>0$

$a>0$ より，$\dfrac{1-\sqrt{-4a^2+4a+1}}{2a}<\dfrac{1+\sqrt{-4a^2+4a+1}}{2a}$

(iv) $\dfrac{1-\sqrt{2}}{2}<a<0$ のとき，$a<0$ かつ $D>0$

$a<0$ より，$\dfrac{1+\sqrt{-4a^2+4a+1}}{2a}<\dfrac{1-\sqrt{-4a^2+4a+1}}{2a}$

に注意する。

(v) $a=\dfrac{1-\sqrt{2}}{2}$ のとき，$a<0$ かつ $D=0$

不等式は $\dfrac{1-\sqrt{2}}{2}\{x-(-1-\sqrt{2})\}^2>0$

(vi) $a<\dfrac{1-\sqrt{2}}{2}$ のとき，$a<0$ かつ $D<0$

9 $\dfrac{-\sqrt{5}-3}{2}\leqq x\leqq\dfrac{\sqrt{5}-3}{2}$，$\dfrac{-\sqrt{5}+3}{2}\leqq x\leqq\dfrac{\sqrt{5}+3}{2}$

|解説| $-\sqrt{5}\leqq x-\dfrac{1}{x}\leqq\sqrt{5}$ ……① より，$x\neq 0$

(i) $x>0$ ……② のとき，①の各辺に x を掛けて，$-\sqrt{5}\,x\leqq x^2-1\leqq\sqrt{5}\,x$

$-\sqrt{5}\,x\leqq x^2-1$ より，$x^2+\sqrt{5}\,x-1\geqq 0$ を解いて，

$x\leqq\dfrac{-\sqrt{5}-3}{2}$，$\dfrac{-\sqrt{5}+3}{2}\leqq x$ ……③

$x^2-1\leqq\sqrt{5}\,x$ より，$x^2-\sqrt{5}\,x-1\leqq 0$ を解いて，$\dfrac{\sqrt{5}-3}{2}\leqq x\leqq\dfrac{\sqrt{5}+3}{2}$ ……④

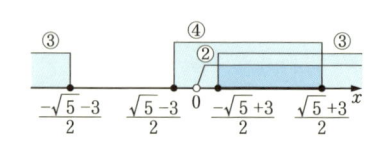

②，③，④の共通部分は，

$\dfrac{-\sqrt{5}+3}{2}\leqq x\leqq\dfrac{\sqrt{5}+3}{2}$

(ii) $x<0$ ……⑤ のとき，①の各辺に x を掛けて，$-\sqrt{5}\,x \geq x^2-1 \geq \sqrt{5}\,x$

$-\sqrt{5}\,x \geq x^2-1$ より，$x^2+\sqrt{5}\,x-1 \leq 0$ を解いて，

$\dfrac{-\sqrt{5}-3}{2} \leq x \leq \dfrac{-\sqrt{5}+3}{2}$ ……⑥

$x^2-1 \geq \sqrt{5}\,x$ より，$x^2-\sqrt{5}\,x-1 \geq 0$ を解いて，$x \leq \dfrac{\sqrt{5}-3}{2}$，$\dfrac{\sqrt{5}+3}{2} \leq x$ ……⑦

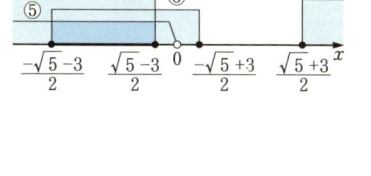

⑤，⑥，⑦の共通部分は，

$\dfrac{-\sqrt{5}-3}{2} \leq x \leq \dfrac{\sqrt{5}-3}{2}$

参考 (ii)は，次のように(i)を利用してもよい。

(ii) $x<0$ のとき，$x=-t$ とおくと，$t>0$

①に代入して，$-\sqrt{5} \leq -t+\dfrac{1}{t} \leq \sqrt{5}$

各辺に -1 を掛けて，$-\sqrt{5} \leq t-\dfrac{1}{t} \leq \sqrt{5}$

(i)より，$\dfrac{-\sqrt{5}+3}{2} \leq t \leq \dfrac{\sqrt{5}+3}{2}$

$t=-x$ であるから，$\dfrac{-\sqrt{5}+3}{2} \leq -x \leq \dfrac{\sqrt{5}+3}{2}$

各辺に -1 を掛けて，$-\dfrac{\sqrt{5}+3}{2} \leq x \leq -\dfrac{-\sqrt{5}+3}{2}$

10 $0<a \leq 4$ のとき $0<x<1$，

$4<a$ のとき $0<x<1$，$\dfrac{a-\sqrt{a^2-4a}}{2} < x < \dfrac{a+\sqrt{a^2-4a}}{2}$

解説 $\dfrac{a}{x}-\dfrac{1}{x-1}>1$ より，$x \neq 0, 1$　また，$a>0$ ……①

$\dfrac{a}{x}-\dfrac{1}{x-1}-1 = \dfrac{a(x-1)-x-x(x-1)}{x(x-1)} = \dfrac{-(x^2-ax+a)}{x(x-1)} > 0$ より，

$\dfrac{x^2-ax+a}{x(x-1)} < 0$ ……②

ここで，2次方程式 $x^2-ax+a=0$ の判別式を D とすると，

$D=(-a)^2-4\cdot 1\cdot a = a(a-4)$

(i) $D>0$ すなわち $a<0$，$4<a$ のとき，①より，$a>4$

このとき，2次方程式 $x^2-ax+a=0$ を解いて，$x=\dfrac{a\pm\sqrt{a^2-4a}}{2}$

また，$f(x)=x^2-ax+a=\left(x-\dfrac{a}{2}\right)^2-\dfrac{a^2-4a}{4}$ とおくと，

$\dfrac{a}{2}>2$ かつ $f(1)=1>0$ であるから，$y=f(x)$ のグラフは右の図のようになる。

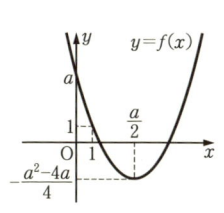

よって，$1<\dfrac{a-\sqrt{a^2-4a}}{2}<\dfrac{a+\sqrt{a^2-4a}}{2}$

x	$\cdots$	0	$\cdots$	1	$\cdots$	$\dfrac{a-\sqrt{a^2-4a}}{2}$	$\cdots$	$\dfrac{a+\sqrt{a^2-4a}}{2}$	$\cdots$
x^2-ax+a	+	+	+	+	+	0	−	0	+
x	−	0	+	+	+	+	+	+	+
$x-1$	−	−	−	0	+	+	+	+	+
②の左辺	+	×	−	×	+	0	−	0	+

上の表より,不等式②の解は,$0<x<1$, $\dfrac{a-\sqrt{a^2-4a}}{2}<x<\dfrac{a+\sqrt{a^2-4a}}{2}$

(ii) $D=0$ すなわち $a=0, 4$ のとき,①より,$a=4$

②は,$\dfrac{x^2-4x+4}{x(x-1)}=\dfrac{(x-2)^2}{x(x-1)}<0$ ……③

$x=2$ のとき,(左辺)$=0$ となり,不等式は成り立たない。 よって,$x\neq 2$

$(x-2)^2>0$ であるから,③の両辺を $(x-2)^2$ で割って,$\dfrac{1}{x(x-1)}<0$

よって,$0<x<1$

(iii) $D<0$ すなわち $0<a<4$ のとき,つねに $x^2-ax+a>0$ である。

②の両辺を x^2-ax+a で割って,$\dfrac{1}{x(x-1)}<0$ よって,$0<x<1$

11 $\dfrac{2}{5}\leq a\leq 2$

解説 x についての2次不等式とみて,$P(x)=x^2-2(a-1)yx+y^2+(a-2)y+1$ とおく。

すべての実数 x に対して,$P(x)\geq 0$ が成り立つためには,x^2 の係数は正より,$P(x)=0$ の判別式を D とすると,$D\leq 0$ となればよい。

よって,$\dfrac{D}{4}=\{-(a-1)y\}^2-1\cdot\{y^2+(a-2)y+1\}\leq 0$

y について整理して,$a(a-2)y^2-(a-2)y-1\leq 0$ ……①

不等式①を,y についての不等式とみて,すべての実数 y に対して,不等式①が成り立つための条件を考えると,

(i) $a=0$ のとき,①は $2y-1\leq 0$ となり,不等式が成り立たない実数 y が存在するので,適さない。

(ii) $a=2$ のとき,①は $0\cdot y^2-0\cdot y-1\leq 0$ となり,すべての実数 y に対して成り立つ。

(iii) $a\neq 0, 2$ ……② のとき,$Q(y)=a(a-2)y^2-(a-2)y-1$ とおく。

すべての実数 y に対して,$Q(y)\leq 0$ が成り立つためには,$Q(y)=0$ の判別式を D' とすると,$a(a-2)<0$ かつ $D'\leq 0$ となればよい。

$a(a-2)<0$ よって,$0<a<2$ ……③

$D'=\{-(a-2)\}^2-4\cdot a(a-2)\cdot(-1)\leq 0$ $(a-2)\{(a-2)+4a\}\leq 0$

よって,$\dfrac{2}{5}\leq a\leq 2$ ……④

②,③,④より,$\dfrac{2}{5}\leq a<2$

4章 不等式の証明

問1 (1) $x^2+y^2+5-(2x-4y)=(x^2-2x+1)+(y^2+4y+4)=(x-1)^2+(y+2)^2 \geqq 0$
ゆえに, $x^2+y^2+5 \geqq 2x-4y$ 等号が成り立つのは, $x=1$, $y=-2$ のときである。

(2) $x^2+4-3x=\left(x-\dfrac{3}{2}\right)^2-\dfrac{9}{4}+4=\left(x-\dfrac{3}{2}\right)^2+\dfrac{7}{4}>0$
ゆえに, $x^2+4>3x$

(3) $a^2-ab+b^2-(a+b-1)=a^2-(b+1)a+b^2-b+1$
$=\left(a-\dfrac{b+1}{2}\right)^2-\left(\dfrac{b+1}{2}\right)^2+b^2-b+1=\left(a-\dfrac{b+1}{2}\right)^2+\dfrac{3}{4}b^2-\dfrac{3}{2}b+\dfrac{3}{4}$
$=\left(a-\dfrac{b+1}{2}\right)^2+\dfrac{3}{4}(b-1)^2 \geqq 0$ ゆえに, $a^2-ab+b^2 \geqq a+b-1$
等号が成り立つのは, $a-\dfrac{b+1}{2}=0$ かつ $b-1=0$
すなわち, $a=b=1$ のときである。

(4) $x^2-4xy+6y^2+2x-8y+4=x^2-2(2y-1)x+6y^2-8y+4$
$=\{x-(2y-1)\}^2-(2y-1)^2+6y^2-8y+4=(x-2y+1)^2+2y^2-4y+3$
$=(x-2y+1)^2+2(y-1)^2+1>0$ ゆえに, $x^2-4xy+6y^2+2x-8y+4>0$

[別証] (3) $a^2-ab+b^2-(a+b-1)=\dfrac{1}{2}(2a^2-2ab+2b^2-2a-2b+2)$
$=\dfrac{1}{2}\{(a^2-2ab+b^2)+(a^2-2a+1)+(b^2-2b+1)\}$
$=\dfrac{1}{2}\{(a-b)^2+(a-1)^2+(b-1)^2\} \geqq 0$ ゆえに, $a^2-ab+b^2 \geqq a+b-1$
等号が成り立つのは, $a-b=0$ かつ $a-1=0$ かつ $b-1=0$
すなわち, $a=b=1$ のときである。

問2 (1) $\dfrac{2}{a^2+6}-\dfrac{1}{2a^2+3}=\dfrac{2(2a^2+3)-(a^2+6)}{(a^2+6)(2a^2+3)}=\dfrac{3a^2}{(a^2+6)(2a^2+3)}$
$a^2+6>0$, $2a^2+3>0$, $a^2 \geqq 0$ であるから, $\dfrac{3a^2}{(a^2+6)(2a^2+3)} \geqq 0$
ゆえに, $\dfrac{1}{2a^2+3} \leqq \dfrac{2}{a^2+6}$ 等号が成り立つのは, $a=0$ のときである。

(2) $\dfrac{a^2-3a+4}{a^2+3a+4}-\dfrac{1}{7}=\dfrac{7(a^2-3a+4)-(a^2+3a+4)}{7(a^2+3a+4)}=\dfrac{6(a-2)^2}{7(a^2+3a+4)}$
$a^2+3a+4=\left(a+\dfrac{3}{2}\right)^2+\dfrac{7}{4}>0$, $(a-2)^2 \geqq 0$ であるから, $\dfrac{6(a-2)^2}{7(a^2+3a+4)} \geqq 0$
ゆえに, $\dfrac{a^2-3a+4}{a^2+3a+4} \geqq \dfrac{1}{7}$ 等号が成り立つのは, $a=2$ のときである。

(3) $\dfrac{1}{a^2+1}-\dfrac{a}{a^4+1}=\dfrac{a^4+1-a(a^2+1)}{(a^2+1)(a^4+1)}=\dfrac{a^3(a-1)-(a-1)}{(a^2+1)(a^4+1)}=\dfrac{(a-1)(a^3-1)}{(a^2+1)(a^4+1)}$
$=\dfrac{(a-1)^2(a^2+a+1)}{(a^2+1)(a^4+1)}$

$a^2+1>0$, $a^4+1>0$, $(a-1)^2 \geq 0$, $a^2+a+1=\left(a+\dfrac{1}{2}\right)^2+\dfrac{3}{4}>0$ であるから,

$$\dfrac{(a-1)^2(a^2+a+1)}{(a^2+1)(a^4+1)} \geq 0$$

ゆえに, $\dfrac{a}{a^4+1} \leq \dfrac{1}{a^2+1}$　　等号が成り立つのは, $a=1$ のときである。

問3 (1)(i) $|b| \geq |a|$ のとき, $|a+b| \geq 0$, $|b|-|a| \geq 0$ より, 平方の差を考えると,
$|a+b|^2-(|b|-|a|)^2=(a+b)^2-(|a|^2-2|a|\cdot|b|+|b|^2)$
$=a^2+2ab+b^2-(a^2-2|ab|+b^2)=2(ab+|ab|) \geq 0$
よって, $|a+b|^2 \geq (|b|-|a|)^2$　　$|a+b| \geq 0$, $|b|-|a| \geq 0$ であるから,
$|a+b| \geq |b|-|a|$　　すなわち, $|a+b|+|a| \geq |b|$
等号が成り立つのは, $|ab|=-ab$　　すなわち, $ab \leq 0$ のときである。
(ii) $|b|<|a|$ のとき, $|a+b| \geq 0$, $|b|-|a|<0$ より, $|a+b|>|b|-|a|$
すなわち, $|a+b|+|a|>|b|$
(i), (ii)より, $|a+b|+|a| \geq |b|$　　等号が成り立つのは, $ab \leq 0$ のときである。
(2) 両辺とも負ではないので, 両辺の平方の差を考えると,
$(\sqrt{2}\sqrt{a^2+b^2})^2-(|a|+|b|)^2=a^2-2|a|\cdot|b|+b^2=(|a|-|b|)^2 \geq 0$
よって, $(\sqrt{2}\sqrt{a^2+b^2})^2 \geq (|a|+|b|)^2$
$\sqrt{2}\sqrt{a^2+b^2} \geq 0$, $|a|+|b| \geq 0$ であるから, $\sqrt{2}\sqrt{a^2+b^2} \geq |a|+|b|$
等号が成り立つのは, $|a|=|b|$ のときである。
参考 (1) 例題3(1)において, a に $a+b$, b に $-a$ を代入すると,
$|(a+b)+(-a)| \leq |a+b|+|-a|$ より, $|b| \leq |a+b|+|a|$
等号が成り立つのは, $-a(a+b) \geq 0$ より, $ab \leq -a^2$
すなわち, $ab \leq 0$ のときである。

問4 (1) $(a+c)b-(ac+b^2)=a(b-c)-b(b-c)=(a-b)(b-c)$
$a>b>c$ より, $a-b>0$, $b-c>0$ であるから, $(a-b)(b-c)>0$
ゆえに, $(a+c)b>ac+b^2$
(2) $\dfrac{1}{2}\left(\dfrac{1}{a}+\dfrac{1}{b}\right)-\dfrac{2}{a+b}=\dfrac{a+b}{2ab}-\dfrac{2}{a+b}=\dfrac{(a+b)^2-4ab}{2ab(a+b)}$
$=\dfrac{a^2-2ab+b^2}{2ab(a+b)}=\dfrac{(a-b)^2}{2ab(a+b)}$

$a>0$, $b>0$ より, $ab(a+b)>0$, $(a-b)^2 \geq 0$ であるから, $\dfrac{(a-b)^2}{2ab(a+b)} \geq 0$

ゆえに, $\dfrac{1}{2}\left(\dfrac{1}{a}+\dfrac{1}{b}\right) \geq \dfrac{2}{a+b}$　　等号が成り立つのは, $a=b$ のときである。

問5 (1) $ab-(a+b)=(a-1)(b-1)-1$
$a>2$, $b>2$ より, $a-1>1$, $b-1>1$ であるから, $(a-1)(b-1)-1>1\cdot 1-1=0$
ゆえに, $ab>a+b$
(2) $c>2$, $d>2$ より, (1)と同様にして, $cd>c+d$　　(1)の結果より, $ab>a+b$
辺々を加えて, $ab+cd>a+b+c+d$ ……①
また, $ab>2\cdot 2>2$, $cd>2\cdot 2>2$ であるから, (1)を利用して,
$ab\cdot cd>ab+cd$ ……②
①, ②より, $abcd>ab+cd>a+b+c+d$　　ゆえに, $abcd>a+b+c+d$

別証 (1) $ab>0$ であるから, $P=\dfrac{a+b}{ab}$ とおくと, $P=\dfrac{1}{b}+\dfrac{1}{a}$

ここで，$a>2$，$b>2$ より，$\dfrac{1}{a}<\dfrac{1}{2}$，$\dfrac{1}{b}<\dfrac{1}{2}$

よって，$P=\dfrac{1}{b}+\dfrac{1}{a}<\dfrac{1}{2}+\dfrac{1}{2}=1$ すなわち，$\dfrac{a+b}{ab}<1$

$ab>0$ であるから，$ab>a+b$

[別証] (1) $A=a-2$，$B=b-2$ とおくと，$A>0$，$B>0$，$AB>0$
$ab-(a+b)=(A+2)(B+2)-(A+B+4)=AB+A+B>0$
ゆえに，$ab>a+b$

[別証] (2) $abcd>0$ であるから，$P=\dfrac{a+b+c+d}{abcd}$ とおくと，

$P=\dfrac{1}{bcd}+\dfrac{1}{acd}+\dfrac{1}{abd}+\dfrac{1}{abc}$

ここで，$bcd>8$，$acd>8$，$abd>8$，$abc>8$ であるから，

$\dfrac{1}{bcd}<\dfrac{1}{8}$，$\dfrac{1}{acd}<\dfrac{1}{8}$，$\dfrac{1}{abd}<\dfrac{1}{8}$，$\dfrac{1}{abc}<\dfrac{1}{8}$

よって，$P<\dfrac{1}{8}+\dfrac{1}{8}+\dfrac{1}{8}+\dfrac{1}{8}=\dfrac{1}{2}<1$ すなわち，$\dfrac{a+b+c+d}{abcd}<1$

$abcd>0$ であるから，$abcd>a+b+c+d$

[解説] $A>B$ の証明には，差 $A-B$ が正であることを証明する以外に，$A>0$，$B>0$ であるとき，$P=\dfrac{A}{B}$ とおいて，$P>1$ であることを証明する方法がある。
差 $A-B>0$ を証明しづらいときには，試してみるとよい。

問 6 (1) 両辺はともに 0 以上であるから，両辺の平方の差を考えると，
$(\sqrt{a^2p+b^2q})^2-|ap+bq|^2=a^2p+b^2q-(ap+bq)^2$
$=a^2p+b^2q-(a^2p^2+2abpq+b^2q^2)=a^2p(1-p)-2abpq+b^2q(1-q)$
$p+q=1$ より，$1-p=q$，$1-q=p$ であるから，
$a^2pq-2abpq+b^2pq=pq(a^2-2ab+b^2)=pq(a-b)^2$
$p\geqq 0$，$q\geqq 0$，$(a-b)^2\geqq 0$ であるから，$pq(a-b)^2\geqq 0$
よって，$|ap+bq|^2\leqq(\sqrt{a^2p+b^2q})^2$ ゆえに，$|ap+bq|\leqq\sqrt{a^2p+b^2q}$
等号が成り立つのは，$p=0$ または $q=0$ または $a=b$ のときである。
(2) $a+b=2$ より，$a=2-b$，$b=2-a$ であるから，
$2(a^2+b^2)-(a^3+b^3)=a^2(2-a)+b^2(2-b)=a^2b+ab^2=ab(a+b)=2ab>0$
ゆえに，$a^3+b^3<2(a^2+b^2)$

[別証] (2) $2(a^2+b^2)-(a^3+b^3)=2(a^2+b^2)-(a+b)(a^2-ab+b^2)$
$=2(a^2+b^2)-2(a^2-ab+b^2)=2ab>0$

問 7 (i) $1-3(ab+bc+ca)=(a+b+c)^2-3ab-3bc-3ca$
$=a^2+b^2+c^2-ab-bc-ca$
$=\dfrac{1}{2}\{(a^2-2ab+b^2)+(b^2-2bc+c^2)+(c^2-2ca+a^2)\}$
$=\dfrac{1}{2}\{(a-b)^2+(b-c)^2+(c-a)^2\}\geqq 0$

よって，$1\geqq 3(ab+bc+ca)$ ゆえに，$ab+bc+ca\leqq\dfrac{1}{3}$

等号が成り立つのは，$a=b=c=\dfrac{1}{3}$ のときである。

(ii) $3(a^2+b^2+c^2)-1=3a^2+3b^2+3c^2-(a+b+c)^2$
$=2a^2+2b^2+2c^2-2ab-2bc-2ca=(a-b)^2+(b-c)^2+(c-a)^2\geq 0$
よって，$3(a^2+b^2+c^2)\geq 1$　　ゆえに，$\dfrac{1}{3}\leq a^2+b^2+c^2$

等号が成り立つのは，$a=b=c=\dfrac{1}{3}$ のときである。

(i), (ii)より，$ab+bc+ca\leq\dfrac{1}{3}\leq a^2+b^2+c^2$

等号が成り立つのは，$a=b=c=\dfrac{1}{3}$ のときである。

[別証] $c=1-a-b$ を代入する。

(i) $\dfrac{1}{3}-(ab+bc+ca)=\dfrac{1}{3}-\{ab+b(1-a-b)+(1-a-b)\cdot a\}$
$=a^2+(b-1)a+b^2-b+\dfrac{1}{3}=\left(a+\dfrac{b-1}{2}\right)^2+\dfrac{3}{4}\left(b-\dfrac{1}{3}\right)^2\geq 0$

ゆえに，$ab+bc+ca\leq\dfrac{1}{3}$

等号が成り立つのは，$a+\dfrac{b-1}{2}=0$ かつ $b-\dfrac{1}{3}=0$

すなわち，$a=b=c=\dfrac{1}{3}$ のときである。

(ii) $a^2+b^2+c^2-\dfrac{1}{3}=a^2+b^2+(1-a-b)^2-\dfrac{1}{3}=2a^2+2(b-1)a+2b^2-2b+\dfrac{2}{3}$
$=2\left(a+\dfrac{b-1}{2}\right)^2+\dfrac{3}{2}\left(b-\dfrac{1}{3}\right)^2\geq 0$　　ゆえに，$\dfrac{1}{3}\leq a^2+b^2+c^2$

等号が成り立つのは，$a+\dfrac{b-1}{2}=0$ かつ $b-\dfrac{1}{3}=0$

すなわち，$a=b=c=\dfrac{1}{3}$ のときである。

(i), (ii)より，$ab+bc+ca\leq\dfrac{1}{3}\leq a^2+b^2+c^2$

等号が成り立つのは，$a=b=c=\dfrac{1}{3}$ のときである。

問8 (1) a, ab, 1, $\dfrac{a^2+b^2}{2}$, b　(2) $\dfrac{2}{a}$, $\dfrac{a+2}{a+1}$, $\sqrt{2}$, $\dfrac{a}{2}+\dfrac{1}{a}$

[解説] (1) たとえば，$a=\dfrac{1}{2}$, $b=\dfrac{3}{2}$ とすると，$ab=\dfrac{3}{4}$, $\dfrac{a^2+b^2}{2}=\dfrac{5}{4}$ であるから，
$a<ab<1<\dfrac{a^2+b^2}{2}<b$ であると見通しを立てる。

最初に，b を消去した式で比べるために，a の値の範囲を調べる。
$0<a<b$, $a+b=2$ より，$0<a<1$
(i) $ab-a=a(2-a)-a=a(1-a)>0$
(ii) $1-ab=1-a(2-a)=(a-1)^2>0$
(iii) $\dfrac{a^2+b^2}{2}-1=\dfrac{a^2+(2-a)^2}{2}-1=(a-1)^2>0$

(iv) $b - \dfrac{a^2+b^2}{2} = (2-a) - \dfrac{a^2+(2-a)^2}{2} = a - a^2 = a(1-a) > 0$

(2) たとえば, $a=2$ とすると, $\dfrac{a+2}{a+1} = \dfrac{4}{3}$, $\dfrac{a}{2} + \dfrac{1}{a} = \dfrac{3}{2}$, $\dfrac{2}{a} = 1$ であるから,

$\dfrac{2}{a} < \dfrac{a+2}{a+1} < \sqrt{2} < \dfrac{a}{2} + \dfrac{1}{a}$ であると見通しを立てる。

(i) $\dfrac{a+2}{a+1} - \dfrac{2}{a} = \dfrac{a^2-2}{a(a+1)} = \dfrac{(a+\sqrt{2})(a-\sqrt{2})}{a(a+1)} > 0$

(ii) $\sqrt{2} - \dfrac{a+2}{a+1} = \dfrac{(\sqrt{2}-1)(a-\sqrt{2})}{a+1} > 0$

(iii) $\dfrac{a}{2} + \dfrac{1}{a} - \sqrt{2} = \dfrac{(a-\sqrt{2})^2}{2a} > 0$

1 (1) $3x^2 + 2x + 1 = 3\left(x + \dfrac{1}{3}\right)^2 + \dfrac{2}{3} > 0$

(2) $x^2 + y^2 - 8(x-y-4) = x^2 - 8x + 16 + y^2 + 8y + 16 = (x-4)^2 + (y+4)^2 \geqq 0$
ゆえに, $x^2 + y^2 \geqq 8(x-y-4)$ 　等号が成り立つのは, $x=4$, $y=-4$ のときである。

(3) $x^2 + 6xy + 11y^2 = (x+3y)^2 + 2y^2 \geqq 0$
等号が成り立つのは, $x+3y=0$ かつ $y=0$ 　すなわち, $x=y=0$ のときである。

(4) $2(x^2+y^2) - 3xy = 2\left(x^2 - \dfrac{3}{2}xy\right) + 2y^2 = 2\left(x - \dfrac{3}{4}y\right)^2 + \dfrac{7}{8}y^2 \geqq 0$
ゆえに, $2(x^2+y^2) \geqq 3xy$
等号が成り立つのは, $x - \dfrac{3}{4}y = 0$ かつ $y=0$ 　すなわち, $x=y=0$ のときである。

(5) $x^2 + 10y^2 - 2(3xy+2y-2) = x^2 - 6xy + 9y^2 + y^2 - 4y + 4 = (x-3y)^2 + (y-2)^2 \geqq 0$
ゆえに, $x^2 + 10y^2 \geqq 2(3xy+2y-2)$
等号が成り立つのは, $x-3y=0$ かつ $y-2=0$
すなわち, $x=6$, $y=2$ のときである。

(6) $x^2 - xy + y^2 + x - 2y + 2 = x^2 - (y-1)x + y^2 - 2y + 2$
$= \left(x - \dfrac{y-1}{2}\right)^2 + \dfrac{3}{4}(y-1)^2 + 1 > 0$

(7) $a^2 + b^2 + c^2 - (2a-b+2c)b = a^2 - 2ab + b^2 + b^2 - 2bc + c^2 = (a-b)^2 + (b-c)^2 \geqq 0$
ゆえに, $a^2 + b^2 + c^2 \geqq (2a-b+2c)b$
等号が成り立つのは, $a-b=0$ かつ $b-c=0$ 　すなわち, $a=b=c$ のときである。

(8) $a^2 + 6b^2 + 5c^2 - (4ab - 4bc + 6c - 3)$
$= a^2 - 4ab + 4b^2 + 2b^2 + 4bc + 2c^2 + 3c^2 - 6c + 3 = (a-2b)^2 + 2(b+c)^2 + 3(c-1)^2 \geqq 0$
ゆえに, $a^2 + 6b^2 + 5c^2 \geqq 4ab - 4bc + 6c - 3$
等号が成り立つのは, $a-2b=0$ かつ $b+c=0$ かつ $c-1=0$
すなわち, $a=-2$, $b=-1$, $c=1$ のときである。

(9) $a^2 + ab + b^2 + 3c(a+b+c) = a^2 + (b+3c)a + b^2 + 3bc + 3c^2$
$= \left(a + \dfrac{b+3c}{2}\right)^2 + \dfrac{3}{4}(b+c)^2 \geqq 0$

等号が成り立つのは, $a + \dfrac{b+3c}{2} = 0$ かつ $b+c=0$
すなわち, $a=b=-c$ のときである。

(10) (i) $\dfrac{x^2+x+1}{x^2+1}-\dfrac{1}{2}=\dfrac{2(x^2+x+1)-(x^2+1)}{2(x^2+1)}=\dfrac{x^2+2x+1}{2(x^2+1)}=\dfrac{(x+1)^2}{2(x^2+1)}\geqq 0$

よって，$\dfrac{x^2+x+1}{x^2+1}\geqq\dfrac{1}{2}$

等号が成り立つのは，$x+1=0$ すなわち，$x=-1$ のときである。

(ii) $\dfrac{3}{2}-\dfrac{x^2+x+1}{x^2+1}=\dfrac{3(x^2+1)-2(x^2+x+1)}{2(x^2+1)}=\dfrac{x^2-2x+1}{2(x^2+1)}=\dfrac{(x-1)^2}{2(x^2+1)}\geqq 0$

よって，$\dfrac{3}{2}\geqq\dfrac{x^2+x+1}{x^2+1}$

等号が成り立つのは，$x-1=0$ すなわち，$x=1$ のときである。

(i), (ii)より，$\dfrac{1}{2}\leqq\dfrac{x^2+x+1}{x^2+1}\leqq\dfrac{3}{2}$

左の等号が成り立つのは，$x=-1$ のときである。
右の等号が成り立つのは，$x=1$ のときである。

(11) 各辺とも負ではないので，平方の差を考える。

(i) $(|x|+2|y|)^2-(\sqrt{x^2+y^2})^2=x^2+4|x||y|+4y^2-(x^2+y^2)=4|xy|+3y^2\geqq 0$

よって，$(\sqrt{x^2+y^2})^2\leqq(|x|+2|y|)^2$ ゆえに，$\sqrt{x^2+y^2}\leqq|x|+2|y|$

等号が成り立つのは，$xy=0$ かつ $y=0$ すなわち，$y=0$ のときである。

(ii) $(\sqrt{5}\sqrt{x^2+y^2})^2-(|x|+2|y|)^2=5(x^2+y^2)-(x^2+4|x||y|+4y^2)$
$=4x^2-4|xy|+y^2=(2|x|-|y|)^2\geqq 0$

よって，$(|x|+2|y|)^2\leqq(\sqrt{5}\sqrt{x^2+y^2})^2$ ゆえに，$|x|+2|y|\leqq\sqrt{5}\sqrt{x^2+y^2}$

等号が成り立つのは，$2|x|-|y|=0$ すなわち，$2|x|=|y|$ のときである。

(i), (ii)より，$\sqrt{x^2+y^2}\leqq|x|+2|y|\leqq\sqrt{5}\sqrt{x^2+y^2}$

左の等号が成り立つのは，$y=0$ のときである。
右の等号が成り立つのは，$2|x|=|y|$ のときである。

2 (1) $(ac+bd)\left(\dfrac{a}{c}+\dfrac{b}{d}\right)-(a+b)^2=a^2+\dfrac{abc}{d}+\dfrac{abd}{c}+b^2-(a^2+2ab+b^2)$

$=\dfrac{ab(c^2-2cd+d^2)}{cd}=\dfrac{ab(c-d)^2}{cd}$

$ab>0$，$(c-d)^2\geqq 0$，$cd>0$ であるから，$\dfrac{ab(c-d)^2}{cd}\geqq 0$

ゆえに，$(ac+bd)\left(\dfrac{a}{c}+\dfrac{b}{d}\right)\geqq(a+b)^2$

等号が成り立つのは，$c=d$ のときである。

(2) 両辺はともに0以上であるから，両辺の平方の差を考えると，
$(\sqrt{ax+by})^2-(a\sqrt{x}+b\sqrt{y})^2=ax+by-(a^2x+2ab\sqrt{xy}+b^2y)$
$=a(1-a)x+b(1-b)y-2ab\sqrt{xy}$

$a+b=1$ より，$1-a=b$，$1-b=a$ であるから，
$abx+aby-2ab\sqrt{xy}=ab(x-2\sqrt{xy}+y)=ab(\sqrt{x}-\sqrt{y})^2$

$ab>0$，$(\sqrt{x}-\sqrt{y})^2\geqq 0$ であるから，$ab(\sqrt{x}-\sqrt{y})^2\geqq 0$

よって，$(\sqrt{ax+by})^2\geqq(a\sqrt{x}+b\sqrt{y})^2$

ゆえに，$\sqrt{ax+by}\geqq a\sqrt{x}+b\sqrt{y}$

等号が成り立つのは，$x=y$ のときである。

(3) $a+b=c$ より，$c^2-(a^2+b^2)=(a+b)^2-a^2-b^2=2ab$
$ab>0$ であるから，$2ab>0$　　ゆえに，$c^2>a^2+b^2$　すなわち，$a^2+b^2<c^2$
(4) 両辺はともに正であるから，両辺の平方の差を考えると，$a^2+b^2=c^2$ より，
$(c^3)^2-(a^3+b^3)^2=(c^2)^3-(a^3+b^3)^2=(a^2+b^2)^3-(a^3+b^3)^2$
$=a^6+3a^4b^2+3a^2b^4+b^6-(a^6+2a^3b^3+b^6)=3a^4b^2+3a^2b^4-2a^3b^3$
$=a^2b^2(3a^2-2ab+3b^2)=a^2b^2\left\{3\left(a-\dfrac{b}{3}\right)^2+\dfrac{8}{3}b^2\right\}$
$a>0$，$b>0$ より，$a^2b^2>0$，$3\left(a-\dfrac{b}{3}\right)^2+\dfrac{8}{3}b^2>0$ であるから，
$a^2b^2\left\{3\left(a-\dfrac{b}{3}\right)^2+\dfrac{8}{3}b^2\right\}>0$
よって，$(a^3+b^3)^2<(c^3)^2$　　ゆえに，$a^3+b^3<c^3$

3 (1) $3(a^3+b^3+c^3)-(a+b+c)(a^2+b^2+c^2)$
$=2(a^3+b^3+c^3)-a^2(b+c)-b^2(c+a)-c^2(a+b)$
$=a^2(a-b)+a^2(a-c)+b^2(b-c)+b^2(b-a)+c^2(c-a)+c^2(c-b)$
$=(a-b)(a^2-b^2)+(b-c)(b^2-c^2)+(c-a)(c^2-a^2)$
$=(a-b)^2(a+b)+(b-c)^2(b+c)+(c-a)^2(c+a)$
$(a-b)^2\geqq 0$，$a+b>0$，$(b-c)^2\geqq 0$，$b+c>0$，$(c-a)^2\geqq 0$，$c+a>0$ であるから，
$(a-b)^2(a+b)+(b-c)^2(b+c)+(c-a)^2(c+a)\geqq 0$
ゆえに，$3(a^3+b^3+c^3)\geqq(a+b+c)(a^2+b^2+c^2)$
等号が成り立つのは，$a-b=0$ かつ $b-c=0$ かつ $c-a=0$
すなわち，$a=b=c$ のときである。
(2) (1)の結果より，
$9(a^3+b^3+c^3)-(a+b+c)^3\geqq 3(a+b+c)(a^2+b^2+c^2)-(a+b+c)^3$
$=(a+b+c)\{3(a^2+b^2+c^2)-(a+b+c)^2\}$
$=(a+b+c)(2a^2+2b^2+2c^2-2ab-2bc-2ca)$
$=(a+b+c)\{(a-b)^2+(b-c)^2+(c-a)^2\}$
$a+b+c>0$，$(a-b)^2\geqq 0$，$(b-c)^2\geqq 0$，$(c-a)^2\geqq 0$ であるから，
$(a+b+c)\{(a-b)^2+(b-c)^2+(c-a)^2\}\geqq 0$
よって，$9(a^3+b^3+c^3)-(a+b+c)^3\geqq 0$　　ゆえに，$9(a^3+b^3+c^3)\geqq(a+b+c)^3$
等号が成り立つのは，$a=b=c$ のときである。

4 (i) $ab+bc+ca-1=\{(a-1)(b-1)+a+b-1\}+\{(b-1)(c-1)+b+c-1\}$
　　　　　　　　　　　　　$+\{(c-1)(a-1)+c+a-1\}-1$
$=(a-1)(b-1)+(b-1)(c-1)+(c-1)(a-1)+2(a+b+c)-4$
$a+b+c=2$ より，$ab+bc+ca-1=(a-1)(b-1)+(b-1)(c-1)+(c-1)(a-1)$
また，$a<1$，$b<1$，$c<1$ より，$a-1<0$，$b-1<0$，$c-1<0$ であるから，
$(a-1)(b-1)>0$，$(b-1)(c-1)>0$，$(c-1)(a-1)>0$
よって，$ab+bc+ca-1>0$　　ゆえに，$ab+bc+ca>1$
(ii) $a+b+c=2$ より，$\dfrac{4}{3}-(ab+bc+ca)=\dfrac{1}{3}\{2^2-3(ab+bc+ca)\}$
$=\dfrac{1}{3}\{(a+b+c)^2-3(ab+bc+ca)\}=\dfrac{1}{3}(a^2+b^2+c^2-ab-bc-ca)$
$=\dfrac{1}{6}(2a^2+2b^2+2c^2-2ab-2bc-2ca)$

$$= \frac{1}{6}(a^2-2ab+b^2+b^2-2bc+c^2+c^2-2ca+a^2)$$
$$= \frac{1}{6}\{(a-b)^2+(b-c)^2+(c-a)^2\} \geq 0 \quad \text{ゆえに、} ab+bc+ca \leq \frac{4}{3}$$

等号が成り立つのは、$a=b=c$ かつ $a+b+c=2$

すなわち、$a=b=c=\frac{2}{3}$ のときである。

(i), (ii)より、$1<ab+bc+ca\leq\frac{4}{3}$

等号が成り立つのは、$a=b=c=\frac{2}{3}$ のときである。

[別証] $A=1-a$, $B=1-b$, $C=1-c$ とおくと、$A>0$, $B>0$, $C>0$
(i) $ab+bc+ca-1=(1-A)(1-B)+(1-B)(1-C)+(1-C)(1-A)-1$
$=AB+BC+CA-2(A+B+C)+2$
ここで、$A+B+C=3-(a+b+c)=3-2=1$ であるから、
$ab+bc+ca-1=AB+BC+CA>0$ ゆえに、$1<ab+bc+ca$

(ii) $\frac{4}{3}-(ab+bc+ca)=\frac{4}{3}-(AB+BC+CA+1)$

ここで、$A+B+C=1$ より、$C=1-A-B$ であるから、
$\frac{4}{3}-AB-B(1-A-B)-(1-A-B)\cdot A-1=A^2+(B-1)\cdot A+B^2-B+\frac{1}{3}$
$=\left(A+\frac{B-1}{2}\right)^2+\frac{3}{4}\left(B-\frac{1}{3}\right)^2 \geq 0$

ゆえに、$ab+bc+ca\leq\frac{4}{3}$ 等号が成り立つのは、$A+\frac{B-1}{2}=0$ かつ $B-\frac{1}{3}=0$

すなわち、$A=B=C=\frac{1}{3}$ のときより、$a=b=c=\frac{2}{3}$ のときである。

(i), (ii)より、$1<ab+bc+ca\leq\frac{4}{3}$

等号が成り立つのは、$a=b=c=\frac{2}{3}$ のときである。

5 (i) $\frac{2a+c}{2b+d}-\frac{a}{b}=\frac{b(2a+c)-a(2b+d)}{b(2b+d)}=\frac{bc-ad}{b(2a+d)}$

$a>0$, $b>0$, $c>0$, $d>0$ より、$2a+d>0$ また、$\frac{a}{b}\leq\frac{c}{d}$ より、$ad\leq bc$

すなわち、$bc-ad\geq 0$ であるから、$\frac{bc-ad}{b(2a+d)}\geq 0$ ゆえに、$\frac{a}{b}\leq\frac{2a+c}{2b+d}$

等号が成り立つのは、$bc-ad=0$ すなわち、$ad=bc$ のときである。

(ii) $\frac{c}{d}-\frac{2a+c}{2b+d}=\frac{c(2b+d)-d(2a+c)}{d(2b+d)}=\frac{2(bc-ad)}{d(2b+d)}$

$d>0$, $2b+d>0$, $bc-ad\geq 0$ であるから、$\frac{2(bc-ad)}{d(2b+d)}\geq 0$ ゆえに、$\frac{2a+c}{2b+d}\leq\frac{c}{d}$

等号が成り立つのは、$ad=bc$ のときである。

(i), (ii)より、$\frac{a}{b}\leq\frac{2a+c}{2b+d}\leq\frac{c}{d}$ 等号が成り立つのは、$ad=bc$ のときである。

6 $\dfrac{2}{2-b}$, $\sqrt{1+a}=\dfrac{1}{\sqrt{1-b}}$, $1+\dfrac{a}{2}$

[解説] たとえば，$a=1$ とすると，$\dfrac{1}{b}-\dfrac{1}{a}=1$ より，$b=\dfrac{1}{2}$

$1+\dfrac{a}{2}=\dfrac{3}{2}$, $\dfrac{2}{2-b}=\dfrac{4}{3}$, $\sqrt{1+a}=\sqrt{2}$, $\dfrac{1}{\sqrt{1-b}}=\sqrt{2}$ であるから，

$\dfrac{2}{2-b}<\sqrt{1+a}=\dfrac{1}{\sqrt{1-b}}<1+\dfrac{a}{2}$ であると見通しを立てる。

$a>0$ のとき，$b=\dfrac{a}{a+1}=1-\dfrac{1}{a+1}$ より，$0<b<1$ である。

よって，4つの数はすべて正の数であるから，平方の差で考える。

$\left(1+\dfrac{a}{2}\right)^2-(\sqrt{1+a})^2=1+a+\dfrac{a^2}{4}-(1+a)=\dfrac{a^2}{4}>0$

$b=1-\dfrac{1}{a+1}$ より，$\dfrac{1}{1+a}=1-b$ であるから，$1+a=\dfrac{1}{1-b}$

よって，$\sqrt{1+a}=\dfrac{1}{\sqrt{1-b}}$

$\left(\dfrac{1}{\sqrt{1-b}}\right)^2-\left(\dfrac{2}{2-b}\right)^2=\dfrac{1}{1-b}-\dfrac{4}{(2-b)^2}=\dfrac{(2-b)^2-4(1-b)}{(1-b)(2-b)^2}$

$=\dfrac{b^2}{(1-b)(2-b)^2}>0$

問9 (1) $3a+3b>0$，$\dfrac{1}{a+b}>0$ であるから，相加平均と相乗平均の関係より，

$3a+3b+\dfrac{1}{a+b}=3(a+b)+\dfrac{1}{a+b}\geqq 2\sqrt{3(a+b)\cdot\dfrac{1}{a+b}}=2\sqrt{3}$

等号が成り立つのは，$a+b=\dfrac{\sqrt{3}}{3}$ のときである。

(2) $\left(\dfrac{a}{b}+\dfrac{c}{d}\right)\left(\dfrac{b}{a}+\dfrac{d}{c}\right)=1+\dfrac{ad}{bc}+\dfrac{bc}{ad}+1=\dfrac{ad}{bc}+\dfrac{bc}{ad}+2$

$\dfrac{ad}{bc}>0$，$\dfrac{bc}{ad}>0$ であるから，相加平均と相乗平均の関係より，

$\dfrac{ad}{bc}+\dfrac{bc}{ad}+2\geqq 2\sqrt{\dfrac{ad}{bc}\cdot\dfrac{bc}{ad}}+2=4$

ゆえに，$\left(\dfrac{a}{b}+\dfrac{c}{d}\right)\left(\dfrac{b}{a}+\dfrac{d}{c}\right)\geqq 4$

等号が成り立つのは，$\dfrac{ad}{bc}=\dfrac{bc}{ad}$ すなわち，$ad=bc$ のときである。

問10 (1) $x=\sqrt{3}$ のとき，最小値 $2\sqrt{3}-4$ (2) $6a=b$ のとき，最小値 49

(3) $x=6$, $y=\dfrac{3}{2}$ のとき，最小値 12 (4) $x=3$, $y=2$ のとき，最大値 6

[解説] (1) $\dfrac{x^2-4x+3}{x}=x-4+\dfrac{3}{x}=x+\dfrac{3}{x}-4$

$x>0$，$\dfrac{3}{x}>0$ であるから，相加平均と相乗平均の関係より，

$x + \dfrac{3}{x} - 4 \geqq 2\sqrt{x \cdot \dfrac{3}{x}} - 4 = 2\sqrt{3} - 4$　　等号が成り立つのは，$x = \dfrac{3}{x}$ のときである．

(2) $(a+b)\left(\dfrac{1}{a} + \dfrac{36}{b}\right) = \dfrac{b}{a} + \dfrac{36a}{b} + 37$

$\dfrac{b}{a} > 0$, $\dfrac{36a}{b} > 0$ であるから，相加平均と相乗平均の関係より，

$\dfrac{b}{a} + \dfrac{36a}{b} + 37 \geqq 2\sqrt{\dfrac{b}{a} \cdot \dfrac{36a}{b}} + 37 = 12 + 37 = 49$

等号が成り立つのは，$\dfrac{b}{a} = \dfrac{36a}{b}$ のときである．

(3) $x > 0$, $4y > 0$ であるから，相加平均と相乗平均の関係より，
$x + 4y \geqq 2\sqrt{x \cdot 4y} = 4\sqrt{xy} = 12$
等号が成り立つのは，$x = 4y$ かつ $xy = 9$ のときである．

(4) $2x > 0$, $3y > 0$ であるから，相加平均と相乗平均の関係より，
$2x + 3y \geqq 2\sqrt{2x \cdot 3y} = 2\sqrt{6}\sqrt{xy}$　　よって，$\sqrt{xy} \leqq \dfrac{2x + 3y}{2\sqrt{6}} = \sqrt{6}$

両辺はともに正であるから，両辺を 2 乗して，$xy \leqq 6$
等号が成り立つのは，$2x = 3y$ かつ $2x + 3y = 12$ のときである．

問11 (1) $\dfrac{bc}{a} > 0$, $\dfrac{ca}{b} > 0$, $\dfrac{ab}{c} > 0$ であるから，相加平均と相乗平均の関係より，

$\dfrac{1}{2}\left(\dfrac{bc}{a} + \dfrac{ca}{b}\right) \geqq \sqrt{\dfrac{bc}{a} \cdot \dfrac{ca}{b}} = \sqrt{c^2} = c$ ……①

$\dfrac{1}{2}\left(\dfrac{ca}{b} + \dfrac{ab}{c}\right) \geqq \sqrt{\dfrac{ca}{b} \cdot \dfrac{ab}{c}} = \sqrt{a^2} = a$ ……②

$\dfrac{1}{2}\left(\dfrac{ab}{c} + \dfrac{bc}{a}\right) \geqq \sqrt{\dfrac{ab}{c} \cdot \dfrac{bc}{a}} = \sqrt{b^2} = b$ ……③

①〜③の辺々を加えて，$\dfrac{1}{2}\left\{\left(\dfrac{bc}{a} + \dfrac{ca}{b}\right) + \left(\dfrac{ca}{b} + \dfrac{ab}{c}\right) + \left(\dfrac{ab}{c} + \dfrac{bc}{a}\right)\right\} \geqq c + a + b$

ゆえに，$\dfrac{bc}{a} + \dfrac{ca}{b} + \dfrac{ab}{c} \geqq a + b + c$

等号が成り立つのは，$\dfrac{bc}{a} = \dfrac{ca}{b}$ かつ $\dfrac{ca}{b} = \dfrac{ab}{c}$ かつ $\dfrac{ab}{c} = \dfrac{bc}{a}$ のときであるから，
$a^2 = b^2 = c^2$　　よって，$a > 0$, $b > 0$, $c > 0$ より，$a = b = c$ のときである．

(2) $ab > 0$, $cd > 0$, $ac > 0$, $bd > 0$ であるから，相加平均と相乗平均の関係より，
$ab + cd \geqq 2\sqrt{ab \cdot cd}$, $ac + bd \geqq 2\sqrt{ac \cdot bd}$
それぞれの両辺は正であるから，辺々を掛けて，
$(ab + cd)(ac + bd) \geqq 2\sqrt{abcd} \cdot 2\sqrt{abcd} = 4abcd$
等号が成り立つのは，$ab = cd$ かつ $ac = bd$
すなわち，$a = d$, $b = c$ のときである．

(3) $a > 0$, $b > 0$, $c > 0$, $d > 0$ であるから，相加平均と相乗平均の関係より，
$a + b \geqq 2\sqrt{ab}$ ……①, $b + c \geqq 2\sqrt{bc}$ ……②, $c + d \geqq 2\sqrt{cd}$ ……③,
$d + a \geqq 2\sqrt{da}$ ……④
①〜④の両辺は正であるから，①〜④の辺々を掛けて，

$(a+b)(b+c)(c+d)(d+a) \geq 2\sqrt{ab} \cdot 2\sqrt{bc} \cdot 2\sqrt{cd} \cdot 2\sqrt{da}$
$= 16\sqrt{a^2b^2c^2d^2} = 16abcd$

等号が成り立つのは，$a=b$ かつ $b=c$ かつ $c=d$ かつ $d=a$
すなわち，$a=b=c=d$ のときである。

問12 $m<9$

解説 $(a+b)\left(\dfrac{1}{a}+\dfrac{4}{b}\right) = \dfrac{4a}{b} + \dfrac{b}{a} + 5$

$\dfrac{4a}{b}>0$, $\dfrac{b}{a}>0$ であるから，相加平均と相乗平均の関係より，

$\dfrac{4a}{b} + \dfrac{b}{a} + 5 \geq 2\sqrt{\dfrac{4a}{b} \cdot \dfrac{b}{a}} + 5 = 4 + 5 = 9$

等号が成り立つのは，$\dfrac{4a}{b} = \dfrac{b}{a}$ かつ $a>0$, $b>0$ より，$2a=b$ のときである。

問13 (1) $2a^2>0$, $\dfrac{b}{2a}>0$, $\dfrac{1}{ab}>0$ であるから，相加平均と相乗平均の関係より，

$2a^2 + \dfrac{b}{2a} + \dfrac{1}{ab} \geq 3\sqrt[3]{2a^2 \cdot \dfrac{b}{2a} \cdot \dfrac{1}{ab}} = 3$

等号が成り立つのは，$2a^2 = \dfrac{b}{2a} = \dfrac{1}{ab}$ のときであるから，$3 \cdot 2a^2 = 3$ より，$a^2 = \dfrac{1}{2}$

$a>0$ より，$a = \dfrac{1}{\sqrt{2}}$

また，$2a^2 = \dfrac{b}{2a}$ より，$b = 4a^3 = 4 \cdot \left(\dfrac{1}{\sqrt{2}}\right)^3 = \sqrt{2}$

ゆえに，$a = \dfrac{\sqrt{2}}{2}$, $b = \sqrt{2}$ のときである。

(2) $a+b+c = \dfrac{1}{2}\{(b+c)+(c+a)+(a+b)\}$ とすると，$b+c>0$, $c+a>0$, $a+b>0$ であるから，相加平均と相乗平均の関係より，

$\dfrac{1}{2}\{(b+c)+(c+a)+(a+b)\} \geq \dfrac{1}{2} \cdot 3\sqrt[3]{(b+c)(c+a)(a+b)}$ ……①

$\dfrac{1}{b+c} + \dfrac{1}{c+a} + \dfrac{1}{a+b} \geq 3\sqrt[3]{\dfrac{1}{b+c} \cdot \dfrac{1}{c+a} \cdot \dfrac{1}{a+b}} = 3\sqrt[3]{\dfrac{1}{(b+c)(c+a)(a+b)}}$ …②

①，②の両辺は正であるから，①，②の辺々を掛けて，

$\dfrac{1}{2}\{(b+c)+(c+a)+(a+b)\}\left(\dfrac{1}{b+c} + \dfrac{1}{c+a} + \dfrac{1}{a+b}\right)$

$\geq \dfrac{3}{2}\sqrt[3]{(b+c)(c+a)(a+b)} \cdot 3\sqrt[3]{\dfrac{1}{(b+c)(c+a)(a+b)}} = \dfrac{9}{2}$

ゆえに，$(a+b+c)\left(\dfrac{1}{b+c} + \dfrac{1}{c+a} + \dfrac{1}{a+b}\right) \geq \dfrac{9}{2}$

等号が成り立つのは，$b+c = c+a = a+b$ かつ $\dfrac{1}{b+c} = \dfrac{1}{c+a} = \dfrac{1}{a+b}$
すなわち，$a=b=c$ のときである。

(3) $a + \dfrac{32}{a^2} = \dfrac{a}{2} + \dfrac{a}{2} + \dfrac{32}{a^2}$ とすると，$\dfrac{a}{2}>0$, $\dfrac{32}{a^2}>0$ であるから，

相加平均と相乗平均の関係より，$\dfrac{a}{2}+\dfrac{a}{2}+\dfrac{32}{a^2} \geq 3\sqrt[3]{\dfrac{a}{2}\cdot\dfrac{a}{2}\cdot\dfrac{32}{a^2}} = 3\sqrt[3]{8} = 3\cdot 2 = 6$

等号が成り立つのは，$\dfrac{a}{2} = \dfrac{32}{a^2}$ より，$a^3 = 64 = 4^3$ すなわち，$a=4$ のときである。

問14 コーシー・シュワルツの不等式より，$(a^2+b^2+c^2)(x^2+y^2+z^2) \geq (ax+by+cz)^2$
$a^2+b^2+c^2 = x^2+y^2+z^2 = 1$ より，$1 \geq (ax+by+cz)^2$
ゆえに，$-1 \leq ax+by+cz \leq 1$
左の等号が成り立つのは，$a:b:c = -x:-y:-z$ かつ $a^2+b^2+c^2 = 1$ かつ $x^2+y^2+z^2 = 1$ のときである。
右の等号が成り立つのは，$a:b:c = x:y:z$ かつ $a^2+b^2+c^2 = 1$ かつ $x^2+y^2+z^2 = 1$ のときである。

問15 $x=y=z=24$ のとき，最小値 144

[解説] コーシー・シュワルツの不等式より，
$$\{(\sqrt{x})^2+(\sqrt{2y})^2+(\sqrt{3z})^2\}\left\{\left(\sqrt{\dfrac{1}{x}}\right)^2+\left(\sqrt{\dfrac{2}{y}}\right)^2+\left(\sqrt{\dfrac{3}{z}}\right)^2\right\}$$
$$\geq \left(\sqrt{x}\cdot\sqrt{\dfrac{1}{x}}+\sqrt{2y}\cdot\sqrt{\dfrac{2}{y}}+\sqrt{3z}\cdot\sqrt{\dfrac{3}{z}}\right)^2$$

すなわち，$(x+2y+3z)\left(\dfrac{1}{x}+\dfrac{2}{y}+\dfrac{3}{z}\right) \geq (1+2+3)^2$

$\dfrac{1}{x}+\dfrac{2}{y}+\dfrac{3}{z} = \dfrac{1}{4}$ より，$(x+2y+3z)\cdot\dfrac{1}{4} \geq 36$　　$x+2y+3z \geq 144$

等号が成り立つのは，$\sqrt{x}:\sqrt{2y}:\sqrt{3z} = \sqrt{\dfrac{1}{x}}:\sqrt{\dfrac{2}{y}}:\sqrt{\dfrac{3}{z}}$ かつ $\dfrac{1}{x}+\dfrac{2}{y}+\dfrac{3}{z} = \dfrac{1}{4}$ のときであるから，$x>0$, $y>0$, $z>0$ より，$\dfrac{1}{x}=\dfrac{1}{y}=\dfrac{1}{z}=\dfrac{1}{24}$ のときである。

[別解] $(x+2y+3z)\left(\dfrac{1}{x}+\dfrac{2}{y}+\dfrac{3}{z}\right) = 14+2\left(\dfrac{y}{x}+\dfrac{x}{y}\right)+6\left(\dfrac{z}{y}+\dfrac{y}{z}\right)+3\left(\dfrac{x}{z}+\dfrac{z}{x}\right)$ …①

ここで，文字はすべて正であるから，相加平均と相乗平均の関係より，
$\dfrac{y}{x}+\dfrac{x}{y} \geq 2\sqrt{\dfrac{y}{x}\cdot\dfrac{x}{y}} = 2$, $\dfrac{z}{y}+\dfrac{y}{z} \geq 2\sqrt{\dfrac{z}{y}\cdot\dfrac{y}{z}} = 2$, $\dfrac{x}{z}+\dfrac{z}{x} \geq 2\sqrt{\dfrac{x}{z}\cdot\dfrac{z}{x}} = 2$ である。

$\dfrac{1}{x}+\dfrac{2}{y}+\dfrac{3}{z} = \dfrac{1}{4}$ と①より，$(x+2y+3z)\cdot\dfrac{1}{4} \geq 14+2\cdot 2+6\cdot 2+3\cdot 2 = 36$

等号が成り立つのは，$\dfrac{y}{x}=\dfrac{x}{y}$ かつ $\dfrac{z}{y}=\dfrac{y}{z}$ かつ $\dfrac{x}{z}=\dfrac{z}{x}$ のときである。

問16 $a \geq b \geq c > 0$ としても一般性は失われない。
このとき，$a \geq b \geq c > 0$ より，$a^2 \geq b^2 \geq c^2$, $a^3 \geq b^3 \geq c^3$ であるから，
チェビシェフの不等式より，$(a^2+b^2+c^2)(a^3+b^3+c^3) \leq 3(a^2\cdot a^3+b^2\cdot b^3+c^2\cdot c^3)$
ゆえに，$(a^2+b^2+c^2)(a^3+b^3+c^3) \leq 3(a^5+b^5+c^5)$
等号が成り立つのは，$a=b=c$ のときである。

問17 三角不等式より，$|a+b+c| \leq |a+b|+|c| \leq |a|+|b|+|c|$
等号が成り立つのは，$(a+b)c \geq 0$ かつ $ab \geq 0$ のときである。
すなわち，a, b, c が同符号，または，1つが0で他の2つが同符号，または，少なくとも2つが0のときである。

7 (1) $9a>0$, $\dfrac{1}{4a}>0$ であるから，相加平均と相乗平均の関係より，

$9a+\dfrac{1}{4a} \geqq 2\sqrt{9a \cdot \dfrac{1}{4a}} = 3$

等号が成り立つのは，$9a = \dfrac{1}{4a}$ かつ $a>0$ より，$a = \dfrac{1}{6}$ のときである。

(2) $a+b>0$, $\dfrac{12}{a+b}>0$ であるから，相加平均と相乗平均の関係より，

$a+b+\dfrac{12}{a+b} \geqq 2\sqrt{(a+b) \cdot \dfrac{12}{a+b}} = 4\sqrt{3}$

等号が成り立つのは，$a+b = \dfrac{12}{a+b}$ かつ $a+b>0$ より，$a+b = 2\sqrt{3}$ のときである。

(3) $\left(a+\dfrac{1}{b}\right)\left(b+\dfrac{16}{a}\right) = ab+\dfrac{16}{ab}+17$

$ab>0$, $\dfrac{16}{ab}>0$ であるから，相加平均と相乗平均の関係より，

$ab+\dfrac{16}{ab}+17 \geqq 2\sqrt{ab \cdot \dfrac{16}{ab}}+17 = 25$　　ゆえに，$\left(a+\dfrac{1}{b}\right)\left(b+\dfrac{16}{a}\right) \geqq 25$

等号が成り立つのは，$ab = \dfrac{16}{ab}$ かつ $ab>0$ より，$ab=4$ のときである。

8 (1) $\left(x+\dfrac{9}{y}\right)\left(y+\dfrac{1}{x}\right) = xy+\dfrac{9}{xy}+10$

x, y は 0 でない同符号の実数であるから，$xy>0$, $\dfrac{9}{xy}>0$

よって，相加平均と相乗平均の関係より，

$xy+\dfrac{9}{xy}+10 \geqq 2\sqrt{xy \cdot \dfrac{9}{xy}}+10 = 16$　　ゆえに，$\left(x+\dfrac{9}{y}\right)\left(y+\dfrac{1}{x}\right) \geqq 16$

等号が成り立つのは，$xy = \dfrac{9}{xy}$ かつ $xy>0$ より，$xy=3$ のときである。

(2) $\left(a+\dfrac{2}{b}\right)\left(b+\dfrac{2}{a}\right) = ab+\dfrac{4}{ab}+4$

$a<0$, $b<0$ より，$ab>0$, $\dfrac{4}{ab}>0$ であるから，相加平均と相乗平均の関係より，

$ab+\dfrac{4}{ab}+4 \geqq 2\sqrt{ab \cdot \dfrac{4}{ab}}+4 = 8$　　ゆえに，$\left(a+\dfrac{2}{b}\right)\left(b+\dfrac{2}{a}\right) \geqq 8$

等号が成り立つのは，$ab = \dfrac{4}{ab}$ かつ $ab>0$ より，$ab=2$ のときである。

9 (1) $xy = \dfrac{3}{2}$ のとき，最小値 $\dfrac{25}{4}$　　(2) $x = -1+\sqrt{3}$ のとき，最小値 6

(3) $x = y = 2$ のとき，最小値 4

(4) $x = 2-\sqrt{2}$, $y = 2\sqrt{2}-2$ のとき，最小値 $\dfrac{2\sqrt{2}+3}{2}$

解説 (1) $\left(9x+\dfrac{1}{y}\right)\left(y+\dfrac{1}{4x}\right) = 9xy+\dfrac{1}{4xy}+\dfrac{13}{4}$

4章—不等式の証明

$9xy>0$, $\dfrac{1}{4xy}>0$ であるから，相加平均と相乗平均の関係より，

$$9xy+\dfrac{1}{4xy}+\dfrac{13}{4}\geqq 2\sqrt{9xy\cdot\dfrac{1}{4xy}}+\dfrac{13}{4}=\dfrac{25}{4}$$

ゆえに，$\left(9x+\dfrac{1}{y}\right)\left(y+\dfrac{1}{4x}\right)\geqq\dfrac{25}{4}$

等号が成り立つのは，$9xy=\dfrac{1}{4xy}$ かつ $xy>0$ より，$xy=\dfrac{3}{2}$ のときである。

(2) $x^2+2x+\dfrac{2}{x}-\dfrac{2}{x+2}+2=x(x+2)+\dfrac{2(x+2)-2x}{x(x+2)}+2=x(x+2)+\dfrac{4}{x(x+2)}+2$

$x>0$ より，$x(x+2)>0$，$\dfrac{4}{x(x+2)}>0$ であるから，相加平均と相乗平均の関係より，$x(x+2)+\dfrac{4}{x(x+2)}+2\geqq 2\sqrt{x(x+2)\cdot\dfrac{4}{x(x+2)}}+2=6$

等号が成り立つのは，$x(x+2)=\dfrac{4}{x(x+2)}$ かつ $x(x+2)>0$ より，$x(x+2)=2$ のときである。

(3) $x>0$, $y>0$ であるから，相加平均と相乗平均の関係より，
$x+y\geqq 2\sqrt{xy}=2\sqrt{4}=4$
等号が成り立つのは，$x=y$ かつ $xy=4$ のときである。

(4) $(2x+y)\left(\dfrac{1}{x}+\dfrac{1}{y}\right)=\dfrac{2x}{y}+\dfrac{y}{x}+3$ において，$\dfrac{2x}{y}>0$, $\dfrac{y}{x}>0$ であるから，相加平均と相乗平均の関係より，$\dfrac{2x}{y}+\dfrac{y}{x}+3\geqq 2\sqrt{\dfrac{2x}{y}\cdot\dfrac{y}{x}}+3=2\sqrt{2}+3$

よって，$(2x+y)\left(\dfrac{1}{x}+\dfrac{1}{y}\right)\geqq 2\sqrt{2}+3$ $\dfrac{1}{x}+\dfrac{1}{y}\geqq\dfrac{2\sqrt{2}+3}{2}$

等号が成り立つのは，$\dfrac{2x}{y}=\dfrac{y}{x}$ かつ $2x+y=2$ かつ $x>0$ かつ $y>0$ のときである。

10 (1) コーシー・シュワルツの不等式より，
$$\left\{\left(\dfrac{x}{\sqrt{2}}\right)^2+\left(\dfrac{y}{\sqrt{3}}\right)^2\right\}\{(\sqrt{2})^2+(\sqrt{3})^2\}\geqq\left(\dfrac{x}{\sqrt{2}}\cdot\sqrt{2}+\dfrac{y}{\sqrt{3}}\cdot\sqrt{3}\right)^2$$

すなわち，$\left(\dfrac{x^2}{2}+\dfrac{y^2}{3}\right)(2+3)\geqq(x+y)^2$ ゆえに，$\dfrac{x^2}{2}+\dfrac{y^2}{3}\geqq\dfrac{(x+y)^2}{5}$

等号が成り立つのは，$\dfrac{x}{\sqrt{2}}:\dfrac{y}{\sqrt{3}}=\sqrt{2}:\sqrt{3}$
すなわち，$x:y=2:3$ より，$3x=2y$ のときである。

(2) コーシー・シュワルツの不等式より，
$$\left\{\left(\dfrac{x}{\sqrt{2}}\right)^2+\left(\dfrac{y}{\sqrt{3}}\right)^2+\left(\dfrac{z}{2}\right)^2\right\}\{(\sqrt{2})^2+(\sqrt{3})^2+2^2\}$$
$$\geqq\left(\dfrac{x}{\sqrt{2}}\cdot\sqrt{2}+\dfrac{y}{\sqrt{3}}\cdot\sqrt{3}+\dfrac{z}{2}\cdot 2\right)^2$$

すなわち，$\left(\dfrac{x^2}{2}+\dfrac{y^2}{3}+\dfrac{z^2}{4}\right)(2+3+4)\geqq(x+y+z)^2$

ゆえに，$\dfrac{x^2}{2}+\dfrac{y^2}{3}+\dfrac{z^2}{4} \geqq \dfrac{(x+y+z)^2}{9}$

等号が成り立つのは，$\dfrac{x}{\sqrt{2}} : \dfrac{y}{\sqrt{3}} : \dfrac{z}{2} = \sqrt{2} : \sqrt{3} : 2$

すなわち，$x:y:z=2:3:4$ より，$\dfrac{x}{2}=\dfrac{y}{3}=\dfrac{z}{4}$ のときである。

[解説] $\dfrac{x^2}{2}=\left(\dfrac{x}{\sqrt{2}}\right)^2$, $\dfrac{y^2}{3}=\left(\dfrac{y}{\sqrt{3}}\right)^2$, $\dfrac{z^2}{4}=\left(\dfrac{z}{2}\right)^2$, $2=(\sqrt{2})^2$, $3=(\sqrt{3})^2$ であるから，コーシー・シュワルツの不等式を利用する。

[別証] (1) $\dfrac{x^2}{2}+\dfrac{y^2}{3}-\dfrac{(x+y)^2}{5}=\dfrac{15x^2+10y^2-6(x+y)^2}{30}=\dfrac{9x^2-12xy+4y^2}{30}$

$=\dfrac{(3x-2y)^2}{30} \geqq 0$

ゆえに，$\dfrac{x^2}{2}+\dfrac{y^2}{3} \geqq \dfrac{(x+y)^2}{5}$　　等号が成り立つのは，$3x=2y$ のときである。

(2) (1)より，$\dfrac{x^2}{2}+\dfrac{y^2}{3} \geqq \dfrac{(x+y)^2}{5}$ であるから，$\dfrac{x^2}{2}+\dfrac{y^2}{3}+\dfrac{z^2}{4} \geqq \dfrac{(x+y)^2}{5}+\dfrac{z^2}{4}$ …①

また，$\dfrac{(x+y)^2}{5}+\dfrac{z^2}{4}-\dfrac{(x+y+z)^2}{9}=\dfrac{36(x+y)^2+45z^2-20(x+y+z)^2}{180}$

$=\dfrac{16x^2+16y^2+25z^2+32xy-40yz-40zx}{180}=\dfrac{(4x+4y-5z)^2}{180} \geqq 0$

よって，$\dfrac{(x+y)^2}{5}+\dfrac{z^2}{4} \geqq \dfrac{(x+y+z)^2}{9}$ ……②

①，②より，$\dfrac{x^2}{2}+\dfrac{y^2}{3}+\dfrac{z^2}{4} \geqq \dfrac{(x+y+z)^2}{9}$　　等号が成り立つのは，$3x=2y$ かつ $4x+4y=5z$ より，$x:y:z=2:3:4$ のときである。

11 (1) コーシー・シュワルツの不等式より，
$\{(\sqrt{a})^2+(\sqrt{b})^2\}\{(a\sqrt{a})^2+(b\sqrt{b})^2\} \geqq (\sqrt{a} \cdot a\sqrt{a}+\sqrt{b} \cdot b\sqrt{b})^2$
ゆえに，$(a+b)(a^3+b^3) \geqq (a^2+b^2)^2$
等号が成り立つのは，$\sqrt{a}:\sqrt{b}=a\sqrt{a}:b\sqrt{b}$　すなわち，$a=b$ のときである。

(2) コーシー・シュワルツの不等式より，
$\{(\sqrt{a})^2+(\sqrt{b})^2+(\sqrt{c})^2\}\{(a\sqrt{a})^2+(b\sqrt{b})^2+(c\sqrt{c})^2\}$
$\geqq (\sqrt{a} \cdot a\sqrt{a}+\sqrt{b} \cdot b\sqrt{b}+\sqrt{c} \cdot c\sqrt{c})^2$
ゆえに，$(a+b+c)(a^3+b^3+c^3) \geqq (a^2+b^2+c^2)^2$
等号が成り立つのは，$\sqrt{a}:\sqrt{b}:\sqrt{c}=a\sqrt{a}:b\sqrt{b}:c\sqrt{c}$
すなわち，$a=b=c$ のときである。

[解説] $a>0$ より，$(\sqrt{a})^2=a$, $(a\sqrt{a})^2=a^3$, $\sqrt{a} \cdot a\sqrt{a}=a^2$ であることから，コーシー・シュワルツの不等式を利用する。

[別証] (1) $(a+b)(a^3+b^3)-(a^2+b^2)^2=a^4+ab^3+a^3b+b^4-(a^4+2a^2b^2+b^4)$
$=a^3b-2a^2b^2+ab^3=ab(a^2-2ab+b^2)=ab(a-b)^2 \geqq 0$
ゆえに，$(a+b)(a^3+b^3) \geqq (a^2+b^2)^2$
等号が成り立つのは，$a=b$ のときである。

(2) $(a+b+c)(a^3+b^3+c^3)-(a^2+b^2+c^2)^2$
$=a^4+ab^3+ac^3+a^3b+b^4+bc^3+a^3c+b^3c+c^4-(a^4+b^4+c^4+2a^2b^2+2b^2c^2+2c^2a^2)$
$=ab(a^2-2ab+b^2)+bc(b^2-2bc+c^2)+ca(c^2-2ca+a^2)$
$=ab(a-b)^2+bc(b-c)^2+ca(c-a)^2≧0$
ゆえに，$(a+b+c)(a^3+b^3+c^3)≧(a^2+b^2+c^2)^2$
等号が成り立つのは，$a=b=c$ のときである。

12 (1) $a≧b$ としても一般性は失われない。
よって，チェビシェフの不等式より，$(a+b)(a+b)≦2(a·a+b·b)$
すなわち，$(a+b)^2≦2(a^2+b^2)$
両辺はともに 0 以上であるから，$a+b≦\sqrt{2(a^2+b^2)}$
両辺を 2 で割って，$\dfrac{a+b}{2}≦\sqrt{\dfrac{a^2+b^2}{2}}$
等号が成り立つのは，$a=b$ のときである。
(2) $a≧b≧c$ としても一般性は失われない。
よって，チェビシェフの不等式より，$(a+b+c)(a+b+c)≦3(a·a+b·b+c·c)$
すなわち，$(a+b+c)^2≦3(a^2+b^2+c^2)$
両辺はともに 0 以上であるから，$a+b+c≦\sqrt{3(a^2+b^2+c^2)}$
両辺を 3 で割って，$\dfrac{a+b+c}{3}≦\sqrt{\dfrac{a^2+b^2+c^2}{3}}$
等号が成り立つのは，$a=b=c$ のときである。

13 $a^2+b^2+c^2-(bc+ca+ab)=\dfrac{1}{2}\{(b-c)^2+(c-a)^2+(a-b)^2\}≧0$
ゆえに，$a^2+b^2+c^2≧bc+ca+ab$ ……①
等号が成り立つのは，$a=b=c$ のときである。
a, b, c は三角形の 3 辺の長さであるから，三角形の成立条件より，$a>|b-c|$
よって，$a^2>(b-c)^2$　同様にして，$b^2>(c-a)^2, c^2>(a-b)^2$
3 式の辺々を加えて，
$a^2+b^2+c^2>(b-c)^2+(c-a)^2+(a-b)^2=2(a^2+b^2+c^2)-2(bc+ca+ab)$　より，
$a^2+b^2+c^2<2(bc+ca+ab)$　　よって，$\dfrac{1}{2}(a^2+b^2+c^2)<bc+ca+ab$ ……②

①，②より，$\dfrac{1}{2}(a^2+b^2+c^2)<bc+ca+ab≦a^2+b^2+c^2$

$a^2+b^2+c^2>0$ であるから，各辺を $a^2+b^2+c^2$ で割って，$\dfrac{1}{2}<\dfrac{bc+ca+ab}{a^2+b^2+c^2}≦1$
等号が成り立つのは，$a=b=c$ のときである。
[解説] a, b, c は三角形の 3 辺の長さであるから，$a^2+b^2+c^2>0$ である。
したがって，問題の不等式に $a^2+b^2+c^2$ を掛けて，
$\dfrac{1}{2}(a^2+b^2+c^2)<bc+ca+ab≦a^2+b^2+c^2$ の形にしてから，証明する。

1 (1) $3(p^2+q^2+r^2)-(p+q+r)^2=3(p^2+q^2+r^2)-(p^2+q^2+r^2+2pq+2qr+2rp)$
$=(p^2-2pq+q^2)+(q^2-2qr+r^2)+(r^2-2rp+p^2)$
$=(p-q)^2+(q-r)^2+(r-p)^2≧0$
ゆえに，$3(p^2+q^2+r^2)≧(p+q+r)^2$
等号が成り立つのは，$p=q$ かつ $q=r$ かつ $r=p$

すなわち，$p=q=r$ のときである。
(2) 条件より，$2b+3c+4d=6-a$ ……①，$4b^2+9c^2+16d^2=12-a^2$ ……②
また，(1)の結果に，$p=2b$，$q=3c$，$r=4d$ を代入して，
$3(4b^2+9c^2+16d^2) \geqq (2b+3c+4d)^2$
よって，①，②より，$3(12-a^2) \geqq (6-a)^2$ であるから，整理して，$4a(a-3) \leqq 0$
ゆえに，$0 \leqq a \leqq 3$
等号が成り立つのは，$a=0$ のとき，$2b=3c=4d=2$ より，$b=1$，$c=\dfrac{2}{3}$，$d=\dfrac{1}{2}$

$a=3$ のとき，$2b=3c=4d=1$ より，$b=\dfrac{1}{2}$，$c=\dfrac{1}{3}$，$d=\dfrac{1}{4}$ である。

[別証] (1) コーシー・シュワルツの不等式より，
$(1^2+1^2+1^2)(p^2+q^2+r^2) \geqq (1 \cdot p+1 \cdot q+1 \cdot r)^2$
よって，$3(p^2+q^2+r^2) \geqq (p+q+r)^2$
等号が成り立つのは，$p:q:r=1:1:1$ すなわち，$p=q=r$ のときである。

2 (1) まず，$x^2+y^2+z^2-xy-yz-zx = \dfrac{1}{2}\{(x-y)^2+(y-z)^2+(z-x)^2\} \geqq 0$ であるから，$x^2+y^2+z^2 \geqq xy+yz+zx$ ……①
等号が成り立つのは，$x=y=z$ のときである。
よって，①において，$x=a^2$，$y=b^2$，$z=c^2$ として，
$a^4+b^4+c^4 \geqq a^2b^2+b^2c^2+c^2a^2$ ……②
等号が成り立つのは，$a^2=b^2=c^2$ ……③ のときである。
つぎに，①において，$x=ab$，$y=bc$，$z=ca$ として，
$a^2b^2+b^2c^2+c^2a^2 \geqq ab \cdot bc+bc \cdot ca+ca \cdot ab = abc(a+b+c)$ ……④
等号が成り立つのは，$ab=bc=ca$ ……⑤ のときである。
ゆえに，②，④より，$a^4+b^4+c^4 \geqq a^2b^2+b^2c^2+c^2a^2 \geqq abc(a+b+c)$
等号が成り立つのは，③，⑤より，$a=b=c$ のときである。
(2) 両辺とも負ではないので，両辺の平方の差を考えると，
$(\sqrt{a^2+b^2+c^2}\sqrt{x^2+y^2+z^2})^2 - |ax+by+cz|^2$
$= (a^2+b^2+c^2)(x^2+y^2+z^2) - (ax+by+cz)^2$
$= (a^2y^2-2abxy+b^2x^2) + (b^2z^2-2bcyz+c^2y^2) + (c^2x^2-2cazx+a^2z^2)$
$= (ay-bx)^2 + (bz-cy)^2 + (cx-az)^2 \geqq 0$
ゆえに，$(\sqrt{a^2+b^2+c^2}\sqrt{x^2+y^2+z^2})^2 \geqq |ax+by+cz|^2$ であるから，
$\sqrt{a^2+b^2+c^2}\sqrt{x^2+y^2+z^2} \geqq |ax+by+cz|$
等号が成り立つのは，$ay=bx$ かつ $bz=cy$ かつ $cx=az$
すなわち，$x:y:z=a:b:c$ のときである。
(3) $|a|=x$，$|b|=y$，$|a+b|=z$ とおくと，$x \geqq 0$，$y \geqq 0$，$z \geqq 0$ かつ
$|a|+|b| \geqq |a+b|$ より，$x+y \geqq z$ であるから，$\dfrac{x}{1+x}+\dfrac{y}{1+y}-\dfrac{z}{1+z}$
$= \dfrac{x(1+y)(1+z)+y(1+x)(1+z)-z(1+x)(1+y)}{(1+x)(1+y)(1+z)} = \dfrac{x+y-z+2xy+xyz}{(1+x)(1+y)(1+z)} \geqq 0$
ゆえに，$\dfrac{x}{1+x}+\dfrac{y}{1+y} \geqq \dfrac{z}{1+z}$ すなわち，$\dfrac{|a|}{1+|a|}+\dfrac{|b|}{1+|b|} \geqq \dfrac{|a+b|}{1+|a+b|}$
等号が成り立つのは，$|a|+|b|=|a+b|$ かつ ($|a|=0$ または $|b|=0$) のときであるから，$a=0$ または $b=0$ のときである。

[解説] (1) $a^4=(a^2)^2$, $a^2b^2=(ab)^2$ などより，絶対不等式 $x^2+y^2+z^2 \geqq xy+yz+zx$ を利用する。
(2) 平方根や絶対値記号をはずすために，平方の差を考える。または，コーシー・シュワルツの不等式を利用する。
(3) 三角不等式を利用する。

[別証] (1) $a^4+b^4+c^4-abc(a+b+c)$
$=\dfrac{1}{2}\{(a^2-b^2)^2+(b^2-c^2)^2+(c^2-a^2)^2$
$\qquad\qquad\qquad +2a^2b^2+2b^2c^2+2c^2a^2-2a^2bc-2ab^2c-2abc^2\}$
$=\dfrac{1}{2}\{(a^2-b^2)^2+(b^2-c^2)^2+(c^2-a^2)^2+(ab-ac)^2+(bc-ba)^2+(ca-cb)^2\}\geqq 0$

ゆえに，$a^4+b^4+c^4\geqq abc(a+b+c)$
等号が成り立つのは，$a^2=b^2$ かつ $b^2=c^2$ かつ $c^2=a^2$ かつ $ab=ac$ かつ $bc=ba$ かつ $ca=cb$ すなわち，$a=b=c$ のときである。

(3) まず，$x \geqq y > 0$ のとき，$\dfrac{x}{1+x}-\dfrac{y}{1+y}=\dfrac{x-y}{(1+x)(1+y)}\geqq 0$ であるから，

$\dfrac{x}{1+x}\geqq \dfrac{y}{1+y}$ ……①　　等号が成り立つのは，$x=y$ のときである。

三角不等式より，$|a|+|b|\geqq |a+b|\geqq 0$ であるから，①において，

$x=|a|+|b|$, $y=|a+b|$ として，$\dfrac{|a|+|b|}{1+|a|+|b|}\geqq \dfrac{|a+b|}{1+|a+b|}$

ここで，$\dfrac{|a|+|b|}{1+|a|+|b|}=\dfrac{|a|}{1+|a|+|b|}+\dfrac{|b|}{1+|a|+|b|}\leqq \dfrac{|a|}{1+|a|}+\dfrac{|b|}{1+|b|}$ であるか

ら，$\dfrac{|a|}{1+|a|}+\dfrac{|b|}{1+|b|}\geqq \dfrac{|a+b|}{1+|a+b|}$

等号が成り立つのは，$a=0$ または $b=0$ のときである。

3 (1) $a^3+b^3-ab(a+b)=a^3+b^3-a^2b-ab^2=a^2(a-b)-b^2(a-b)=(a^2-b^2)(a-b)$
$=(a+b)(a-b)^2\geqq 0$
ゆえに，$a^3+b^3\geqq ab(a+b)$　　等号が成り立つのは，$a=b$ のときである。

(2) (1)より，$a^3+b^3\geqq ab(a+b)$ ……①, $b^3+c^3\geqq bc(b+c)$ ……②, $c^3+a^3\geqq ca(c+a)$ ……③
①〜③の辺々を加えて，$2(a^3+b^3+c^3)\geqq ab(a+b)+bc(b+c)+ca(c+a)$
等号が成り立つのは，$a=b$ かつ $b=c$ かつ $c=a$ より，$a=b=c$ のときである。

(3) $ab(a+b)+bc(b+c)+ca(c+a)-6abc$
$=a^2b+ab^2+b^2c+bc^2+c^2a+ca^2-3\cdot 2abc$
$=(ab^2-2abc+ac^2)+(bc^2-2abc+a^2b)+(ca^2-2abc+b^2c)$
$=a(b^2-2bc+c^2)+b(c^2-2ca+a^2)+c(a^2-2ab+b^2)$
$=a(b-c)^2+b(c-a)^2+c(a-b)^2\geqq 0$
ゆえに，$ab(a+b)+bc(b+c)+ca(c+a)\geqq 6abc$
等号が成り立つのは，$b=c$ かつ $c=a$ かつ $a=b$ より，$a=b=c$ のときである。

(4) (2)と(3)より，$2(a^3+b^3+c^3)\geqq ab(a+b)+bc(b+c)+ca(c+a)\geqq 6abc$
よって，$2(a^3+b^3+c^3)\geqq 6abc$　　ゆえに，$a^3+b^3+c^3\geqq 3abc$
等号が成り立つのは，$a=b=c$ のときである。

参考 (4) 本文の 70 ページで示したように，
$a^3+b^3+c^3-3abc=(a+b+c)(a^2+b^2+c^2-ab-bc-ca)$
$=\dfrac{1}{2}(a+b+c)\{(a-b)^2+(b-c)^2+(c-a)^2\} \geqq 0$
として，直接証明することもできる。

4 (1) $\sqrt{a}+\sqrt{b}<\sqrt{c}+\sqrt{d}$ より，両辺はともに正であるから，両辺を 2 乗して，
$(\sqrt{a}+\sqrt{b})^2<(\sqrt{c}+\sqrt{d})^2$　$a+2\sqrt{ab}+b<c+2\sqrt{cd}+d$
ここで，$a+b=c+d$ より，$2\sqrt{ab}<2\sqrt{cd}$　よって，$\sqrt{ab}<\sqrt{cd}$
両辺はともに正であるから，両辺を 2 乗して，$ab<cd$

(2) $a<b$, $c<d$ より，$b-a>0$, $d-c>0$ であるから，両辺の平方の差を考えると，
$(b-a)^2-(d-c)^2=\{(a+b)^2-4ab\}-\{(c+d)^2-4cd\}=4(cd-ab)$
(1)より，$4(cd-ad)>0$
よって，$(b-a)^2>(d-c)^2$　ゆえに，$b-a>d-c$

5 (1) $x=-5$ のとき，最小値 3　(2) $a=0$, $b=-1$ のとき，最小値 2

(3) $x=2\sqrt{3}$, $y=\dfrac{\sqrt{3}}{2}$, $z=3$ のとき，最小値 4

解説 相加平均と相乗平均の関係を利用する。

(1) $x^2+7x+25=\left(x+\dfrac{7}{2}\right)^2+\dfrac{51}{4}>0$ より，$\left|\dfrac{x^2+7x+25}{x}\right|=\dfrac{x^2+7x+25}{|x|}$

$x>0$ のとき，$\dfrac{x^2+7x+25}{x}=x+\dfrac{25}{x}+7$

$x>0$, $\dfrac{25}{x}>0$ であるから，$x+\dfrac{25}{x}+7\geqq 2\sqrt{x\cdot\dfrac{25}{x}}+7=17$

ゆえに，$\left|\dfrac{x^2+7x+25}{x}\right|\geqq 17$

等号が成り立つのは，$x=\dfrac{25}{x}$ かつ $x>0$ より，$x=5$ のときである。

$x<0$ のとき，$\dfrac{x^2+7x+25}{-x}=-x+\left(-\dfrac{25}{x}\right)-7$

$-x>0$, $-\dfrac{25}{x}>0$ であるから，$(-x)+\left(-\dfrac{25}{x}\right)-7\geqq 2\sqrt{(-x)\cdot\left(-\dfrac{25}{x}\right)}-7=3$

ゆえに，$\left|\dfrac{x^2+7x+25}{x}\right|\geqq 3$

等号が成り立つのは，$-x=-\dfrac{25}{x}$ かつ $x<0$ より，$x=-5$ のときである。

(2) $2b+\dfrac{2}{a+1}+\dfrac{2a+2}{b+2}=2\left\{(b+2)+\dfrac{1}{a+1}+\dfrac{a+1}{b+2}-2\right\}$

ここで，$a>-1$, $b>-2$ より，$a+1>0$, $b+2>0$ であるから，

$2\left\{(b+2)+\dfrac{1}{a+1}+\dfrac{a+1}{b+2}-2\right\}\geqq 2\left(3\sqrt[3]{(b+2)\cdot\dfrac{1}{a+1}\cdot\dfrac{a+1}{b+2}}-2\right)=2$

等号が成り立つのは，$b+2=\dfrac{1}{a+1}=\dfrac{a+1}{b+2}=1$ のときである。

(3) $\dfrac{x^2}{12}>0$, $\dfrac{4y}{x}>0$, $\dfrac{z}{xy}>0$, $\dfrac{3}{z}>0$ であるから,

$\dfrac{x^2}{12}+\dfrac{4y}{x}+\dfrac{z}{xy}+\dfrac{3}{z} \geq 4\sqrt[4]{\dfrac{x^2}{12}\cdot\dfrac{4y}{x}\cdot\dfrac{z}{xy}\cdot\dfrac{3}{z}}=4$

等号が成り立つのは, $\dfrac{x^2}{12}=\dfrac{4y}{x}=\dfrac{z}{xy}=\dfrac{3}{z}=1$ のときである.

6 (1) $x>0$, $\dfrac{1}{x}>0$ であるから, 相加平均と相乗平均の関係より,

$x+\dfrac{1}{x} \geq 2\sqrt{x\cdot\dfrac{1}{x}}=2$　　等号が成り立つのは, $x=\dfrac{1}{x}$ より, $x=1$ のときである.

(2) $\left(x+\dfrac{1}{x^n}\right)(x^{n-1}+x^{n-2}+\cdots+x+1)$

$=(x^n+x^{n-1}+\cdots+x^2+x)+\left(\dfrac{1}{x}+\dfrac{1}{x^2}+\cdots+\dfrac{1}{x^{n-1}}+\dfrac{1}{x^n}\right)$

$=\left(x^n+\dfrac{1}{x^n}\right)+\left(x^{n-1}+\dfrac{1}{x^{n-1}}\right)+\cdots+\left(x^2+\dfrac{1}{x^2}\right)+\left(x+\dfrac{1}{x}\right)=P$ として, (1)と同様

に考えて, $x^n+\dfrac{1}{x^n}\geq 2$, $x^{n-1}+\dfrac{1}{x^{n-1}}\geq 2$, $\cdots$, $x^2+\dfrac{1}{x^2}\geq 2$, $x+\dfrac{1}{x}\geq 2$ ……① であ

るから, $P\geq 2+2+\cdots+2+2=2n$

等号が成り立つのは, ①の各不等式の等号が成り立つときである.
すなわち, $x=1$ のときである.

また, $P=\left(x+\dfrac{1}{x^n}\right)(x^{n-1}+x^{n-2}+\cdots+x+1)$ であるから,

$\left(x+\dfrac{1}{x^n}\right)(x^{n-1}+x^{n-2}+\cdots+x+1)\geq 2n$

両辺を $x^{n-1}+x^{n-2}+\cdots+x+1\ (>0)$ で割って,

$x+\dfrac{1}{x^n} \geq \dfrac{2n}{x^{n-1}+x^{n-2}+\cdots+x+1}$　　等号が成り立つのは, $x=1$ のときである.

7 (1) $a=b=2$ のとき, 最小値 4　(2) $a=b=2$ のとき, 最小値 $\dfrac{1}{2}$

(3) $a=b=2$ のとき, 最小値 2^{n+2}

解説 相加平均と相乗平均の関係を利用する.

(1) $\dfrac{1}{a}+\dfrac{1}{b}\geq 2\sqrt{\dfrac{1}{a}\cdot\dfrac{1}{b}}$ より, $1\geq 2\sqrt{\dfrac{1}{ab}}=\dfrac{2}{\sqrt{ab}}$

$\sqrt{ab}>0$ であるから, $\sqrt{ab}\geq 2$　　両辺を2乗して, $ab\geq 4$

等号が成り立つのは, $\dfrac{1}{a}=\dfrac{1}{b}$ かつ $\dfrac{1}{a}+\dfrac{1}{b}=1$ のときである.

(2) $\dfrac{1}{a^2}+\dfrac{1}{b^2}=\left(\dfrac{1}{a}+\dfrac{1}{b}\right)^2-\dfrac{2}{ab}=1-\dfrac{2}{ab}$

よって, $ab>0$ であるから, ab が最小のとき, $\dfrac{1}{a^2}+\dfrac{1}{b^2}$ も最小となる.

(3) $a^n b>0$, $ab^n>0$ であるから, $a^n b+ab^n \geq 2\sqrt{a^n b\cdot ab^n}=2\sqrt{(ab)^{n+1}}$

(1)より, $ab\geq 4$ であるから,
$2\sqrt{(ab)^{n+1}}\geq 2\sqrt{4^{n+1}}=2\sqrt{(2^2)^{n+1}}=2\sqrt{(2^{n+1})^2}=2\cdot 2^{n+1}=2^{n+2}$

ゆえに，$a^n b + ab^n \geq 2^{n+2}$
等号が成り立つのは，$a^n b = ab^n$ かつ $a=b=2$ のときである。

8 (1) $a^2 \geq 0$，$b^2 \geq 0$，$c^2 \geq 0$，$d^2 \geq 0$ であるから，相加平均と相乗平均の関係より，
$a^2 + b^2 \geq 2\sqrt{a^2 b^2}$　　$a^2 + b^2 = 2$ より，$2 \geq 2\sqrt{a^2 b^2}$　　$\sqrt{a^2 b^2} \leq 1$
ここで，$\sqrt{a^2 b^2} = |ab|$ であるから，$|ab| \leq 1$　　よって，$-1 \leq ab \leq 1$ ……①
等号が成り立つのは，$a^2 = b^2$ かつ $a^2 + b^2 = 2$ より，$|a| = |b| = 1$ のときである。
また，c，d においても同様にして，$-\dfrac{3}{2} \leq cd \leq \dfrac{3}{2}$ ……②

等号が成り立つのは，$|c| = |d| = \dfrac{\sqrt{6}}{2}$ のときである。

ゆえに，①，② より，$-\dfrac{5}{2} \leq ab + cd \leq \dfrac{5}{2}$

左の等号が成り立つのは，$ab = -1$ かつ $cd = -\dfrac{3}{2}$ のときである。

右の等号が成り立つのは，$ab = 1$ かつ $cd = \dfrac{3}{2}$ のときである。

(2) コーシー・シュワルツの不等式より，$(a^2 + b^2)(c^2 + d^2) \geq (ac + bd)^2$
$a^2 + b^2 = 2$，$c^2 + d^2 = 3$ より，$(ac + bd)^2 \leq 2 \cdot 3 = 6$　　ゆえに，$-\sqrt{6} \leq ac + bd \leq \sqrt{6}$
等号が成り立つのは，$a : b = c : d$ かつ $a^2 + b^2 = 2$ かつ $c^2 + d^2 = 3$ より，
左の等号が成り立つのは，$c = -\dfrac{\sqrt{6}}{2} a$，$d = -\dfrac{\sqrt{6}}{2} b$ のときである。

右の等号が成り立つのは，$c = \dfrac{\sqrt{6}}{2} a$，$d = \dfrac{\sqrt{6}}{2} b$ のときである。

9 $a > 0$，$b > 0$，$c > 0$ であるから，コーシー・シュワルツの不等式より，
$\{(\sqrt{a})^2 + (\sqrt{b})^2 + (\sqrt{c})^2\}\left\{\left(\dfrac{p}{\sqrt{a}}\right)^2 + \left(\dfrac{q}{\sqrt{b}}\right)^2 + \left(\dfrac{r}{\sqrt{c}}\right)^2\right\}$
$\geq \left(\sqrt{a} \cdot \dfrac{p}{\sqrt{a}} + \sqrt{b} \cdot \dfrac{q}{\sqrt{b}} + \sqrt{c} \cdot \dfrac{r}{\sqrt{c}}\right)^2$

すなわち，$(a+b+c)\left(\dfrac{p^2}{a} + \dfrac{q^2}{b} + \dfrac{r^2}{c}\right) \geq (p+q+r)^2$

等号が成り立つのは，$\sqrt{a} : \sqrt{b} : \sqrt{c} = \dfrac{p}{\sqrt{a}} : \dfrac{q}{\sqrt{b}} : \dfrac{r}{\sqrt{c}}$

すなわち，$a : b : c = p : q : r$ のときである。

[別証] $(a+b+c)\left(\dfrac{p^2}{a} + \dfrac{q^2}{b} + \dfrac{r^2}{c}\right) - (p+q+r)^2$

$= \left(1 + \dfrac{b+c}{a}\right)p^2 + \left(1 + \dfrac{c+a}{b}\right)q^2 + \left(1 + \dfrac{a+b}{c}\right)r^2 - (p^2 + q^2 + r^2 + 2pq + 2qr + 2rp)$

$= \left(\dfrac{b}{a} p^2 - 2pq + \dfrac{a}{b} q^2\right) + \left(\dfrac{c}{b} q^2 - 2qr + \dfrac{b}{c} r^2\right) + \left(\dfrac{a}{c} r^2 - 2rp + \dfrac{c}{a} p^2\right)$

$= \left(\sqrt{\dfrac{b}{a}} p - \sqrt{\dfrac{a}{b}} q\right)^2 + \left(\sqrt{\dfrac{c}{b}} q - \sqrt{\dfrac{b}{c}} r\right)^2 + \left(\sqrt{\dfrac{a}{c}} r - \sqrt{\dfrac{c}{a}} p\right)^2 \geq 0$

ゆえに，$(a+b+c)\left(\dfrac{p^2}{a} + \dfrac{q^2}{b} + \dfrac{r^2}{c}\right) \geq (p+q+r)^2$　　等号が成り立つのは，

$$\sqrt{\dfrac{b}{a}}\,p=\sqrt{\dfrac{a}{b}}\,q \text{ かつ } \sqrt{\dfrac{c}{b}}\,q=\sqrt{\dfrac{b}{c}}\,r \text{ かつ } \sqrt{\dfrac{a}{c}}\,r=\sqrt{\dfrac{c}{a}}\,p$$

すなわち，$\dfrac{p}{a}=\dfrac{q}{b}=\dfrac{r}{c}$ のときである。

10 $9abc$, $(a+b+c)(ab+bc+ca)$, $(a+b+c)(a^2+b^2+c^2)$, $3(a^3+b^3+c^3)$

解説 $A=(a+b+c)(a^2+b^2+c^2)$, $B=(a+b+c)(ab+bc+ca)$, $C=3(a^3+b^3+c^3)$, $D=9abc$ とおく。

たとえば，$a=3$, $b=2$, $c=1$ とすると，$A=84$, $B=66$, $C=108$, $D=54$ であるから，$D<B<A<C$ であると見通しを立てる。

$a>b>c>0$ より，$a^2>b^2>c^2>0$

チェビシェフの不等式より，

$(a+b+c)(a^2+b^2+c^2)<3(a\cdot a^2+b\cdot b^2+c\cdot c^2)=3(a^3+b^3+c^3)$

よって，$A<C$

$A-B=(a+b+c)\{(a^2+b^2+c^2)-(ab+bc+ca)\}$

$=(a+b+c)\cdot\dfrac{1}{2}\{(a-b)^2+(b-c)^2+(c-a)^2\}>0$

よって，$A>B$

$B-D=a^2b+ca^2+ab^2+b^2c+bc^2+c^2a-6abc$

$=a(b^2-2bc+c^2)+b(c^2-2ca+a^2)+c(a^2-2ab+b^2)$

$=a(b-c)^2+b(c-a)^2+c(a-b)^2>0$

よって，$B>D$

ゆえに，$D<B<A<C$ である。

11 $2-\sqrt{3}<p<2+\sqrt{3}$

解説 $x>0$, $y>0$ より，$a=\sqrt{x^2+xy+y^2}=\sqrt{(x+y)^2-xy}<\sqrt{(x+y)^2}=x+y=c$

すなわち，$a<c$

よって，a, b, c を3辺の長さとする三角形が存在するためには，三角形の成立条件より，$c-a<b<c+a$ であればよい。

すなわち，$x+y-\sqrt{x^2+xy+y^2}<p\sqrt{xy}<x+y+\sqrt{x^2+xy+y^2}$ であるから，辺々を $\sqrt{xy}$ で割って，

$\sqrt{\dfrac{x}{y}}+\sqrt{\dfrac{y}{x}}-\sqrt{\dfrac{x}{y}+1+\dfrac{y}{x}}<p<\sqrt{\dfrac{x}{y}}+\sqrt{\dfrac{y}{x}}+\sqrt{\dfrac{x}{y}+1+\dfrac{y}{x}}$ ……①

ここで，$\dfrac{x}{y}=t$ とおくと，$t>0$ であるから，相加平均と相乗平均の関係より，

$t+\dfrac{1}{t}\geqq 2\sqrt{t\cdot\dfrac{1}{t}}=2$, $\sqrt{t}+\dfrac{1}{\sqrt{t}}\geqq 2\sqrt{\sqrt{t}\cdot\dfrac{1}{\sqrt{t}}}=2$

等号が成り立つのは，ともに $t=1$ のときである。

このとき，(①の右辺)$=\sqrt{t}+\dfrac{1}{\sqrt{t}}+\sqrt{t+\dfrac{1}{t}+1}\geqq 2+\sqrt{2+1}=2+\sqrt{3}$ より，

①の右辺の最小値は $2+\sqrt{3}$

また，(①の左辺)$=\sqrt{t}+\dfrac{1}{\sqrt{t}}-\sqrt{t+\dfrac{1}{t}+1}=\dfrac{1}{\sqrt{t}+\dfrac{1}{\sqrt{t}}+\sqrt{t+\dfrac{1}{t}+1}}\leqq\dfrac{1}{2+\sqrt{3}}$

$=2-\sqrt{3}$ より，①の左辺の最大値は $2-\sqrt{3}$

12 (1) $x_1 \geqq x_2 \geqq x_3$ としても一般性は失われない。
また，$a_1+a_2+a_3>0$ であるから，
$$x_1-a=x_1-\frac{a_1x_1+a_2x_2+a_3x_3}{a_1+a_2+a_3}=\frac{a_2(x_1-x_2)+a_3(x_1-x_3)}{a_1+a_2+a_3}\geqq 0$$
$$x_3-a=x_3-\frac{a_1x_1+a_2x_2+a_3x_3}{a_1+a_2+a_3}=\frac{a_1(x_3-x_1)+a_2(x_3-x_2)}{a_1+a_2+a_3}\leqq 0$$
よって，$x_1 \geqq a \geqq x_3$ が成り立つ。
また，b においても同様にして，$x_1 \geqq b \geqq x_3$ が成り立つ。
したがって，$a \geqq b$ のとき，$x_1 \geqq a \geqq b \geqq x_3$ であるから，
$0 \leqq a-b \leqq a-x_3 \leqq x_1-x_3$ より，
$|a-b| \leqq |a-x_3| \leqq |x_1-x_3|$
$a \leqq b$ のとき，$x_1 \geqq b \geqq a \geqq x_3$ であるから，
$x_3-x_1 \leqq a-x_1 \leqq a-b \leqq 0$ より，
$|a-b| \leqq |a-x_1| \leqq |x_1-x_3|$
ゆえに，$|a-b| \leqq |a-x_i| \leqq |x_j-x_i|$（$i, j=1, 2, 3,$
$i \neq j$）を満たす i, j は存在する。

(2) 三角不等式より，$|x_2-x_3|=|(x_2-a)-(x_3-a)|\leqq|a-x_2|+|a-x_3|$ ……①
また，$|a-x_2|=\left|\frac{a_1x_1+a_2x_2+a_3x_3}{a_1+a_2+a_3}-x_2\right|=\left|\frac{a_1(x_1-x_2)+a_3(x_3-x_2)}{a_1+a_2+a_3}\right|$
$=\frac{|a_1(x_1-x_2)+a_3(x_3-x_1+x_1-x_2)|}{a_1+a_2+a_3}=\frac{|(a_1+a_3)(x_1-x_2)+a_3(x_3-x_1)|}{a_1+a_2+a_3}$
$\leqq \frac{(a_1+a_3)|x_1-x_2|+a_3|x_1-x_3|}{a_1+a_2+a_3}$
同様にして，$|a-x_3|=\left|\frac{a_1x_1+a_2x_2+a_3x_3}{a_1+a_2+a_3}-x_3\right|\leqq\frac{a_2|x_1-x_2|+(a_1+a_2)|x_1-x_3|}{a_1+a_2+a_3}$
よって，辺々を加えて整理すると，$|a-x_2|+|a-x_3|\leqq|x_1-x_2|+|x_1-x_3|$ ……②
①，②より，$|x_2-x_3|\leqq|a-x_2|+|a-x_3|\leqq|x_1-x_2|+|x_1-x_3|$
左の等号が成り立つのは，$(x_2-a)(a-x_3)\geqq 0$ のときである。
右の等号が成り立つのは，$(x_1-x_2)(x_3-x_1)\geqq 0$ のときである。

5章 不等式の表す領域

問1 (1) 境界線を含まない (2) 境界線を含む (3) 境界線を含まない (4) 境界線を含む

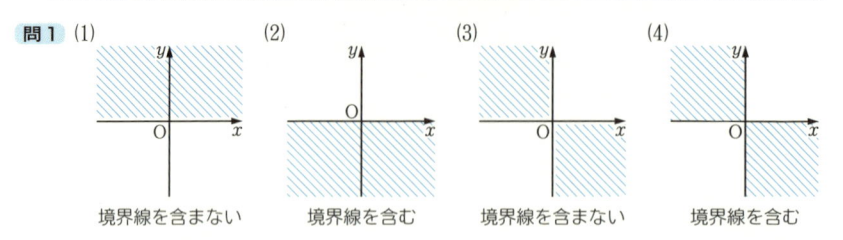

[解説] (1) y 座標の値が正である点は，第 1 象限と第 2 象限，および y 軸上の原点 O より上側の点全体である。
(3) x 座標と y 座標の値が異符号であればよい。

問2 (1) 境界線を含まない (2) 境界線を含む (3) 境界線を含む (4) 境界線を含まない (5) 境界線を含まない (6) 境界線を含む

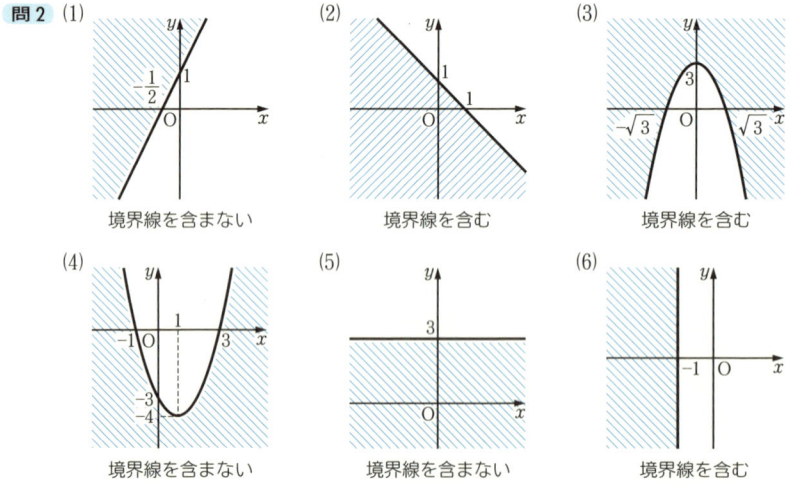

[解説] 不等号の向きで，領域が境界線の上側か下側か，または，右側か左側かを判定する。また，境界線を含むか含まないかは，不等号に等号がついているかいないかで判断し，必ず記すこと。
なお，原点 (0，0) を代入して，不等式が成り立つか成り立たないかで判定することもできる。
(2)，(5) は不等式が成り立つので，原点を含む側が不等式の表す領域である。
(1)，(3)，(4)，(6) は不等式が成り立たないので，原点を含まない側が不等式の表す領域である。

問 3 (1) 境界線を含まない (2) 境界線を含まない (3) 境界線を含む (4) 境界線を含む

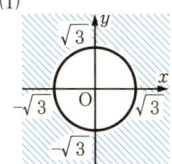

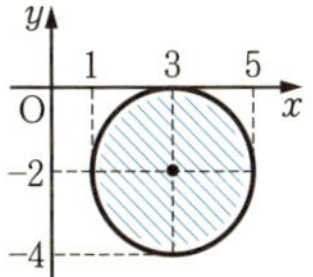

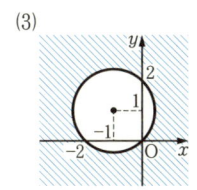

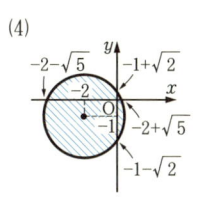

解説 (1) 求める領域は，原点を中心とし，半径 $\sqrt{3}$ の円の外部である。
(2) 求める領域は，中心 $(3, -2)$，半径 2 の円の内部で，円は x 軸に接する。
(3) 求める領域は，中心 $(-1, 1)$，半径 $\sqrt{2}$ の円の周および外部で，円周上に原点がある。
(4) 求める領域は，中心 $(-2, -1)$，半径 $\sqrt{6}$ の円の周および内部である。

問 4 (1) 境界線を含まない (2) 境界線を含む

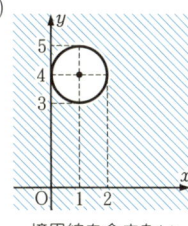

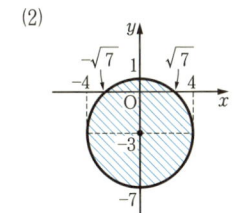

解説 (1) $(x-1)^2+(y-4)^2>1$
求める領域は，中心 $(1, 4)$，半径 1 の円の外部で，円は y 軸に接する。
(2) $x^2+(y+3)^2 \leqq 16$
求める領域は，中心 $(0, -3)$，半径 4 の円の周および内部である。

問 5 (1) $0<m<5$ (2) $a \leqq -2, \; 0 \leqq a$

解説 (1) $f(x, y)=y+3x-m$ とする。
2 点が直線に関して反対側にあるためには，一方が正領域，他方が負領域にあればよいので，$f(0, 0) \cdot f(1, 2)<0$ である。
よって，$-m(5-m)<0$
(2) $g(x, y)=(x+1)^2+(y-1)^2-2$ とする。
点 $(a, 2)$ が，円の周および外部にあるためには，$g(a, 2) \geqq 0$ であればよい。
よって，$(a+1)^2+1^2-2 \geqq 0$ より，$a(a+2) \geqq 0$

問 6 (1) 境界線を含む (2) 境界線は円弧を含み，点 $(-1,-2), (2,1)$ と直線上を含まない (3) 境界線を含まない

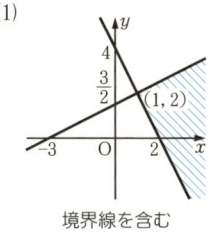

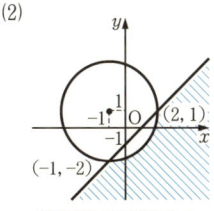

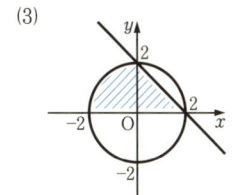

5章―不等式の表す領域

解説 (1) 求める領域は，直線 $y=-2x+4$ の線上および上側と，直線 $y=\frac{1}{2}x+\frac{3}{2}$ の線上および下側との共通部分である。
(2) 求める領域は，中心 $(-1, 1)$，半径 3 の円の周および外部と，直線 $y=x-1$ の下側との共通部分である。
(3) 求める領域は，x 軸 $(y=0)$ の上側と，直線 $y=-x+2$ の下側と，中心 $(0, 0)$，半径 2 の円の内部との共通部分である。

問7 (1) 境界線を含まない (2) 境界線を含む (3) 境界線を含まない (4) 境界線を含む

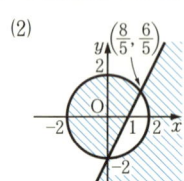

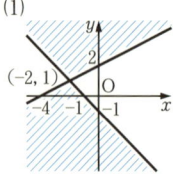

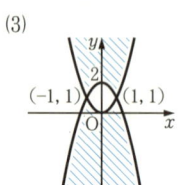

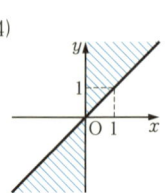

解説 (1) 求める領域は，$\begin{cases} x+y+1>0 \\ x-2y+4<0 \end{cases}$ または $\begin{cases} x+y+1<0 \\ x-2y+4>0 \end{cases}$

(2) 求める領域は，$\begin{cases} 2x-y-2\geqq 0 \\ x^2+y^2-4\geqq 0 \end{cases}$ または $\begin{cases} 2x-y-2\leqq 0 \\ x^2+y^2-4\leqq 0 \end{cases}$

(3) 求める領域は，$\begin{cases} y-x^2>0 \\ y+x^2-2>0 \end{cases}$ または $\begin{cases} y-x^2<0 \\ y+x^2-2<0 \end{cases}$

(4) 求める領域は，$\begin{cases} x\geqq 0 \\ x-y\leqq 0 \end{cases}$ または $\begin{cases} x\leqq 0 \\ x-y\geqq 0 \end{cases}$

問8 (1) $\begin{cases} y<x+2 \\ y>x^2 \end{cases}$ (2) $\begin{cases} y<-\frac{1}{2}x+3 \\ y<-2x+6 \\ x>0 \\ y>0 \end{cases}$ (3) $\begin{cases} y>0 \\ x^2+y^2<4 \end{cases}$ または $\begin{cases} y<0 \\ x^2+y^2>4 \end{cases}$

解説 図より，境界線を表す式を求め，斜線部分の位置で不等号の向きを判断し，連立不等式で領域を表す。

注意 (3) 2つの連立不等式をまとめて，$y(x^2+y^2-4)<0$ と表すこともできる。

問9 (1) 境界線を含まない (2) 境界線を含む (3) 境界線を含む

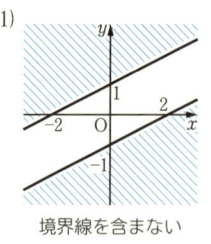

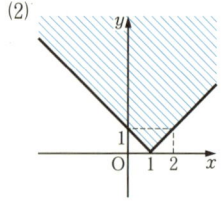

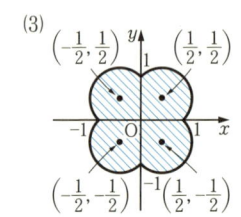

解説 (1) $|x-2y|>2$ より，$x-2y<-2$ または $2<x-2y$
(2) $x\geqq 1$ のとき，$y\geqq x-1$　　$x<1$ のとき，$y\geqq -x+1$

(3) $x \geqq 0$, $y \geqq 0$ のとき, $x^2+y^2 \leqq x+y$

すなわち, $\left(x-\dfrac{1}{2}\right)^2 + \left(y-\dfrac{1}{2}\right)^2 \leqq \left(\dfrac{\sqrt{2}}{2}\right)^2$

$x \geqq 0$, $y < 0$ のとき, $\left(x-\dfrac{1}{2}\right)^2 + \left(y+\dfrac{1}{2}\right)^2 \leqq \left(\dfrac{\sqrt{2}}{2}\right)^2$

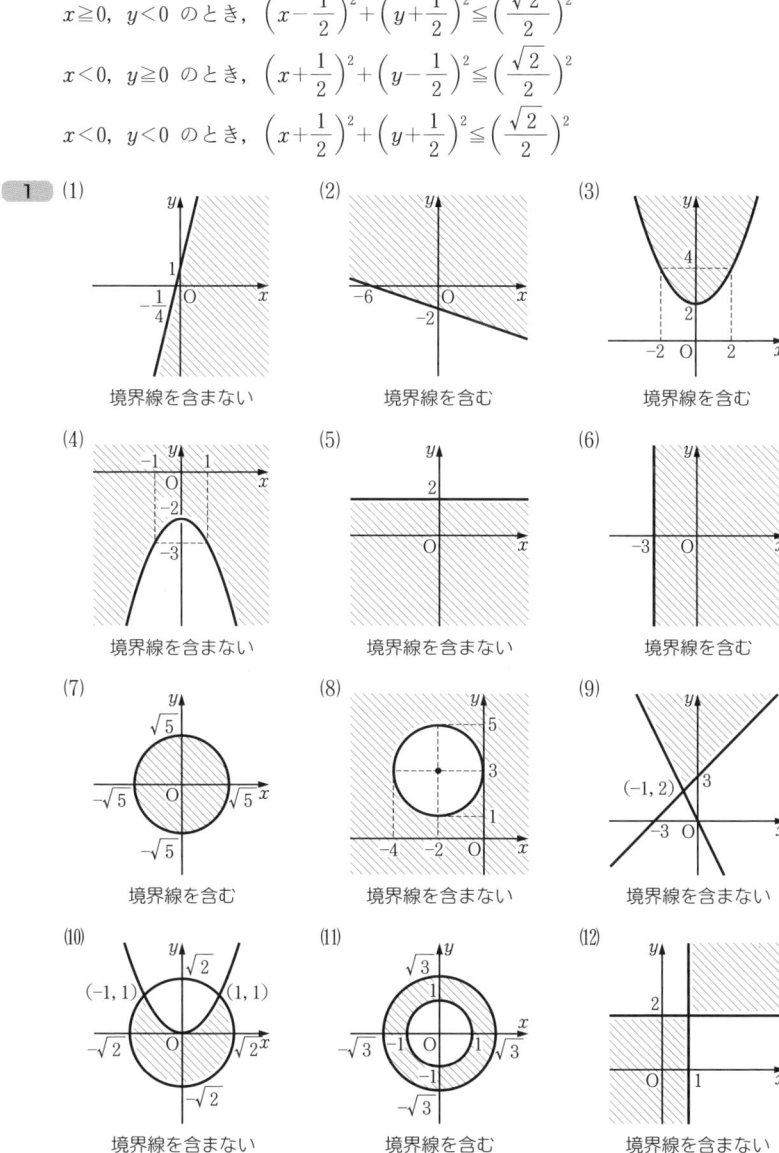

$x < 0$, $y \geqq 0$ のとき, $\left(x+\dfrac{1}{2}\right)^2 + \left(y-\dfrac{1}{2}\right)^2 \leqq \left(\dfrac{\sqrt{2}}{2}\right)^2$

$x < 0$, $y < 0$ のとき, $\left(x+\dfrac{1}{2}\right)^2 + \left(y+\dfrac{1}{2}\right)^2 \leqq \left(\dfrac{\sqrt{2}}{2}\right)^2$

1 (1) 境界線を含まない

(2) 境界線を含む

(3) 境界線を含む

(4) 境界線を含まない

(5) 境界線を含まない

(6) 境界線を含む

(7) 境界線を含む

(8) 境界線を含まない

(9) 境界線を含まない

(10) 境界線を含まない

(11) 境界線を含む

(12) 境界線を含まない

(13) 境界線を含む

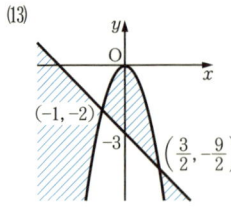

(14) 境界線を含まない

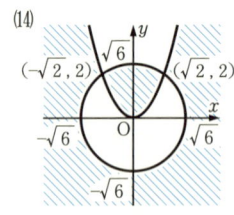

(15) 境界線を含む

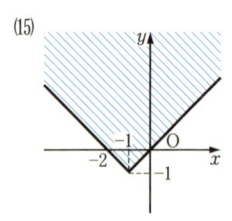

(16) 境界線を含まない

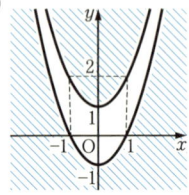

(17) 境界線を含まない

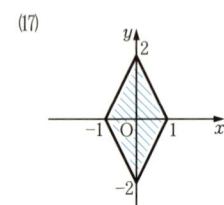

(18) 境界線を含む

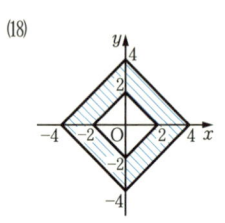

[解説] (11) $x^2+y^2 \geqq 1$ かつ $x^2+y^2 \leqq 3$ であるから，それぞれの領域の共通部分である。

(12) $\begin{cases} x-1>0 \\ y-2<0 \end{cases}$ または $\begin{cases} x-1<0 \\ y-2>0 \end{cases}$ であるから，それぞれの領域を合わせた部分である。

(16) $|y-x^2|>1$ より，$y-x^2<-1$ または $1<y-x^2$

(18) $x \geqq 0$, $y \geqq 0$ のとき，
$|x+y-3| \leqq 1$ より $2 \leqq x+y \leqq 4$ である。
$x \geqq 0$, $y<0$ と $x<0$, $y \geqq 0$ と $x<0$, $y<0$ のときも同様に考える。

2 右の図の斜線部分。
ただし，境界線を含む。

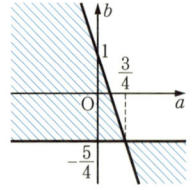

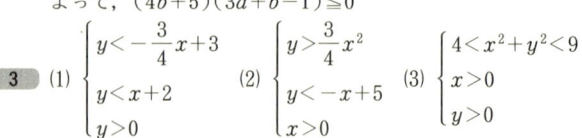

[解説] 直線が線分 AB と共有点をもつには，次のいずれかが成り立つ。
(i) 直線によって分けられる 2 つの領域の一方に点 A があり，他方に点 B がある。
(ii) 直線上に，点 A または点 B がある。
よって，$f(x, y) = y - (b-a)x + (3b+a)$ とすると， 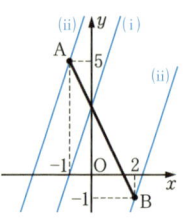
$f(-1, 5) \cdot f(2, -1) \leqq 0$ であればよい。
よって，$(4b+5)(3a+b-1) \leqq 0$

3 (1) $\begin{cases} y < -\frac{3}{4}x+3 \\ y < x+2 \\ y > 0 \end{cases}$ (2) $\begin{cases} y > \frac{3}{4}x^2 \\ y < -x+5 \\ x > 0 \end{cases}$ (3) $\begin{cases} 4 < x^2+y^2 < 9 \\ x > 0 \\ y > 0 \end{cases}$

(4) $(x+2y-2)(2x-y-2)<0$ (5) $(x^2-y)(x^2+y^2-1)<0$

(6) $xy(x^2+y^2-4)<0$

[解説] 複数の境界線で囲まれている領域は，連立不等式で表す。

注意 (4)は，次のように表してもよい。
$$\begin{cases} x+2y-2>0 \\ 2x-y-2<0 \end{cases} \text{または} \begin{cases} x+2y-2<0 \\ 2x-y-2>0 \end{cases}$$
(5), (6)も同様にして表すことができる。

問10 (1) $x=0$, $y=4$ のとき，最大値 4,
$x=2$, $y=-2$ のとき，最小値 -2
(2) $x=4$, $y=2$ のとき，最大値 6,
$x=2$, $y=-2$ のとき，最小値 0
(3) $x=4$, $y=2$ のとき，最大値 20,
$x=\dfrac{6}{5}$, $y=\dfrac{2}{5}$ のとき，最小値 $\dfrac{8}{5}$

解説 3つの不等式の表す領域は，下の図の斜線部分である。ただし，境界線を含む。
(1) $y=k$ とおくと，図より，点 $(0, 4)$ を通るとき，k は最大となり，点 $(2, -2)$ を通るとき，k は最小となる。
(2) $x+y=k$ とおくと，$y=-x+k$ の y 切片に着目して，図より，点 $(4, 2)$ を通るとき，k は最大となり，点 $(2, -2)$ を通るとき，k は最小となる。
(3) $x^2+y^2=k$ $(k\geqq 0)$ とおくと，円の半径に着目して，図より，点 $(4, 2)$ を通るとき，k は最大となり，直線 $y=-3x+4$ に円が接するとき，k は最小となる。
よって，$x^2+(-3x+4)^2=k$ が重解をもてばよいから，$10x^2-24x+16-k=0$ の判別式を D とすると，$D=0$ である。
このときの重解は，$x=\dfrac{6}{5}$ である。

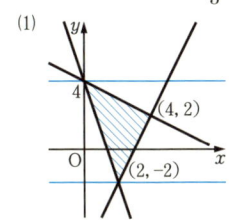

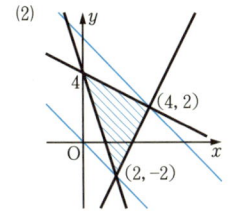

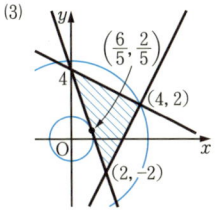

(1) (2) (3)

問11 ケーキ 42 個，クッキー 36 袋，売り上げ合計額 30600 円
解説 ケーキを x 個，クッキーを y 袋つくるとする。
条件より，$\begin{cases} 20x+60y \leqq 3000 \\ x+\dfrac{1}{2}y \leqq 60 \\ x \geqq 0 \\ y \geqq 0 \end{cases}$

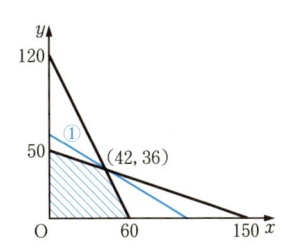

この連立不等式の表す領域は，右の図の斜線部分である。ただし，境界線を含む。
売り上げ合計額を k 円とすると，$300x+500y=k$
$y=-\dfrac{3}{5}x+\dfrac{k}{500}$ ……① となるから，図より，直線①が点 $(42, 36)$ を通るとき，k は最大値 30600 をとる。

問12 右の図の斜線部分。ただし，境界線を含む。

[解説] 直線 $y=kx-k^2+1$ 上の点を (a, b) とおくと，
$b=ka-k^2+1$
k について整理して，$k^2-ak+b-1=0$ ……①
①を満たす実数 k が存在するためには，①の判別式を D とすると，$D \geq 0$ となればよい。
$D=a^2-4(b-1)=a^2-4b+4 \geq 0$ より，$b \leq \dfrac{1}{4}a^2+1$

ゆえに，点 (a, b) は，$y \leq \dfrac{1}{4}x^2+1$ で表される領域内にある。

問13 右の図の斜線部分。ただし，境界線を含む。

[解説] $a+b=X$，$ab=Y$ とおくと，
条件より，$a^2+b^2=(a+b)^2-2ab=X^2-2Y \leq 8$
よって，$Y \geq \dfrac{1}{2}X^2-4$ ……①

a, b は，2次方程式 $t^2-Xt+Y=0$ の2つの実数解であるから，判別式を D とすると，$D=X^2-4Y \geq 0$
すなわち，$Y \leq \dfrac{1}{4}X^2$ ……②

ゆえに，点 (X, Y) の動く範囲は，①と②の共通部分である。

問14 不等式 $x^2+y^2<9$ の表す領域を P，不等式 $x^2+y^2 \geq 10x-21$ すなわち $(x-5)^2+y^2 \geq 4$ の表す領域を Q とする。
領域 P, Q を図示すると，右の図のようになる。
ただし，P は境界線を含まず，Q は境界線を含む。
図より，P 内の点 (x, y) は，Q 内に存在し，$P \subset Q$ が成り立つ。
すなわち，不等式 $x^2+y^2<9$ を満たす x, y は，不等式 $x^2+y^2 \geq 10x-21$ を満たす。
ゆえに，$x^2+y^2<9$ ならば $x^2+y^2 \geq 10x-21$ である。

問15 (1) 十分 (2) 必要

[解説] (1) $|x|+|y| \leq 1$ の表す領域を P，$x^2+y^2 \leq 1$ の表す領域を Q とする。
領域 P, Q を図示すると，右の図のようになる。ただし，ともに境界線を含む。
図より，$P \subset Q$ は成り立つが，$Q \subset P$ は成り立たない。

(2) $x>2$ または $y>2$ の表す領域を P，$x+y>4$ の表す領域を Q とする。
領域 P, Q を図示すると，右の図のようになる。ただし，ともに境界線を含まない。
図より，$Q \subset P$ は成り立つが，$P \subset Q$ は成り立たない。

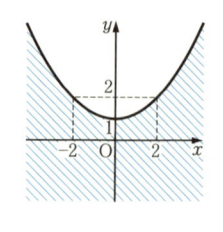

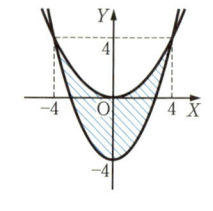

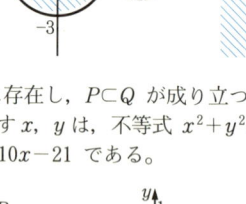

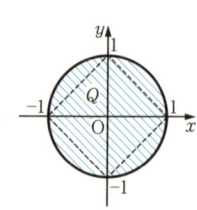

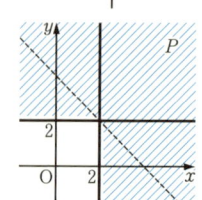

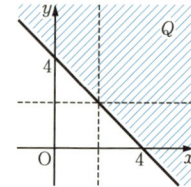

4 $x=3$, $y=2$ のとき,最大値 5, $x=\dfrac{3}{5}$, $y=\dfrac{4}{5}$ のとき,最小値 $\dfrac{7}{5}$

解説 2つの不等式の表す領域は,右の図の斜線部分である。ただし,境界線を含む。
$x+y=k$ とおくと,$y=-x+k$ ……① の y 切片に着目して,図より,円 $(x-2)^2+(y-1)^2=2$ と $x>2$ で接するとき,k は最大となり,点 $\left(\dfrac{3}{5}, \dfrac{4}{5}\right)$ を通るとき,k は最小となる。直線①が円と接するには,
$(x-2)^2+(-x+k-1)^2=2$ が重解をもてばよいから,
$2x^2-2(k+1)x+k^2-2k+3=0$ の判別式を D とすると,$D=0$ である。
よって,$\dfrac{D}{4}=\{-(k+1)\}^2-2(k^2-2k+3)$
$=-(k-1)(k-5)=0$ より,$k=1$, 5
図より,接点の x 座標 $\dfrac{k+1}{2}>2$ であるから,$k>3$

5 $x=4$, $y=3$ のとき,最大値 16, $x=2$, $y=1$ のとき,最小値 8

解説 3つの不等式の表す領域は,右の図の斜線部分である。ただし,境界線を含む。
$x^2+(y-3)^2=k$ $(k\geqq 0)$ ……① とおくと,
$k>0$ のとき,図より,円①が点 $(4, 3)$ または
点 $\left(\dfrac{5}{2}, 0\right)$ を通るときのどちらかで,k は最大となり,
円①が直線 $y=x-1$ と接するとき,k は最小となる。
点 $(4, 3)$ を通るとき,$k=4^2+(3-3)^2=16$,
点 $\left(\dfrac{5}{2}, 0\right)$ を通るとき,$k=\left(\dfrac{5}{2}\right)^2+(0-3)^2=\dfrac{61}{4}<16$
また,$x^2+(x-4)^2=k$ より,$2x^2-8x+16-k=0$
円①が直線と接するとき,判別式を D とすると,$D=0$ である。
よって,$\dfrac{D}{4}=(-4)^2-2(16-k)=2(k-8)=0$ より,$k=8$

6 サブレー 500 袋,クッキー 300 袋,売り上げ合計額 210000 円

解説 サブレーを x 袋,クッキーを y 袋生産するとする。

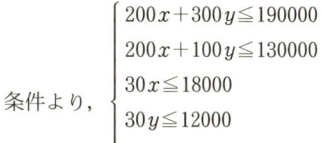

条件より,$\begin{cases} 200x+300y\leqq 190000 \\ 200x+100y\leqq 130000 \\ 30x\leqq 18000 \\ 30y\leqq 12000 \\ x\geqq 0 \\ y\geqq 0 \end{cases}$

この連立不等式の表す領域は,右の図の斜線部分である。ただし,境界線を含む。
売り上げ合計額を k 円とすると,$300x+200y=k$

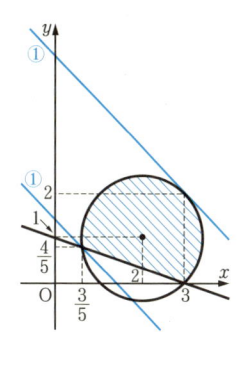

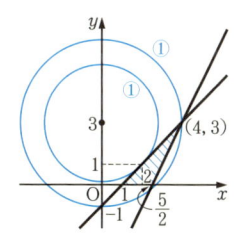

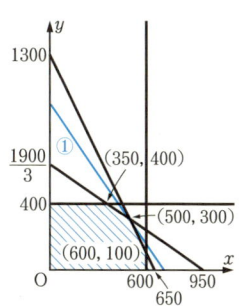

$y=-\dfrac{3}{2}x+\dfrac{k}{200}$ ……① となるから，y 切片に着目して，図より，直線①が点 $(500,\ 300)$ を通るとき，k は最大値 210000 をとる。

7 右の図の斜線部分。ただし，境界線を含む。

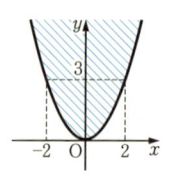

[解説] 放物線 $y=x^2-kx+k^2$ 上の点を $(a,\ b)$ とおくと，
$b=a^2-ka+k^2$
k について整理して，$k^2-ak+a^2-b=0$ ……①
①を満たす実数 k が存在するためには，①の判別式を D とすると，$D\geqq 0$ となればよい。

$D=a^2-4(a^2-b)=4b-3a^2\geqq 0$ より，$b\geqq\dfrac{3}{4}a^2$

ゆえに，点 $(a,\ b)$ は，$y\geqq\dfrac{3}{4}x^2$ で表される領域内にある。

8 右の図の斜線部分。ただし，境界線を含む。

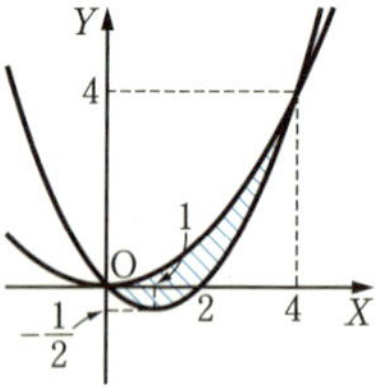

[解説] $a+b=X$，$ab=Y$ とおくと，
条件より，$a^2+b^2-2a-2b=(a+b)^2-2ab-2(a+b)$
$=X^2-2Y-2X\leqq 0$

よって，$Y\geqq\dfrac{1}{2}X^2-X=\dfrac{1}{2}(X-1)^2-\dfrac{1}{2}$ ……①

$a,\ b$ は 2 次方程式 $t^2-Xt+Y=0$ の 2 つの実数解であるから，判別式を D とすると，$D=X^2-4Y\geqq 0$

すなわち，$Y\leqq\dfrac{1}{4}X^2$ ……②

ゆえに，点 $(X,\ Y)$ の動く範囲は，①と②の共通部分である。

9 右の図の斜線部分。ただし，境界線を含む。

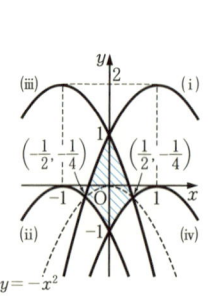

[解説] $y=x^2+px+q=\left(x+\dfrac{p}{2}\right)^2-\dfrac{p^2}{4}+q$

頂点の座標を $(x,\ y)$ とすると，$x=-\dfrac{p}{2}$，$y=-\dfrac{p^2}{4}+q$

より，$p=-2x$，$q=y+x^2$ であるから，
$|p|+|q|\leqq 1$ に代入して，$|-2x|+|y+x^2|\leqq 1$
$-2x\geqq 0$ すなわち $x\leqq 0$ のとき，$-2x+|y+x^2|\leqq 1$
(i) $y+x^2\geqq 0$ すなわち $y\geqq -x^2$ のとき，$-2x+y+x^2\leqq 1$
よって，$y\leqq -(x-1)^2+2$
(ii) $y+x^2<0$ すなわち $y<-x^2$ のとき，$-2x-y-x^2\leqq 1$
よって，$y\geqq -(x+1)^2$
$-2x<0$ すなわち $x>0$ のとき，$2x+|y+x^2|\leqq 1$
(iii) $y+x^2\geqq 0$ すなわち $y\geqq -x^2$ のとき，$2x+y+x^2\leqq 1$
よって，$y\leqq -(x+1)^2+2$
(iv) $y+x^2<0$ すなわち $y<-x^2$ のとき，$2x-y-x^2\leqq 1$
よって，$y\geqq -(x-1)^2$

ゆえに，頂点 $(x,\ y)$ の動く範囲は，(i)～(iv)の領域を合わせたものである。

10 不等式 $x^2+y^2\leqq 1$ の表す領域を P，不等式 $x+y\leqq\sqrt{2}$ の表す領域を Q とする。領域 P，Q を図示すると，次ページの図のようになる。ただし，境界線を含む。

円 $x^2+y^2=1$ は直線 $y=-x+\sqrt{2}$ と点 $\left(\dfrac{1}{\sqrt{2}}, \dfrac{1}{\sqrt{2}}\right)$
で接するから，図より，$P \subset Q$ が成り立つ。
すなわち，不等式 $x^2+y^2 \leqq 1$ を満たす x, y は，不等式
$x+y \leqq \sqrt{2}$ を満たす。
ゆえに，$x^2+y^2 \leqq 1$ ならば $x+y \leqq \sqrt{2}$ である。

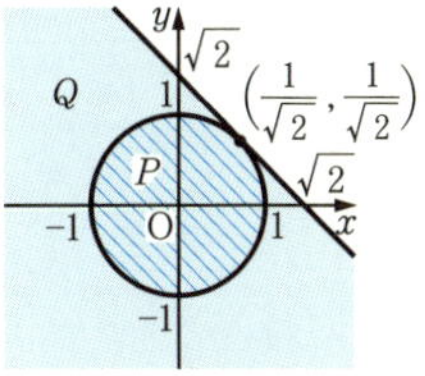

1 右の図の斜線部分。ただし，境界線を含まない。
解説 $f(-1) \cdot f(0) \cdot f(2) < 0$ より，
$(a+b-1)b(4a+b+2) < 0$ であるから，
(i) $b=0$ のとき，不等式は成り立たない。
(ii) $b>0$ のとき，$(a+b-1)(4a+b+2) < 0$ より，
$\begin{cases} a+b-1>0 \\ 4a+b+2<0 \end{cases}$ または $\begin{cases} a+b-1<0 \\ 4a+b+2>0 \end{cases}$
(iii) $b<0$ のとき，$(a+b-1)(4a+b+2) > 0$ より，
$\begin{cases} a+b-1>0 \\ 4a+b+2>0 \end{cases}$ または $\begin{cases} a+b-1<0 \\ 4a+b+2<0 \end{cases}$
点 (a, b) の存在する範囲は，(i)〜(iii)の領域を合わせたものである。

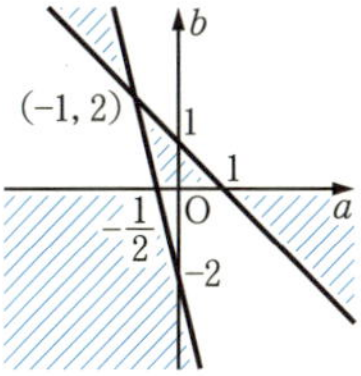

2 $0 < a < 1$
解説 2つの不等式 $2x+y \leqq 3$，
$x-2y \geqq -1$ の表す領域の共通部分は，
図1の斜線部分である。ただし，境界
線を含む。
また，$a > 0$ であるから，2つの不等
式 $ax-y \leqq 0$，$x+ay \geqq 0$ の表す領域
の共通部分は，図2の斜線部分である。
ただし，境界線を含む。
領域 D が四角形となるためには，$f(x, y) = ax - y$，$g(x, y) = x + ay$ とすると，
点 $(1, 1)$ が，$f(x, y)$ の負領域，$g(x, y)$ の正領域にあればよい。
よって，$f(1, 1) = a - 1 < 0$，$g(1, 1) = 1 + a > 0$

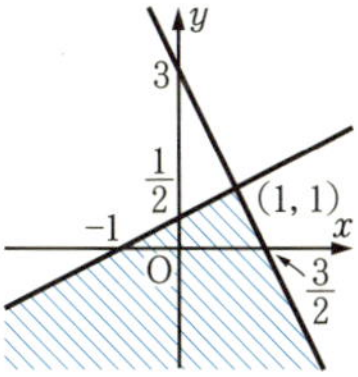

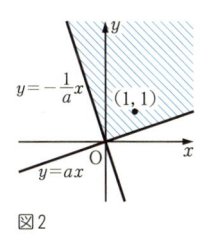

3 (1) 図1の斜線部分。
ただし，ともに境界線を含む。
(2) $k=-1$，$m=2$
解説 (2) $y - kx = \ell$ とおくと，$y = kx + \ell$ ……①
は，傾き k，y 切片 ℓ の直線であるから，条件を
満たすためには，図2の直線①のように，
点 $(5, -3)$ を通り，かつ，円 $x^2+y^2=2$ に x
軸より上側で接すればよい。
直線①が点 $(5, -3)$ を通るとき，$-3 = 5k + \ell$
より，$\ell = -5k - 3$ ……②
直線①が円と接するとき，$x^2 + (kx+\ell)^2 = 2$ が
重解をもてばよいから，
$(k^2+1)x^2 + 2k\ell x + \ell^2 - 2 = 0$ の判別式を D とす
ると，

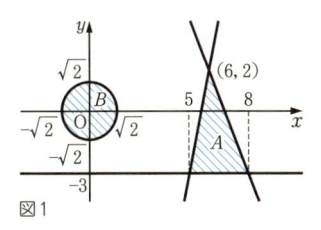

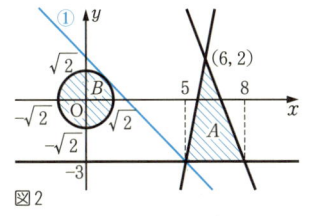

$\dfrac{D}{4}=(k\ell)^2-(k^2+1)(\ell^2-2)=2k^2-\ell^2+2=0$ である。

②を代入して，$2k^2-(-5k-3)^2+2=-(23k+7)(k+1)=0$

よって，$k=-\dfrac{7}{23}$，-1

接点の x 座標 $-\dfrac{k\ell}{k^2+1}=\dfrac{k(5k+3)}{k^2+1}>0$ であるから，$k<-\dfrac{3}{5}$，$0<k$

よって，適するのは，$k=-1$　②より，$\ell=2$

この ℓ の値が，求める m の値である。

4 (1) 図1の斜線部分。ただし，境界線を含む。

(2) $\dfrac{4-\sqrt{7}}{3}\leq a\leq\dfrac{9+\sqrt{5}}{8}$

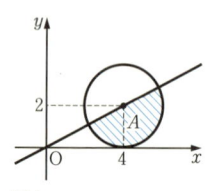

解説 (2) 円 $(x-4)^2+(y-2)^2=4$ と直線 $y=\dfrac{1}{2}x$ の共

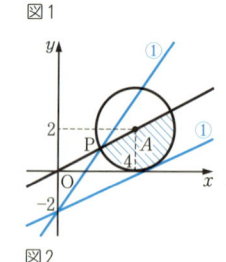

有点のうち，原点に近い方の点をPとする。

直線 $y=ax-2$ ……① は，傾き a，y 切片 -2 であるから，図2より，傾き a が最大となるのは，直線①が点Pを通るときであり，最小となるのは，直線①が円の下側に接するときである。

点Pの座標は，$\left(\dfrac{20-4\sqrt{5}}{5}, \dfrac{10-2\sqrt{5}}{5}\right)$ であるから，

①に代入して，$a=\dfrac{20-2\sqrt{5}}{20-4\sqrt{5}}=\dfrac{9+\sqrt{5}}{8}$

また，$(x-4)^2+(ax-4)^2=4$ より，円と接するとき，$(a^2+1)x^2-8(a+1)x+28=0$ の判別式を D とすると，$D=0$ である。

よって，$\dfrac{D}{4}=\{-4(a+1)\}^2-(a^2+1)\cdot 28=-4(3a^2-8a+3)=0$ より，

$a=\dfrac{4\pm\sqrt{7}}{3}$　図2より，$a<1$ であるから，$a=\dfrac{4-\sqrt{7}}{3}$

図1

図2

5 $\dfrac{1}{8}<a<2$

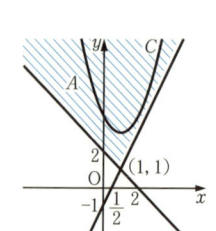

解説 $2y>x+1+3|x-1|$ は，

$x\geq 1$ のとき，$y>2x-1$　　$x<1$ のとき，$y>-x+2$

よって，領域 A は右の図の斜線部分である。

ただし，境界線を含まない。

条件を満たすためには，すべての実数 x において，

$x^2-2ax+a^2+a+2>2x-1$ ……①

$x^2-2ax+a^2+a+2>-x+2$ ……②

の両方が成り立てばよい。

①より，$x^2-2(a+1)x+a^2+a+3>0$

よって，$x^2-2(a+1)x+a^2+a+3=0$ の判別式を D とすると，$D<0$ であればよい

から，$\dfrac{D}{4}=\{-(a+1)\}^2-(a^2+a+3)=a-2<0$　　よって，$a<2$

②についても同様にして，$a > \dfrac{1}{8}$

6 (1) 右の図の斜線部分。ただし，境界線を含む。

(2) $0 < a \leq 1$ のとき，$S = \dfrac{3}{4}a^2$

$1 < a \leq 4$ のとき，$S = -\dfrac{1}{4}a^2 + 2a - 1$

$4 < a$ のとき，$S = 3$

(3) $a = 4 - \sqrt{6}$

解説 (2) $x - y - a + 1 \leq 0$ より，$y \geq x + 1 - a$
直線 $y = x + 1 - a$ が，領域 A の境界線の交点 $(1, 2)$，$(0, 0)$，$(3, 0)$ を通るとき，y 切片 $1 - a$ は，それぞれ 1，0，-3 となる。
また，$a > 0$ より，$1 - a < 1$ であるから，
(i) $0 \leq 1 - a < 1$ すなわち $0 < a \leq 1$ のとき，
$S = \dfrac{1}{2}\{2 - (2 - a)\}\left\{1 + \dfrac{a}{2} - (1 - a)\right\} = \dfrac{3}{4}a^2$

(ii) $-3 \leq 1 - a < 0$ すなわち $1 < a \leq 4$ のとき，
$S = \dfrac{1}{2} \cdot 3 \cdot 2 - \dfrac{1}{2}\{3 - (a - 1)\} \cdot \left(2 - \dfrac{a}{2}\right) = -\dfrac{1}{4}a^2 + 2a - 1$

(iii) $1 - a < -3$ すなわち $4 < a$ のとき，
$S = \dfrac{1}{2} \cdot 3 \cdot 2 = 3$

(3) (1)より，領域 A の面積は 3
(i)，(iii)のとき，条件を満たさないのは明らかである。
(ii)のとき，$-\dfrac{1}{4}a^2 + 2a - 1 = \dfrac{3}{2}$ より，$a^2 - 8a + 10 = 0$
よって，$a = 4 \pm \sqrt{6}$　　ただし，$1 < a \leq 4$

7 $a < 0$，$b < 0$ のとき，最小値 0 （$x = 0$，$y = 0$ のとき）

$a < 0$，$b \geq 0$ または $a \geq 0$，$b > 3a$ のとき，最小値 $\dfrac{b}{3}$ （$x = \dfrac{b}{3}$，$y = 0$ のとき）

$a \geq 0$，$b < \dfrac{a}{3}$ のとき，最小値 $\dfrac{a}{3}$ （$x = 0$，$y = \dfrac{a}{3}$ のとき）

$\dfrac{a}{3} \leq b \leq 3a$ のとき，最小値 $\dfrac{a+b}{4}$ （$x = \dfrac{3b-a}{8}$，$y = \dfrac{3a-b}{8}$ のとき）

解説 $x + y = k$ とおき，領域 D（境界線を含む）を通る直線 $y = -x + k$ ……① の y 切片に着目する。
(i) $a < 0$ のとき
(ア) $b < 0$ のとき，
領域 D は右の図の斜線部分である。
よって，直線①が点 $(0, 0)$ を通るとき，y 切片は最小となる。
ゆえに，$x + y$ の最小値は 0

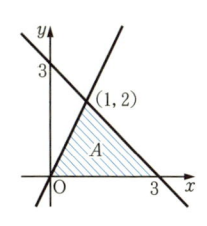

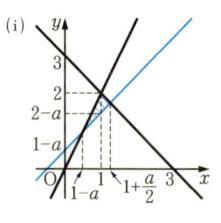

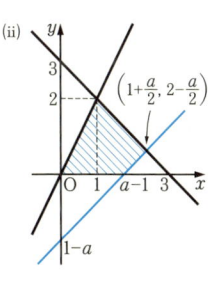

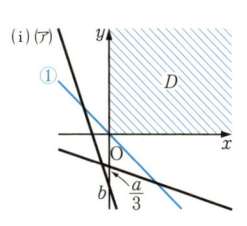

(イ) $b \geqq 0$ のとき，
領域 D は右の図の斜線部分である。
よって，直線①が点 $\left(\dfrac{b}{3},\ 0\right)$ を通るとき，y 切片は最小
となる。
ゆえに，$x+y$ の最小値は $\dfrac{b}{3}$

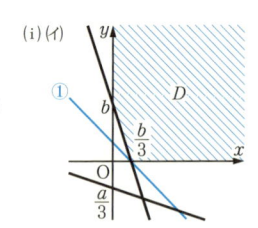

(ii) $a \geqq 0$ のとき
境界線 $x+3y=a$ と $3x+y=b$ の交点の座標は
$\left(\dfrac{3b-a}{8},\ \dfrac{3a-b}{8}\right)$ であるから，

(ア) $3b-a<0$ すなわち $b<\dfrac{a}{3}$ のとき，
領域 D は右の図の斜線部分である。
よって，直線①が点 $\left(0,\ \dfrac{a}{3}\right)$ を通るとき，y 切片は最小
となる。
ゆえに，$x+y$ の最小値は $\dfrac{a}{3}$

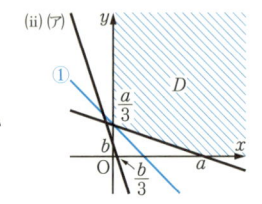

(イ) $3b-a \geqq 0$ かつ $3a-b \geqq 0$ すなわち，$\dfrac{a}{3} \leqq b \leqq 3a$ と表
され，このとき $a \geqq 0$ は成り立つ。
領域 D は右の図の斜線部分である。
よって，直線①が点 $\left(\dfrac{3b-a}{8},\ \dfrac{3a-b}{8}\right)$ を通るとき，
y 切片は最小となる。
ゆえに，$x+y$ の最小値は $\dfrac{a+b}{4}$

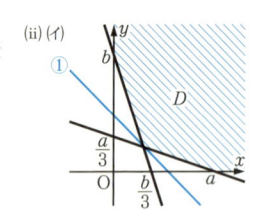

(ウ) $3a-b<0$ すなわち $b>3a$ のとき，
領域 D は右の図の斜線部分である。
よって，直線①が点 $\left(\dfrac{b}{3},\ 0\right)$ を通るとき，y 切片は最小
となる。
ゆえに，$x+y$ の最小値は $\dfrac{b}{3}$

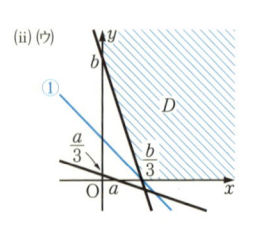

参考 それぞれの最小値をとる a, b の条件を，ab 平面で表すと，下の図のようになる。すなわち，
$a<0$, $b<0$ のとき，最小値 0
$b>3a$, $b \geqq 0$ のとき，最小値 $\dfrac{b}{3}$
$\dfrac{a}{3} \leqq b \leqq 3a$ のとき，最小値 $\dfrac{a+b}{4}$
$a \geqq 0$, $b<\dfrac{a}{3}$ のとき，最小値 $\dfrac{a}{3}$
と表してもよい。

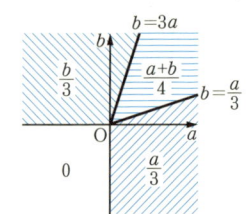